Bernhard Hauser

Action Learning

**Workbook mit Praxistipps,
Anleitungen und Hintergrundwissen
für Trainer, Berater und Facilitators**

managerSeminare Verlags GmbH, Edition Training aktuell

Bernhard Hauser

Action Learning

Workbook mit Praxistipps, Anleitungen und Hintergrundwissen
für Trainer, Berater und Facilitators

© 2012 managerSeminare Verlags GmbH
Endenicher Str. 41, D-53115 Bonn
Tel: 0228-977910, Fax: 0228-616164
info@managerseminare.de
www.managerseminare.de

Printed in Germany

ISBN: 978-3-941965-43-0

Herausgeber der Edition Training aktuell:
Ralf Muskatewitz, Jürgen Graf, Nicole Bußmann

Lektorat: Ralf Muskatewitz, Michael Busch
Cover: Silke Kowalewski, istockphoto, Eli Asenova
Druck: Kösel GmbH & Co. KG, Krugzell

Inhaltsverzeichnis

Aktion

Design

Ressourcen für Action Learning – Marktsituationen, Qualifizierung, Netzwerke

Zum Schluss

Vorwort von Mike Pedler

Was bedeutet Action Learning?

Gegenwärtig fragen sich viele, was Action Learning eigentlich ist. Das ist verständlich, da es offenbar Eindrucksvolles zu bewirken im Stande ist. Aber – wie in der Geschichte vom Mann, der seinen Schlüssel unter der Straßenlaterne sucht, statt in der dunklen Ecke, wo er ihn verloren hat, weil er im Hellen besser sehen kann –, suchen wir vielleicht auch manchmal am falschen Ort oder auf falsche Art nach Antworten und Klarheit.

Einmal nahm ich an einer Veranstaltung mit Reginald Revans (1907-2003), dem Begründer des Action Learning, beim britischen National Health Service teil. Er arbeitete dort oft, zu den Beschäftigten fühlte er große Verbundenheit. Plötzlich rief mitten im Gespräch eine enthusiastische Krankenschwester begeistert:

„Professor Revans, ich glaube, jetzt habe ich Action Learning endlich verstanden!"
Mit seiner üblichen Mischung aus rauem Charme und unmittelbarer Herausforderung antwortete Revans:
„Sehr gut, aber was genau gedenken Sie nun damit anzufangen?"

Diese Botschaft war ganz typisch für ihn, es ist eine, die er bis zum Ende seiner Tage konsequent wiederholte. Treffen mit ihm endeten stets mit der Mahnung, dass noch viel zu tun sei, und dass genau JETZT der richtige Moment wäre, damit anzufangen!

Leicht zu verstehen, schwer zu praktizieren?

Revans hat nie für sich in Anspruch genommen, Action Learning erfunden zu haben. Er betonte stattdessen immer, dass es sowohl einer „alten Weisheit" entspringe, als auch im Hier und Jetzt lebendig sei – und zwar an den erstaunlichsten Stellen. So mag er es bei manchen Lehren aus dem

Buddhismus oder in der Bibel erkannt haben, oder vielleicht sogar in den jahrhundertealten Praktiken der Quäker im Umgang mit tiefgreifenden moralischen Konflikten. Gleichzeitig wies er darauf hin, dass man Action Learning auch an vielen Orten der Gegenwart begegnen kann, z.B. in einem wirklich guten Projekt-Team oder einem Start-up-Unternehmen, das gerade den ersten Schaffensrausch aus Erkundung, Feedback, Aktion und Lernen erlebt.

Revans war ein sehr gebildeter Mann, der sein tiefsinniges Wissen und Verstehen gerne einbrachte. Er ging davon aus, andere seien ebenso gebildet wie er. Das war Teil seines egalitären Glaubens – löste zuweilen aber auch Verlegenheit aus. So gab er mir einmal ganz selbstverständlich ein schwedisches Buch und fragte eher beiläufig, ob ich diese Sprache verstehen würde – was natürlich nicht der Fall war. Aber trotz oder vielleicht gerade wegen dieser umfassenden Bildung – gespeist aus der Weisheit der Bibel durch seine Mutter, aus der Kernphysik durch seine Studien an der Universität Cambridge und aus seiner eigenen großen Lebenserfahrung – war ihm stets bewusst, dass Action Learning im Grunde einer sehr einfachen Idee entspringt.

Er sagte immer, Action Learning sei deshalb so schwer zu erklären, weil es im Grunde so einfach wäre. Aber da muss er ein bisschen geflunkert haben, denn bei anderer Gelegenheit beklagte er sich heftig über Leute, die behaupteten, „Action Learning" zu praktizieren, obwohl eigentlich nur von „Job Rotation", „Beratung" oder „Planspielen" die Rede war. Ich stelle immer wieder fest, dass es typisch für Action Learning ist, recht schnell eine Ahnung davon zu bekommen und auch, dass es auf der Vorstellungsebene ziemlich einfach scheint – aber wenn es soweit ist, es tatsächlich anzugehen und auszuführen, erweist es sich als durchaus sehr anspruchsvoll.

Action Learning ist deshalb nicht so leicht zu praktizieren, weil es Mut, Engagement und die Bereitschaft zur Lösung schwieriger Aufgaben erfordert – und dann die Entschlossenheit und das Beharrungsvermögen, Widerstände und Hindernisse zu überwinden. Es verlangt von uns, dass wir persönliche Risiken eingehen: sei es, vor Kollegen vielleicht das Gesicht zu verlieren oder sei es, etwas Neues auszuprobieren, ohne Garantie auf Erfolg. Das ist der Zeitpunkt, an dem wir merken, wie risikoscheu wir eigentlich sind und wie sehr wir die vermeintliche Sicherheit des Vertrauten vorziehen. Warum sich abmühen, wenn man ebenso gut bequem in Deckung bleiben könnte? Action Learning kann auch deshalb solch eine große Herausforderung in der konkreten Anwendung sein, weil man damit auf Kollisionskurs zu Vorgesetzten oder anderen Autoritäten geraten kann. Revans wusste: Man beginnt erst dann, etwas zu bewegen, wenn man auf

Widerstand stößt. Doch unsere Chefs bringen uns immer wieder in Zwickmühlen, genau wie unsere Eltern früher: Wir sollen zwar kreativ und innovativ sein, aber ihnen gleichzeitig alles haarklein berichten und, nebenbei bemerkt, uns dabei auch bitte keine Fehler erlauben!

Deshalb wurde das Action-Learning-Set erdacht, bestehend aus einigen vertrauenswürdigen Mitstreitern, den „Comrades in Adversity" (Gefährten in der „Not"), wie die Mitglieder eines Sets von Revans genannt wurden. Sie können uns Mut und Klarheit geben und uns unterstützen, Dinge zu tun, die wir allein vielleicht nie wagen würden.

An dieser Stelle möchte ich auf die heute für die Praxis sehr wichtigen Erkenntnisse hinweisen, die wir in den letzten Jahren durch – wie wir es nennen – „Critical Action Learning" erlangt haben. Critical Action Learning ist erst in der Zeit nach Revans aufgekommen und das Werk von Forschern wie Richard Thorpe, Hugh Wilmott und besonders Kiran Trehan und Russ Vince. Wie Letzterer uns beispielsweise erst kürzlich aufgezeigt hat, können aus den Comrades in Adversity auch schnell Komplizen der gemeinsamen Vermeidung werden. Sie können genauso zu Vertretern einer bequemen Untätigkeit und damit des Stillstands werden, wie zu Verfechtern einer Aktion, welche Bewegung und Entwicklung mit sich bringt. Die große Bandbreite an Einflussfaktoren zeigt, dass es nicht ganz so einfach ist, Action Learning tatsächlich durchzuführen. (Zu weiteren Erkenntnissen und dem Vorgehen von Critical Action Learning äußert sich Kiran Trehan im Gespräch mit Bernhard Hauser im Kapitel *Philosophie* dieses Buches.)

Alte Weisheit

Doch lassen Sie uns zum Ausgangsgedanken zurückkehren: Warum ist Action Learning eigentlich so schwer zu greifen? Ein Grund besteht sicher darin, dass man zwar leicht eine Ahnung davon bekommen kann – gerade genug, um in „Action" zu geraten –, doch das wahre Verständnis seiner Ursprünge und Ziele führt uns tief in die Philosophie hinein. Revans war davon angetan, aus buddhistischen Texten zu zitieren und auf ihre Parallelen zum Action Learning hinzuweisen. Die beiden folgenden Zitate entstammen seiner bedeutenden Sammlung „The Origins & Growth of Action Learning" (1982):

> Ein bisschen Gutes tun ist besser als komplizierte Bücher zu schreiben. Der perfekteste Mann ist gar nichts, wenn er anderen keine Wohltaten zukommen lässt, wenn er die Einsamen nicht tröstet. Der Weg des Seelenheils steht allen offen, aber beachte, dass ein Mann sich selbst hin-

tergeht, wenn er glaubt, seinem Gewissen entfliehen zu können, indem er in einem Kloster Zuflucht sucht. Das einzige Gegenmittel zum Bösen ist die gesunde Wirklichkeit.
(Buddha, Juli 518 v. Chr., in seiner ersten Predigt an seine fünf Schüler im Wildpark von Benares, S. 529 ff.)

Niemand kann einem anderen innere Freiheit schenken, denn diese kann nur selbst erlangt werden. Andere mögen uns dabei indirekt behilflich sein können, doch die höchste Stufe der Freiheit wird nur durch Selbsterkenntnis und die Selbsterweckung in der Wahrheit erreicht. Selbsterkenntnis kommt nur zu dem, der frei und ungehindert über seine eigenen Probleme nachdenken kann. Jeder Einzelne sollte angemessene Anstrengungen unternehmen, um die Fesseln zu sprengen, die ihn gefangen halten, und auf diese Art Freiheit von den Konventionen des Lebens erlangen – durch Ausdauer, aus eigener Kraft und Einsicht, aber nicht durch Gebete und Bitten an ein übergeordnetes Wesen.
(Piyadassi Thera, S. 16 ff.)

Auch wenn diese Äußerungen der Sprache und Gesinnung von vor 2.500 Jahren entsprechen, können wir ihr Erbe im Action Learning leicht erkennen. Jeder Mensch kann den Weg des Action Learning einschlagen – er sollte nur bereit sein, es zu versuchen und willens, Verbesserungen anzustreben, und zwar nicht nur für sich selbst, sondern auch für andere. Wir sollten uns nicht auf falsche Propheten verlassen, sondern müssen unsere eigenen Lösungen für Dinge finden, die uns beschäftigen. Freiheit, Kreativität und Innovation müssen aus uns selbst kommen, und können nicht aus zweiter Hand von anderen erlangt werden, wie etwa von Professoren in Business Schools.

Die Illusion von Techniken

All das ist uns klar, und dennoch lassen wir uns leicht irritieren und verleiten. Nach einem Einführungs-Workshop zu Action Learning mag der eine vielleicht sagen: „Aha, ich hab's jetzt, beim Action Learning dreht sich alles darum, Fragen zu stellen!" Ein anderer wendet möglicherweise ein: „Nein, es geht um die Lösung organisatorischer Probleme." Und ein Dritter meint: „Tatsächlich handelt es von meiner Selbstverwirklichung." Wie in der Parabel von den Blinden und dem Elefanten hat zwar jeder ein Stück der Wahrheit erfasst, es aber irrtümlich für die Gesamtheit gehalten.

Es gibt viele Möglichkeiten, Action Learning umzusetzen; es ist ein Konzept, das auf den Kontext, auf die konkrete Situation abgestimmt sein will. Es gibt keine einheitliche Technik und auch nicht den einzig richtigen Weg, es anzuwenden. In unterschiedlichen Situationen wird es auch unterschiedlich aussehen oder sogar anders bezeichnet werden. Wenn es aber wirklich Action Learning ist, wird es bestrebt sein, die einfachen Prinzipien anzuwenden, die Revans im ersten Kapitel seines Buches „ABC of Action Learning" (2011) skizziert hat, hier im Buch sind sie im Kapitel *Philosophie* zu finden.

In der heutigen Zeit suchen wir nach Lösungen, und nach Techniken und Werkzeugen, die uns Ergebnisse verschaffen. Für viele ist Action Learning eines dieser neuen „Tools" zur Lösung unserer Probleme, eine Technik, die es zu praktizieren und vervollkommnen gilt. Da gibt es etwa Action-Learning-Varianten mit dem Akzent auf persönlicher Reflexion und andere, die nur an „Action" denken und sich nicht mit „Learning" aufhalten. Weitere Varianten halten den Prozess des Fragens für der Weisheit letzten Schluss und sehen „Action" als nicht unbedingt erforderlich an. Ihnen allen geht es wie unserem Mann ohne Schlüssel – sie suchen an der falschen Stelle.

Man stelle sich einen buddhistischen Novizen vor, der eine bestimmte Technik irrtümlicherweise für die ganze Lehre des Meisters hält. Er nimmt vielleicht an, allein mit der Einnahme des Yoga-Sitzes schon alles getan zu haben. Und in geringem Umfang mag das zutreffen. Aber obwohl Meditation im Buddhismus eine wichtige Rolle spielt, ist sie nicht dasselbe wie der Buddhismus an sich. Ohne die dahinter stehende Philosophie, ohne den weiteren sozialen Kontext, in dem er entstanden ist und ohne die besondere, strenge Tradition, in der eine spezielle Form von Meditation stattfindet, ist „Meditation" eben nicht mehr, als einfach nur im Schneidersitz auf dem Boden zu sitzen.

Die Bedeutung der Philosophie

Nach einem Reifungsprozess von etwa 50 Jahren, stellt sich Action Learning heute als interdisziplinäres Praxisfeld mit einer großen Bandbreite an Anwendungsfeldern dar. Wie der Buddhismus kann es auf unterschiedlichen Ebenen verstanden werden: als eine Philosophie, eine Disziplin und als Modell, in dem bestimmte Methoden zur Anwendung kommen. Als Haltung oder Disziplin ist es nicht nur graue Theorie, sondern wird genutzt, um damit zu arbeiten und konkret Dinge zu bewirken. Es kann auch so verstanden werden, dass es sich mit bestimmten bewährten Methoden oder Techniken praktizieren lässt. Zu den Methoden, die wir heute als typisch für Action Learning beschreiben können, gehören der Gebrauch von Peer

Groups oder Sets, die Priorisierung von Fragen sowie der Fokus auf hart-
näckige, „boshafte" Probleme ohne Patentlösungen, statt auf technischen
Puzzles mit vorgefertigten „richtigen" Antworten bzw. Lösungswegen.
Doch diese für Action Learning charakteristischen Methoden werden auch
in anderen handlungsorientierten Ansätzen verwendet, wie z.B. Action
Science, Action Inquiry oder Action Research. Tatsächlich lässt sich Action
Learning mit anderen Methodenlehren in einen größeren Zusammenhang
einbetten, der in Richtung handlungsorientierter Ansätze zu Wissen und
Erkenntnis geht. Um zu verstehen, was im Action Learning nun anders ist,
muss man seine Ursprünge, Werte und Philosophie sowie seine Absichten
in der heutigen Welt ergründen.

Den Ansichten und Ratschlägen von Fachexperten wird im Action Learning
eine Nebenrolle zugewiesen, der Fokus liegt vielmehr auf den Menschen
und ihrem Umgang mit den Problemen oder den Möglichkeiten, welche
sie aktuell beschäftigen. Diese Ausrichtung hat ebenso viel mit gesundem
Menschenverstand zu tun wie mit sozialer Gerechtigkeit. In komplexen
Situationen ohne eindeutige Lösungswege richten von Experten vorgege-
bene Lösungen oft mehr Schaden an, als dass sie nutzen. Übrigens wird im
Action Learning weniger die Expertise an sich infrage gestellt, als vielmehr
die Entscheidungsbefugnis, die Experten beanspruchen. Die Besonderheit des Action Learnings entstammt aus dessen instinktivem Misstrauen
gegenüber Expertenmacht zugunsten selbstbestimmter Individuen und
Gemeinschaften, bei denen sich Lernen im Umgang mit den täglichen Herausforderungen vollzieht.

Die Philosophie von Action Learning

Die Karriere von Revans selbst markiert seine Wandlung vom Wissen-
schaftler zum Sozialphilosophen und Lerntheoretiker und findet Widerhall
bei Philosophen des Pragmatismus, wie William James und John Dewey,
die ebenfalls anstrebten, wissenschaftliches Wissen mit den Idealen des
menschlichen Verhaltens in Einklang zu bringen. Entstanden ist die
pragmatische Methode eigentlich, um mit ansonsten unlösbaren oder
„boshaften" Problemen („Wicked Problems") umzugehen. Philosophische
Diskussionen wie „Sind wir vom Schicksal bestimmt oder frei?", „Materiell
oder spirituell?" beendet der Pragmatismus zugunsten einer Interpretation
jeder Theorie hinsichtlich ihres Aktionspotenzials.

Wie Dewey und James konzentrierte sich auch Revans auf die Möglichkeiten und Konsequenzen menschlicher Aktion in einer sich wandelnden

Welt. Wie sie betonte er die Notwendigkeit von Experiment, Reflexion und Lernen – indem herausgefunden wird, was am sinnvollsten ist und was am besten funktioniert. Revans stellte folgende Kernfragen:

- ▶ Was versuchen Sie diesbezüglich zu tun?
- ▶ Was hindert Sie daran?
- ▶ Welchen Unterschied würde es ausmachen, wenn dieses und nicht jenes zutreffend wäre?
- ▶ Welche Konsequenzen hätte es, dies zu tun, anstatt jenes?

Also ist Action Learning ebenso Philosophie wie Methode, es geht dabei mehr um Gesinnung als um Technik. Als Disziplin umfasst es sowohl eine Philosophie der Selbsthilfe als auch eine Methodenlehre des „Learning by Doing". Revans' generelle Theorie des menschlichen Handelns legt „Praxis" als Einheit von Theorie und praktischer Umsetzung aus, er bezeichnete dies als „Wissenschaft der Praxeologie". Die Trennung von Theorie und Praxis, wie er sie in der akademischen Welt erlebte, lehnte er ab, zugunsten eines pragmatischen Standpunktes: Wie kann Menschen am besten geholfen werden, ihre angestrebten Veränderungen herbeizuführen?

So, hier schließt sich nun der Kreis, warum es nicht genügt, über Action Learning nur zu reden. Man muss es auch TUN – und zwar überall dort, wo Menschen in ihren Organisationen oder Gemeinschaften mit drängenden Herausforderungen konfrontiert sind. Action Learning schätzt ein aufrichtiges, gemeinsames und wechselseitig förderndes und forderndes Hinterfragen, das jedermann in Zeiten des Zweifels, des Risikos oder der Desorientierung anwenden kann. Es beruht auf dem Vertrauen in uns selbst, dass wir unsere eigenen Probleme lösen und unsere eigenen Möglichkeiten erschaffen können. Action Learning setzt immer direkt bei den Problemen oder Möglichkeiten an, und exakt mit den Menschen, die damit konfrontiert sind, oder sogar aktuell davon bedrängt werden.

Dass Action Learning nie endgültig definiert werden kann, hängt damit zusammen, dass jeder neue Kontext von den Beteiligten in dieser Situation eine neue Interpretation erfordert – und genau das ist der Grund, der Action Learning so lebendig hält.

Das ist Ihre Chance. Viel Glück!

Mike Pedler
Hathersage, Derbyshire

Einführung

Schnellfinder

Warum dieses Buch?

Action Learning ist ein seit Langem bewährtes Vorgehen, welches in den letzten Jahren weltweit große Aktualität und bemerkenswerte Weiterentwicklungen erfahren hat. Der renommierte Action-Learning-Experte Mike Pedler spricht von der bedeutendsten Form für nachhaltige persönliche und organisatorische Entwicklung, die in den letzten 30 Jahren entstanden ist. Es verbindet Problemlösung mit Lernen, um Veränderungen bei Individuen, Teams, Organisationen und Systemen zu bewirken.

Entstanden ist das Buch aus mehr als 15 Jahren Anwendung in ganz unterschiedlichen Kontexten und Vernetzungen mit zahlreichen Organisationen im deutschsprachigen Bereich, aber auch in regem Austausch mit einer internationalen Community von Anwendern, darunter namhaften Autoren zu diesem Gebiet. Die wichtigste Erkenntnis für mich ist, dass Action Learning in allererster Linie eine Denkhaltung und nicht so sehr eine Methode ist. Das Buch versucht daher nicht, den „einzig richtigen" Weg oder die „einzig richtige" Vorgehensweise im Action Learning aufzuzeigen, sondern anhand konkreter Beispiele und Arbeitshilfen die eigene Auseinandersetzung mit Action Learning anzuregen. Vorangestellt ist dem ein Kapitel *Philosophie* – in welchem auch international renommierte Experten zu Wort kommen – mit reichhaltigen Impulsen zum Verständnis des Ansatzes, zur Haltung, die damit verknüpft ist und zu bedeutenden Weiterentwicklungen. Es existieren inzwischen zahlreiche Formen und Varianten, wie es einer prinzipiell offenen Lernform entspricht, die für neue Erfahrungen und Wege offen ist.

Unter dem Begriff Action Learning werden aber auch zahlreiche Methoden vermarktet, die mit der ursprünglichen Idee seines Begründers Reg Revans nichts oder nur wenig zu tun haben. Auch die Abgrenzung, was Action Learning nicht ist, muss daher in diesem Buch thematisiert werden.

Für wen wurde das Buch geschrieben und warum?

Lust, Action Learning zu entdecken?

Dieses Buch hat folgende Zielsetzung: Es soll eine praxisorientierte Beschäftigung mit dem Thema ermöglichen, vor allem aber Lust machen, Action Learning zu entdecken und anzuwenden und dadurch eigene Erfahrungen zu sammeln. Es soll eine Hilfestellung für erfahrene Praktiker bieten, z.B. Trainer und Berater, aber auch Personalentwickler und Manager, die sich erstmalig mit Action Learning beschäftigen und prüfen wollen, ob es für sie ein passender Ansatz ist. Wenn Ihnen die Denkhaltung entgegenkommt, werden Sie vielleicht entdecken, dass einiges von dem, was Sie bisher schon tun, gut zu Action Learning passt oder damit verknüpft werden könnte. Anfängern soll es ermöglichen, sich ein erstes Bild von Action Learning zu machen und sie ermutigen, eigene Erfahrungen zu sammeln und sich ggf. über das Buch hinaus weitere Unterstützung zu organisieren (siehe *Ressourcen für Action Learning*). Es ist aber auch für diejenigen geschrieben, die Action Learning bereits praktizieren und ihre Kenntnisse vertiefen, Anregungen erhalten oder sich kritisch auseinandersetzen möchten. Schließlich ist ein Leitgedanke im Action Learning der Aufbau von „Communities of practice". Ein weiteres Anliegen des Buches ist es daher, die Vernetzung von Praktikern anzuregen, um auch im deutschsprachigen Bereich einen lebendigen Austausch unterschiedlicher Erfahrungen zu ermöglichen.

Vertiefen Sie Ihre Kenntnisse.

Der Aufbau des Buchs – eine Entdeckungsreise

Um zu erläutern, wie dieses Buch aufgebaut ist, möchte ich gerne die Analogie einer Reise, in diesem Fall in die Berge, nutzen, obwohl man sich dazu natürlich auch jedes andere lohnende Ziel vorstellen kann ...

Wenn man zu einer Tour in die Alpen aufbricht, sieht man bei klarer Sicht oft schon von Ferne die einladenden Konturen der Gipfel, die rasch deutlicher werden und Lust auf mehr machen. Sobald man vor Ort ist und die Wanderung beginnt, sieht man dann vielfältige Details aus der Nähe, während die Gesamtsicht zunächst verloren geht. Es gibt zahlreiche lohnende Ziele, zu denen ganz unterschiedliche Wege möglich sind. Dem Anfänger, aber auch dem geübten Bergwanderer dienen Karten sowie Routenbeschreibungen und Tipps erfahrener Bergführer zur Orientierung. Im Gelände selbst geben Wegmarkierungen Anhaltspunkte und Sicherheit, die Bergwelt für sich zu entdecken. Mit zunehmender Höhe nimmt die Sicht zu, verändert sich immer wieder und bietet faszinierende Eindrücke. Einen atemberaubenden Überblick erhält schließlich als Belohnung für die abwechslungsreiche Mühe, wer einen Gipfel erklimmt. Von dort hat man Ausblick auf ein beeindruckendes Panorama oft mit vielen weiteren Gipfeln, die zu neuen Touren einladen ...

Dieses Buch folgt einer ähnlichen Vorgehensweise. Zunächst wird ein handlungsorientierter Überblick gegeben, der die grundlegende Struktur von Action Learning (die „Konturen") erkennen lässt und erste Schritte er- *Ein handlungsorientierter Überblick ...* möglicht. Anschließend werden anhand dieser Struktur zahlreiche Aspekte erläutert und vertieft, um nützliche Orientierungen zu geben und es zu erleichtern, diesen spannenden Ansatz zu verstehen und Mut zu machen, Action Learning zu praktizieren. Dazu dient auch eine Auswahl geeigneter Methoden, die dem Leser[1] bewährte Tools an die Hand geben, um den *... und Methoden.* eigenen Methodenkoffer an manchen Stellen zu ergänzen, an anderen zu bestätigen oder zur Weiterentwicklung anzuregen. Im Unterschied zu den vielen notwendigen Verhaltensregeln für die Sicherheit und zum Schutz der Umwelt beim Besuch der Alpen hat man es im Action Learning mit prinzipiell offenen Lernlandschaften zu tun – es ist möglich, neue Wege zu den Gipfeln zu bahnen, ja sogar die Landschaft selbst und mit ihr die kognitiven Landkarten durch Lernen und Ausprobieren umzugestalten, un-

---

[1] Um die Lesefreundlichkeit zu erhöhen, wird in diesem Buch meist die männliche Form verwendet. Gemeint sind aber natürlich immer beide Geschlechter.

geahnte Perspektiven zu eröffnen und Potenziale zu heben. Um im Bild zu bleiben: Ein fantastischer Überblick, der meist Lust auf mehr macht ...

Schneller Einstieg und Vertiefung

Das Buch umfasst je ein kurzes Kapitel zu Beginn und am Ende und vier Hauptkapitel dazwischen. Zur Einführung in Action Learning für eilige Leser hilft der Kurzüberblick im Kapitel *Ein praktischer Einstieg* im Anschluss, aus dem sich auch die Hauptteile des Buches ergeben. Das Kapitel über die *Philosophie* von Action Learning veranschaulicht, worauf es im Action Learning ankommt, warum das immer wichtiger wird und wie sich das Gebiet in den letzten Jahren weiterentwickelt hat. Das Kapitel *Aktion* zeigt einige der wichtigsten Anwendungsfelder für Action Learning mit Fallbeispielen und Zusatzinformationen auf. Das Kapitel über *Lernen* thematisiert, wie Reflexion und wechselseitige Entwicklung im Action Learning vor allem durch systematisches Fragen praktiziert werden und behandelt dazu auch die wichtige Rolle des Facilitators, der den Lernprozess des Einzelnen, aber auch der Organisation gezielt unterstützt. Das Kapitel *Design* schließlich gibt Anregungen und Ideen, wie Action-Learning-Designs in einer Organisation gestaltet werden können. In einem abschließenden Kapitel werden dann einige *Ressourcen für Action Learning* aufgeführt, die eine vertiefte Beschäftigung, Zugang zu Netzwerken und eigene Weiterbildung ermöglichen.

Orientierungshilfen   Verschiedene Elemente helfen, sich über das Buch hinweg zu orientieren:

▶ **Fallstudien und Praxisbeispiele**
geben Einblick in unterschiedliche Anwendungsgebiete und Lernsettings und berichten von Möglichkeiten zum Umgang mit herausfordernden Situationen.

▶ **Kurze Interviews**
ermöglichen es, als Hintergrundgespräche unterschiedliche Perspektiven im Originalton zu erleben. Vielfalt von Perspektiven ist ein Kernanliegen von Action Learning, um Entwicklung anzuregen. Für dieses Buch ist es gelungen, einige der bedeutendsten Fachvertreter zu gewinnen, wichtige Aspekte darzulegen und Anregungen für die Praxis zu geben. Außerdem kommen Anwender zu Wort, die aus ihrem jeweiligen Blickwinkel und Erfahrungshintergrund aus erster Hand berichten.

▶ **Checklisten**
fassen als Praxistipps Erfahrungen zusammen und können zur Planung
und Überprüfung des eigenen Vorgehens genutzt werden.

▶ **Anleitungen zur Durchführung**
praxiserprobte Methoden und Tools, von denen einige zum ersten Mal
in deutscher Sprache, andere sogar überhaupt zum ersten Mal veröffentlicht werden, unterstützen und strukturieren den Prozess und können unmittelbar eingesetzt werden.

▶ **Übersichten**
Schließlich gibt es zum Schluss eine Sammlung nützlicher Übersichten,
die man als Action Learner nutzen kann, z.B. ein Glossar der wichtigsten Begriffe.

Bei all dem darf man aber nicht außer Acht lassen, dass jede Anwendung
von Action Learning eine Intervention in ein ganz spezielles Umfeld mit
einzigartigen Rahmenbedingungen ist, die von Persönlichkeiten mit ihren
ganz spezifischen Wesenszügen und Erfahrungen durchgeführt werden.
Methoden, Techniken und Checklisten sind daher Hilfsmittel auf diesen
Entwicklungspfaden, die sinnvoll sind zur Unterstützung, aber den Prozess
nicht dominieren dürfen, um nicht gerade dadurch die Einzigartigkeit aufs
Spiel zu setzen.

Ein praktischer Einstieg für schnelle Leser

Dieser Abschnitt bietet Ihnen einen straffen Überblick zu Action Learning mit einer Darstellung

- ▶ wichtiger Prinzipien (*Philosophie*),
- ▶ für welche Probleme und Anwendungsfelder Action Learning geeignet ist (*Aktion*),
- ▶ worauf es ankommt, um nachhaltige Lernprozesse in Gang zu setzen (*Lernen*) und
- ▶ wie das Ganze in einem Action-Learning-Programm umgesetzt werden kann (*Design*).

Action Learning ist einer der wichtigsten Ansätze der letzten Jahrzehnte für persönliche und organisatorische Entwicklung. Es ermöglicht eine nachhaltige Transformation und gilt daher als der Königsweg für eine lernende Organisation.

Nach Mike Pedler geht es im Action Learning um Folgendes:

Eine kurze Beschreibung

Action Learning verbindet Problemlösung mit Lernen, um Veränderungen bei Individuen, Teams, Organisationen und Systemen zu bewirken. In kleinen Gruppen, die Sets genannt werden, greifen die Teilnehmer wichtige Probleme oder Herausforderungen der Organisation auf und lernen in moderierten Feedback-Schleifen aus ihren Versuchen, nachhaltig etwas zu verändern. Action Learner entwickeln sich auf diese Weise selbst und schaffen die produktiven Beziehungen, die jedem System helfen, seine bestehenden Arbeitsabläufe zu verbessern und Innovationen für die Zukunft zu schaffen.

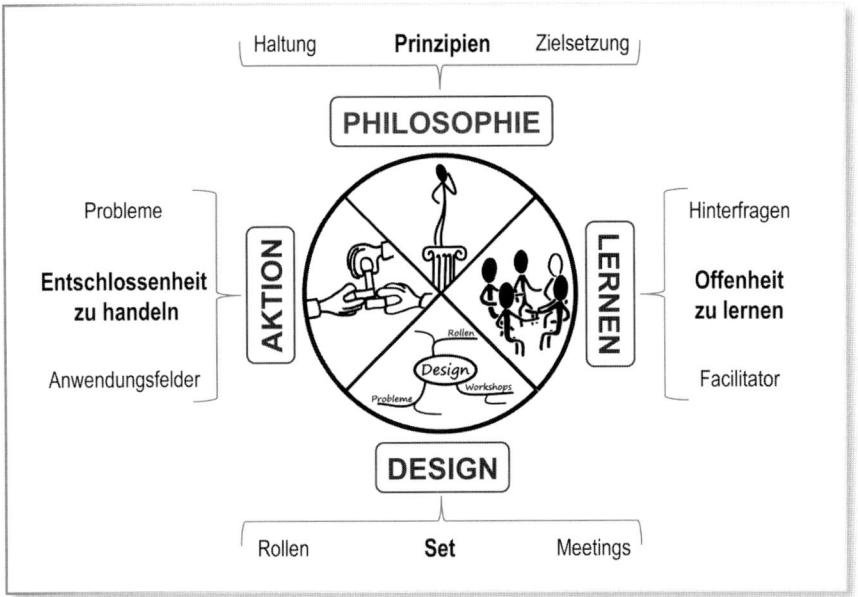

Abb. 1: Action Learning: Das Buch im Überblick

Auf einen Blick können im Action Learning vier wichtige ineinandergreifende Aspekte unterschieden werden, die gleichzeitig das Ordnungskriteri-
um dieses Buches sind (siehe Abb. 1). Die „Nord-Süd-Achse" führt von den
grundlegenden philosophischen Hintergründen, aus denen sich die Prinzipien und die Zielsetzung von Action Learning ableiten, zu pragmatischen
Aspekten der Gestaltung im Unternehmen und in Meetings. Die „Ost-West-
Achse" hingegen spannt das Feld des Handelns („Action") zu Lernen und
Reflexion („Learning"). Stellt man sich das Ganze wie eine Kugel in einer
dynamischen Bewegung vor, beeinflussen sich Aktion und Lernen fortwäh-
rend gegenseitig, d.h. ein Mehr an Aktion führt auch zu einem Mehr an
Möglichkeiten zu Reflexion und Lernen, während Philosophie und Design
die mentale und die strukturelle „Kammer" für ein erfolgreiches Action-
Learning-Programm abgeben.

*Vier
ineinandergreifende
Aspekte*

Philosophie

Action Learning ist in erster Linie eine Frage der Haltung, der Philosophie und erst dann eine Frage von Methoden und Techniken. Wegen dieser Haltung ist es besonders geeignet für zunehmend unsichere Umwelten, in denen eine lernende Organisation gefordert ist.

Hauptprinzipien

Die folgenden Überzeugungen, die von Mike Pedler (vgl. dazu Chivers & Pedler, o.J.) zusammenfassend als die Hauptprinzipien bezeichnet werden, liegen dem Action Learning zugrunde:

Überzeugung 1: Lernen beginnt mit Nicht-Wissen

Für viele spezielle Probleme gibt es aufgrund ihrer Neuartigkeit oder situationsspezifischer Besonderheiten noch keine Lösung. Offen für Lernen werden wir aber erst, wenn wir uns eingestehen, dass wir noch nicht wissen, wie das Problem am besten gelöst wird. Das grundsätzliche Eingestehen von „Nicht-Wissen" – besonders auch vor anderen – ist für viele Führungskräfte (und nicht nur für sie) eine Hürde, und doch ist es ein wesentlicher Schlüssel zu wirkungsvollem Lernen im Action Learning.

In Situationen, für die es noch keine eindeutige Lösung gibt, kann man sich verständlicherweise auch nicht auf das Urteil von Fachexperten verlassen.

Es ist daher notwendig, aktiv zu handeln, um einen Lernprozess in Gang zu setzen – und das am besten in einem vertrauensvollen Set aus Mitstreitern, die sich gegenseitig ihr Nicht-Wissen eingestehen können.

Überzeugung 2: Wer Verantwortung übernimmt, hat die Chance, durch sein Handeln etwas zu bewirken

Wenn Menschen aus blockierenden sozialen und/oder mentalen Mustern aussteigen und Verantwortung übernehmen, können sie wesentlich mehr bewirken. Es geht also darum

▶ herauszufinden, was dem Einzelnen und dem Set wirklich wichtig ist und sich nicht vorschnell auf Denkgewohnheiten und soziale Erwünschtheit zurückzuziehen.
▶ Wahlen zu treffen und daraus zu lernen.
▶ Risiken in Kauf zu nehmen.
▶ durch eigenes Handeln dafür zu sorgen, dass die Dinge im Fluss bleiben.

Überzeugung 3: Lernen umfasst sowohl Theorie (was man lehren oder lesen kann) als auch Erkunden und Verstehen (des speziellen Einzelfalls)

„Lernen darf sich nicht nur auf den Erwerb von Theoriewissen beschränken (also auf die Erkenntnisse und Ideen von gestern), sondern muss auch Erkunden und Erproben ungewohnter Ideen umfassen" (Chivers & Pedler o.J.). Lernen findet besonders dann statt, wenn unter der Bedingung der Unsicherheit und des hohen Handlungsdrucks – und einem dadurch vielleicht verengten Blick – auf eine wertschätzende Weise fördernde und kritische Fragen gestellt werden, die zu neuen Erkenntnissen führen können und dadurch den Aktionsraum vergrößern und ein anderes Handeln ermöglichen.

Und schließlich beinhaltet Lernen immer auch das Risiko, anzuecken oder Aktionen in Gang zu setzen, die nicht funktionieren. Herauszufinden, was wirkt, ist Teil des Lernprozesses.

Herausfinden, was wirkt

Überzeugung 4: Lernen muss schneller und umfassender sein als die Veränderungsrate

„Eine Organisation, die nur an alten Vorstellungen festhält, lernt nichts" (Chivers & Pedler o.J.). Darauf ausgerichtete Trainings und Schulungen machen fit in den Methoden und Erkenntnissen von gestern. Sie helfen dagegen nicht bei der konkreten Auseinandersetzung mit komplexen neuen Herausforderungen. Action Learning hingegen verlässt sich nicht auf Erfahrungswerte der Vergangenheit, sondern nutzt die Gegenwart ganz konkret zum Lernen, Handeln und Problemlösen.

Aus all dem ergibt sich, dass die Art von Lernen, die im Action Learning wichtig ist, nicht durch Anordnung erreicht werden kann, sondern nur durch Inspiration und Motivation, ausgelöst durch drängende Probleme und ein inneres Anliegen, etwas zu unternehmen. Man kann Menschen also nicht dazu zwingen etwas zu lernen, man kann sie aber dafür gewinnen und man kann Rahmenbedingungen schaffen, die dies begünstigen.

Inspiration und Motivation

Action Learning ist speziell für diejenigen Anforderungen geeignet, mit denen Führungskräfte in Umfeldern konfrontiert sind, welche sich durch eine immer höhere Komplexität und Beschleunigung auszeichnen. Es hat seit den Anfängen sehr wirksame Ansätze entwickelt, um eine kollektive Steuerung zu praktizieren und kritische Reflexion mit nachhaltigem Handeln zu kombinieren.

Lesen Sie mehr zu den Wurzeln und dazu, warum Action Learning gerade für Führungskräfte so geeignet ist, im Kapitel *Philosophie*.

Aktion

Ausgangspunkt für die Anwendung von Action Learning sind immer konkrete Probleme oder Herausforderungen, die ein entschlossenes Handeln erfordern.

Dabei nutzt Action Learning die Erkenntnis des Konstruktivismus, dass wir am besten aus den Konsequenzen unseres Handelns lernen. Anders ausgedrückt: Ideen und Konzepte werden im Action Learning durch konkrete Aktionen getestet mit dem klaren Anspruch, Ergebnisse zu erzielen.

Ausgangspunkt sind immer konkrete Herausforderungen.

Für die Auswahl geeigneter Herausforderungen wird im Action Learning zwischen einem Puzzle und einem Problem unterschieden.

Puzzle

Ein optimaler Lösungsweg ist prinzipiell bekannt und muss nur noch recherchiert bzw. angewandt werden, ggf. von einem Fachexperten. Für solche Fragen gibt es festgelegte Regelungen und Prozesse, die zum Erfolg führen, wie z.B. der Austausch einer beschädigten Kupplung an einem PKW. Vielleicht ein Problem für mich, aber es gibt dafür eine eindeutige Lösung mit einer klaren Beschreibung der einzuhaltenden Schritte in jeder einschlägigen Kfz-Werkstatt.

Problem

Es gibt keine eindeutige Musterlösung, eine Lösung muss erst noch erarbeitet werden, die in dieser speziellen Situation hilft. Dies gilt häufig für soziale Situationen, wie der Gestaltung und Akzeptanz einer Veränderung, dem Umgang mit einem bestimmten schwierigen Kunden und anderen Situationen, in denen vielfältige Einflussfaktoren zusammenwirken und unterschiedliche Vorgehensweisen möglich sind, es also nicht DIE richtige Antwort gibt.

Action Learning eignet sich besonders für Probleme, die trotz aller Prozesse und sorgfältiger Planung immer wieder auftreten. Solche Probleme kann man durchaus auch als „boshaft" bezeichnen (vgl. dazu S. 42 ff.). Sie erfordern intensive Zusammenarbeit, Offenheit und Lernen.

Action Learning hat sich in ganz unterschiedlichen Anwendungsfeldern bewährt.

Wo und wie, lesen Sie im Kapitel *Aktion*.

Lernen

Lernen ist der zentrale Aspekt im Action Learning, der dazu beiträgt, eingefahrene Wege des Denkens und Handelns zu verlassen und neue Lösungen zu entwickeln.

Lernen umfasst sowohl Theoriewissen als auch Erkenntnisse durch Erkunden und Verstehen der speziellen Situation, in der das Problem auftaucht.

Die Lerngleichung im Action Learning heißt:

Die Lerngleichung

$$L = P + Q$$

▶ „P" steht dabei für *„Programmed Learning"* (Theorie, also was man lehren oder lesen kann)
▶ „Q" steht für *„Questioning Insight"* (Einsicht durch Hinterfragen)

Das „Q" ist im Action Learning besonders wichtig und steuert auch, welches „P" zur Lösung der Herausforderungen sich eignet und hinzugezogen wird.

„Q" = „Questioning Insight" (Verstehen durch Hinterfragen)

Was ist „Q"?
▶ Eine intensive Auswertung der Erfahrungen bei der Umsetzung von Aktionen
▶ Eine Reflexion eigener Annahmen („mentaler Konstruktionen") und Verhaltensmuster

Wie macht man „Q"?
▶ Konsequent prozessbegleitend (und nicht etwa nur zum Schluss)
▶ Mit Fragen, die zum Nachdenken anregen, z.B. nach dem SAGA-Modell (S. 167 ff.)

„Q" als systematische Reflexion findet im Action Learning deswegen prozessbegleitend statt, um durch die dabei gewonnenen Erkenntnisse das weitere Handeln im laufenden Lösungsprozess wirksam zu beeinflussen.

Der Facilitator Um die Reflexion systematisch zu fördern, gibt es im Action Learning die Rolle des *Facilitators*, der in der Lage ist, anspruchsvolle Lernprozesse zu initiieren und zu begleiten – der aber auch zunehmend das Set in die Selbststeuerung lenkt, indem er die Reflexionskompetenz der Setmitglieder unterstützt. Außer der Begleitung der Sets hat der Facilitator weitere wichtige Aufgaben: Er bereitet das Unternehmen auf Action Learning und die damit verbundene Haltung der wertschätzenden Offenheit und des lösungsorientierten, tabufreien Hinterfragens vor und schafft so eine gemeinsame Basis für das Gelingen von Action Learning. Dazu trifft er Absprachen für ein lernträchtiges Setting, macht Vorschläge zum Design und sorgt für die Rückendeckung und Einbindung der Verantwortlichen im Unternehmen in das Programm. Die Rolle wird im Kapitel *Lernen* ausführlich thematisiert.

Fragen Das Hauptmittel der Reflexion sind anregende Fragen (Hinterfragen) aus den unterschiedlichen mentalen Ebenen und den verschiedenen Blickwinkeln der Setteilnehmer. Die Kunst, intensive Lernprozesse über ein systematisches und wiederholtes Hinterfragen sicherzustellen, stellt den Kern von Action Learning dar. Das in diesem Buch dargestellte SAGA-Modell (Seite 167 ff.), bietet dazu reichhaltige Orientierung.

Im Kapitel *Lernen* erhalten Sie zahlreiche konkrete Hinweise und Arbeitshilfen zur Arbeit im Set und als Facilitator.

Design

Das Lerndesign ist im Action Learning durch eine ganze Reihe von Elementen geprägt, von denen die wichtigsten sind:

► das Set und die Auswahl der Probleme,
► das Rollenkonzept und
► die Abfolge der Setmeetings bzw. Workshops.

Set

Lernen findet im Action Learning in Gruppen statt, die als Sets bezeichnet werden. Sets haben idealerweise vier bis sechs, manchmal auch bis acht Teilnehmer, sodass sich eine vertrauensvolle Setgemeinschaft bilden kann, in der gleichermaßen Unterstützung und Herausforderung vorherrschen. Die Sets werden so zusammengesetzt, dass die Teilnehmer möglichst bunt gemischt sind, z.B. hinsichtlich Qualifikation, Herkunft, Erfahrungen und Aufgaben. Die Vielfalt dieser Perspektiven fördert intensive Lernprozesse.

Für die im Set zu bearbeitenden Probleme oder Herausforderungen gibt es verschiedene Designvarianten, die nach den Zielen des Programms und den Gegebenheiten vor Ort gewählt werden können. So ist es möglich, ein gemeinsames Problem als Projektaufgabe für das gesamte Set zu wählen oder jeden Setteilnehmer eine eigene Herausforderung bearbeiten zu lassen. In beiden Fällen wird die fortlaufende Auswertung und Reflexion gemeinsam im Set vorgenommen. Probleme können aus dem Arbeitsgebiet des Setteilnehmers gewählt werden oder aus einem fremden, aus dem eigenen Umfeld oder aus einem anderen, um nur einige Varianten zu nennen, die sich jeweils unterschiedlich auf die Arbeit im Set und die Lernmöglichkeiten für die Teilnehmer auswirken können.

Rollen

Neben den *Setteilnehmern* und dem *Facilitator* gibt es weitere Rollen im Action Learning, die je nach Besonderheiten der jeweiligen Situation und dem gewählten Programmdesign benötigt werden.

Weitere Rollen neben den Setteilnehmern und dem Facilitator

▶ *Sponsor*: Da Action Learning in die Organisation eingreift, um Lernen in Gang zu setzen und Dinge zu verbessern, ist eine Einbindung und Unterstützung aus der Unternehmensleitung erforderlich, damit produktive Unruhe zugelassen wird und nicht zum Abbruch des Lernprozesses führt.

▶ *Interne Mittler*: Typischerweise sind die Personal- bzw. Organisationsentwicklung oder andere Querschnittsfunktionen Partner des meist externen Facilitators und Bindeglied zu anderen internen Einheiten.

▶ *Auftraggeber oder Client*: Action-Learning-Projekte benötigen in der Regel einen Auftraggeber aus der Organisation, der die zu erbringende Leistung mit dem Set oder einzelnen Setteilnehmern vereinbart und das Ergebnis abnimmt. Ein gut gewählter Auftraggeber hat ein starkes Interesse am Ergebnis und ist bereit, das Set zu unterstützen, aber auch offene Rückmeldung zu geben.

Workshops/Setmeetings

Action-Learning-Programme bestehen entsprechend dem gewählten Programmdesign aus einer Abfolge von Workshops und/oder Setmeetings, die über einen längeren Zeitraum hinweg stattfinden. In einem Setmeeting trifft sich ein einzelnes Set, in einem Workshop können sich auch mehrere Sets treffen. Im Action-Learning-Grunddesign werden in einem Zeitraum von ca. sechs Monaten mindestens drei oder nach Möglichkeit mehr Treffen der Sets empfohlen. Die Zeitdauer für das einzelne Setmeeting beträgt einen halben bis einen Tag, für Workshops, je nach Besonderheiten des Programmdesigns, auch länger.

Im Action Learning wurden zahlreiche Formate und Designs entwickelt, um mit verschiedenen Rahmenbedingungen und mit unterschiedlichen Problemstellungen sinnvoll zu arbeiten. Neben Präsenzworkshops wird auch z.B. *Virtual Action Learning* immer wichtiger. Lesen Sie mehr dazu im Kapitel *Design*.

Und was ist Action Learning nicht?

Kein Outdoor-Training, keine Simulation, kein Planspiel, kein Verhaltenstraining

Der Begriff Action Learning erfreut sich wachsender Popularität und wird daher immer wieder für Dinge benutzt, die wenig oder gar nichts mit der ursprünglichen Idee seines Begründers Reg Revans und den hier dargestellten Weiterentwicklungen zu tun haben. Action Learning ist kein Outdoor-Training und auch sonst keine körperlich oder geistig aktivierende Seminarübung, es ist keine Simulation und kein Planspiel, genauso wenig wie eine reine Gedankenübung oder Verhaltenstraining.

Im Action Learning geht es immer darum, dass aufgrund drängender echter Probleme konkrete Aktionen in Gang gesetzt werden – und die damit verknüpften Risiken in Kauf genommen werden –, um etwas zu verbessern. Das, was dabei passiert, wird im Set fortlaufend zum Lernen genutzt, um mit immer wirksameren Aktionen auf der individuellen und organisationalen Ebene Veränderung in Gang zu setzen und Innovation für die Zukunft zu schaffen.

Die vier hier im Überblick erläuterten Aspekte des Action Learning werden in je einem Kapitel vertieft, um für den Praktiker hilfreiche Hintergründe, Praxistipps und Anleitungen für die Durchführung zur Verfügung zu stellen.

Philosophie

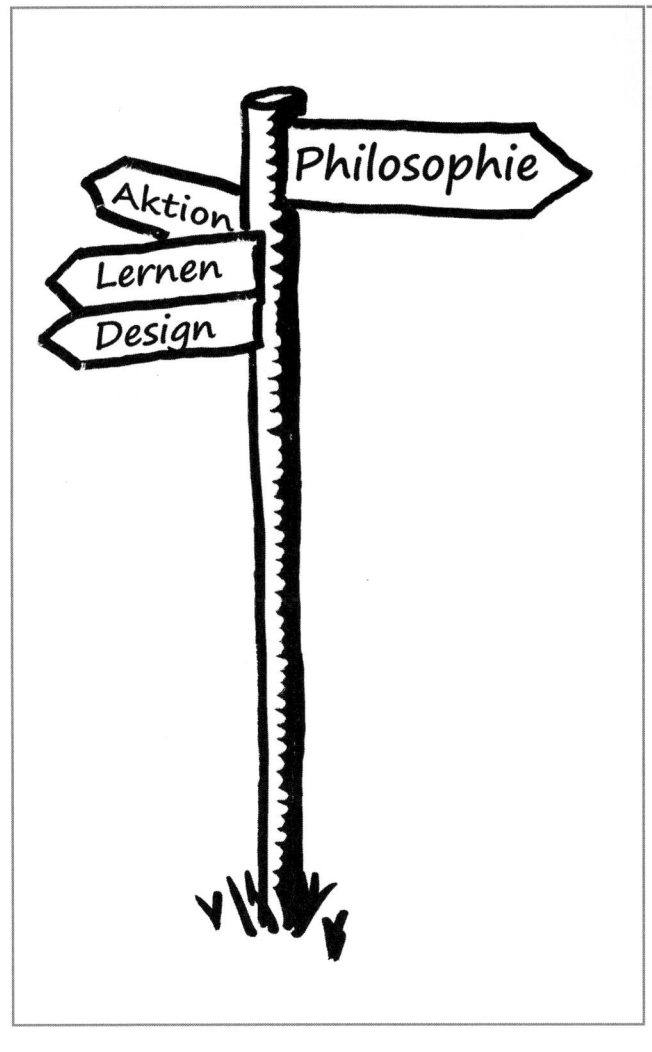

Schnellfinder

Philosophie

Dieses Kapitel dient dem Ziel, die Prinzipien, Haltung und Hintergründe von Action Learning nachvollziehbar zu machen. Action Learning ist ohne die damit verbundene Grundhaltung und Philosophie kaum zu verstehen, weil es weit mehr ist als eine (weitere) Technik. Mike Pedler hat dies im Vorwort schon anschaulich dargestellt. Trotz des an manchen Stellen notwendigen Bezugs zur Theorie wurde sowohl in den Gesprächen mit Fachvertretern – die allesamt nicht nur Lehrstühle an renommierten Universitäten bekleiden, sondern auch selbst als Berater oder Facilitators engen Bezug zur Praxis haben – als auch in den grundlegenden Erläuterungen großer Wert auf Verständlichkeit für ein vorwiegend an der Anwendung von Action Learning interessiertes Publikum gelegt. Fragen, die in diesem Abschnitt gestellt werden, sind:

▶ Warum ist Action Learning für die Herausforderungen, denen sich Unternehmen und Führungskräfte gegenüber sehen, besonders geeignet?
▶ Wie ist Action Learning entstanden und was sind die charakteristischen Merkmale?
▶ Wie hat sich Action Learning über die Zeit weiterentwickelt, um seine Wirksamkeit immer weiter zu erhöhen?

In einem ersten Schritt werden die Anforderungen betrachtet, denen sich Unternehmen und Führung gegenübersehen. Dies geschieht anhand von drei Modellen, die für Führungskräfte in einem hohen Maße plausibel sind, weil sie helfen, die Erfahrungen im Führungsalltag zu thematisieren und auszuwerten. Die Herausforderung ist, mit einer zunehmenden Komplexität und Beschleunigung umzugehen, die ganz neue Problemtypen schafft und erhebliche Anforderungen an Führung stellt.

Ergänzt wird dies durch zwei anregende Hintergrundgespräche: Joe Raelin, einer der bedeutenden Vordenker für innovative Organisationskonzepte, lenkt das Augenmerk auf eine „Leaderful Practice", mit der solche Probleme angegangen werden können, weil Führung als Fähigkeit eines Teams oder einer Organisation interpretiert wird (im Gegensatz zum klassischen

Verständnis von Führung, in dem die Person des Führenden im Unterschied zu den Geführten im Mittelpunkt der Betrachtung steht). Und der systemische Berater und Hochschullehrer Rudolf Wimmer stellt der Führung, wie sie heute oft praktiziert wird, ein schlechtes Zeugnis aus. Er erklärt, warum Reflexion für das Gelingen von Führung als einer „Organizational Capacity" immer wichtiger wird.

Nach einem kurzen Abriss über die Biografie von Reg Revans, dem Begründer von Action Learning, werden *die grundlegenden Prinzipien oder Annahmen*, auf denen Action Learning beruht, dargelegt. Sie gehen auf Revans zurück und sind bis heute eine wesentliche Grundlage zum Verständnis von Action Learning.

Daran anschließend werden zwei grundlegende Action-Learning-Konzepte thematisiert.

Das wohl am häufigsten verwendete Vorgehen im Action Learning ist eine Orientierung am *Modell des Erfahrungslernens*. Es hilft, verschiedene Phasen zu unterscheiden und ist daher ein für die Praxis sehr hilfreiches Vorgehen für die Strukturierung und Systematisierung einer Action-Learning-Erfahrung, die den Lern- und Reflexionsprozess ausdrücklich berücksichtigt. Das Modell wird zunächst vorgestellt, um dann die Arbeit des Facilitators mit dem Modell des Erfahrungslernens anhand eines systematisch aufbereiteten praktischen Falls zu illustrieren.

Die wohl spannendste Weiterentwicklung, die in der Auseinandersetzung mit Revans Modell in den letzten Jahren entstanden ist, ist *Critical Action Learning (CAL)*. Der Fokus verändert sich dadurch vom Individuum auf Dynamiken in sozialen Systemen, wie z.B. Gruppen und Organisationen, mit denen jeder Manager zu tun hat. Kiran Trehan, eine bedeutende Vertreterin von CAL, erläutert in einem weiteren Hintergrundgespräch die Bedeutung von Machtbeziehungen und Emotionen, die diese stets begleiten, für das Verstehen sozialer Prozesse.

Im letzten Abschnitt wird der Zusammenhang von Forschung und Praxis im Action Learning besprochen. David Coghlan, Professor an der Dublin University, skizziert aufgrund seiner langjährigen Erfahrung im Gespräch seinen Ansatz des Action Learning Research, der den Manager als Forscher seiner Situation sieht.

Das Fazit am Ende des Kapitels unterstreicht die Bedeutung, die Action Learning für die Führungspraxis haben kann, wenn Aktion und Reflexion als wesentliche Bestandteile von Führung verstanden werden.

Wie lernen Führungskräfte?

Wenn man Führungskräfte fragt, woraus sie in ihrer Karriere den größten Lernzuwachs für ihre Entwicklung gezogen haben, umfasst die Antwort meistens Stichpunkte wie Erfahrung, Verantwortung, Zusammenarbeit mit interessanten Kollegen, Vorbilder und Herausforderungen. Dagegen werden Theorien, Ratgeber, Bücher und die Teilnahme an theorievermittelnden, praxisfernen Seminaren und Trainings – wenn überhaupt – erst später genannt. Die Erfahrung des Scheiterns empfinden viele zwar als unangenehm, aber durchaus nachhaltig, weil es zum Nach- und evtl. auch Umdenken und Bessermachen anregt. Erfolg hingegen ist angenehm, macht Lust auf mehr, wird aber manchmal rasch abgetan, ohne richtig analysiert und verstanden worden zu sein.

Action Learning nutzt genau die Faktoren systematisch, von denen Führungskräfte sagen, dass sie zu einem nachhaltigen Lernen führen – auch diejenigen, die sie in erfolgreichen Zeiten leicht vernachlässigen und in schwierigen Zeiten manchmal vermeiden. Diese Faktoren sind erstens praktische Erfahrung mit einer Herausforderung und Verantwortung für das Ergebnis, die das Risiko des Scheiterns beinhaltet, und zweitens eine intensiv wertschätzende und vertrauensvolle Zusammenarbeit mit kompetenten Mitgliedern in einem Set, in dem auch das eigene Handeln ausgewertet wird, um persönliche Anteile an Erfolg und Misserfolg zu identifizieren und die Bewusstheit und das persönliche Repertoire für zukünftige Herausforderungen zu schärfen.

Zwei entscheidende Faktoren: Praktische Erfahrung mit einer Herausforderung und vertrauensvolle Zusammenarbeit

Wie hoch ist der Lernbedarf?

In Zeiten zunehmender Veränderung stehen Organisationen und ihr Management unter einem permanenten Anpassungsdruck. Die größte Herausforderung ist, unter sich ständig ändernden Bedingungen handlungsfähig zu bleiben. Ein Beispiel unter vielen ist die Veränderung im Einzelhandel, indem in wenigen Jahren der rasant ansteigende Umsatz im Internet die Branche völlig verändert hat. Eine bedeutende Kaufhauskette und ein einst führendes Großversandhaus sind in den letzten Jahren komplett vom Markt verschwunden, während andere unter ähnlichen Bedingungen ihre Position verteidigt oder sogar noch ausgebaut haben.

Woher kommt es, dass bei dem einen Unternehmen die Handlungsfähigkeit erhalten bleibt oder sogar verbessert wird, während sie bei einem anderen Unternehmen verloren geht? Sicher spielt eine Vielzahl von Faktoren zusammen, und jeder Einzelfall liegt etwas anders, dennoch dürften die Lern- und Anpassungsfähigkeit der Organisation eine entscheidende Rolle spielen.

Formel für das Überleben einer Organisation

Reg Revans, der Begründer von Action Learning, hat die Bedingung für das Überleben einer Organisation auf eine einfache Formel gebracht:

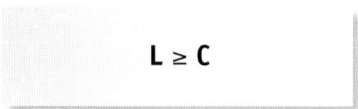

$$L \geq C$$

Dabei ist L (Learning) der erzielte Lernfortschritt und C (Change) das Ausmaß des Wandels. Wenn der Lernfortschritt (L) der Organisation mindestens so groß ist und mindestens so schnell stattfindet wie der Wandel (C), bleibt die Handlungsfähigkeit im Unternehmen erhalten. Das Überleben und der Erfolg sind gesichert oder doch zumindest wahrscheinlicher geworden.

Für die Führung in Organisationen ergibt sich daher die Herausforderung, Rahmenbedingungen zu schaffen, unter denen rasch genug gelernt werden kann, mit den sich ändernden Umweltbedingungen umzugehen.

Wie stark erleben Führungskräfte den Wandel?

Auf welche Weise verändert sich aber die Umwelt? Wir wissen es nicht, aber wir können feststellen, wie sie sich in den letzten Jahren und Jahrzehnten verändert hat. Wenn ich mit Führungskräften in Workshops thematisiere, wie sich für sie relevante Umwelten in der von ihnen überschaubaren Zeit verändert haben, werden rasch viele Aspekte genannt, z.B.:

▶ Zunahme an Individualität
▶ Kommunikation – ständige Erreichbarkeit an jedem Ort
▶ Informationsflut

- ▶ Stärkere Konkurrenz
- ▶ Kostendruck
- ▶ Wandel ist schneller
- ▶ Mehr Frauen in verantwortlichen Positionen
- ▶ Zunehmend Singles, Patchworkfamilien und Einzelkinder
- ▶ Leistungsdruck, Arbeitsverdichtung
- ▶ Freier Zugang zu Information
- ▶ Internet
- ▶ Social Media zu Kommunikation und Austausch
- ▶ Digitalisierung aller Lebensbereiche
- ▶ Jeder kann alles veröffentlichen
- ▶ Datenmissbrauch nimmt zu
- ▶ Tiefe und zwischenmenschlicher Kontakt nehmen ab
- ▶ Vernetzung, Globalisierung, Internationalität
- ▶ Kunden sind anspruchsvoller und erwarten mehr Service
- ▶ Mobilität
- ▶ Arbeitsteilung und Prozessdenken
- ▶ Instabilität nimmt zu
- ▶ Umweltbewusstsein

Diese zufällige Sammlung, die sich in ähnlicher Weise in vielen Workshops in unterschiedlichen Branchen wiederholt, zeigt, dass die Veränderungen praktisch alle Lebensbereiche betreffen.

Wenn ich anschließend erfrage, wie sich das Ausmaß an Veränderung im beruflichen Umfeld in den letzten Jahren entwickelt hat, entstehen bei aller individuellen Varianz meist Kurven wie die nachfolgende:

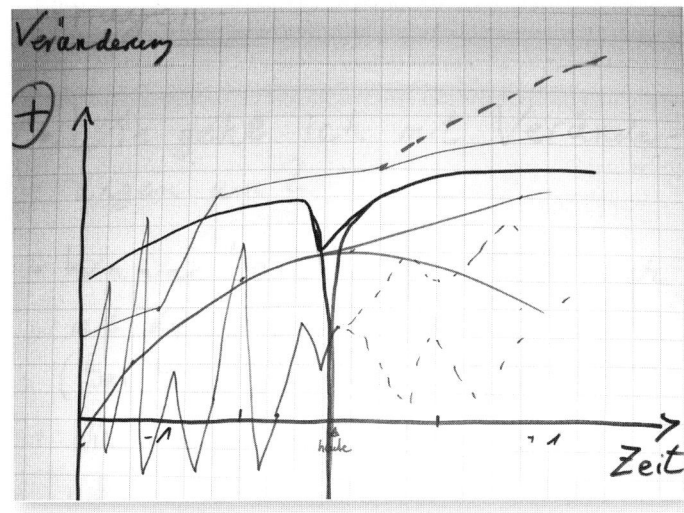

Abb. 2: Die erlebte Häufigkeit und Intensität von Veränderungen (Beispiel aus einem Führungskräfteprogramm)

Was sagt die Theorie dazu? –
Drei praktische Modelle im Überblick

Diese von Führungskräften erlebte und in den unterschiedlichsten Workshops immer wieder dargelegte Situation wurde auch bereits in verschiedenen Analysemodellen systematisiert, wie

1. Systemtypen des Organisierens (Kantor)
2. Entwicklungsstufen des Managements (Rieckmann)
3. Problemtypen in Unternehmen (Pedler/Grint)

1. Systemtypen des Organisierens (Kantor)

Systemtypen David Kantor (Kantor & William, 2003; Kantor & Lonstein, 1996), der ursprünglich aus der Familientherapie kam, bevor er sich mit Unternehmen und Organisationen beschäftigte, unterscheidet verschiedene *Systemtypen*. Er sieht eine Entwicklungslinie von geschlossenen Systemen zu offenen und schließlich randomisierten Systemen. *Randomisierung* (= Zufallsverteilung) wird in der empirischen Sozialforschung für Verfahren verwendet, die es dem Agierenden unmöglich machen, das nächste Ereignis vorherzusehen. In einer medizinischen Wirksamkeitsstudie, die ein randomisiertes Verfahren verwendet, weiß also beispielsweise ein Prüfarzt nicht, wer welcher Behandlung als Nächstes zugewiesen wird, damit er das Ergebnis nicht beeinflussen kann. Übertragen auf die Handlungsfähigkeit der Führung hat es natürlich dramatische Auswirkungen, wenn die Berechenbarkeit schwindet und Führungskräfte Ergebnisse immer weniger beeinflussen können.

Unternehmen, die als *geschlossene Systeme* operieren, schaffen in Kantors Sicht Stabilität durch Tradition, sie sind also außerordentlich erfolgreich in Umwelten, die sich wenig ändern. Solche Unternehmen gibt es heute naturgemäß kaum mehr. In früheren Jahrzehnten war es aber durchaus so, dass Hauptlieferanten der öffentlichen Hand behördenähnliche Strukturen ausbildeten, die im höchsten Maße berechenbar waren und sich lange kaum veränderten. *Offene Systeme* stehen dagegen bereits in einem

stärkeren Austausch mit ihren Umwelten, es entstehen partizipative Strukturen, die Beteiligung unterschiedlicher Interessengruppen fördert die Entwicklung.

Unternehmen, die sich auf den *randomisierten Systemtyp* zubewegen, setzen auf schnellste Erneuerung und begrenzen Kreativität nicht durch offizielle Strukturen. Improvisation wird in wenig vorhersagbaren Umwelten zu einem vorherrschenden Merkmal. Internet Communities wie Wikipedia haben auf diese Weise rasch enorme Ergebnisse erzielt.

In Kantors Werk spielt aber auch die *dunkle Seite* eine Rolle. Dadurch wird deutlich, dass kein Systemtyp per se besser ist als die anderen, sondern jeder seinen Preis hat. Welcher Systemtyp vorherrschend ist, hängt vor allem von den Anforderungen der Umwelt ab. Die dunkle oder dysfunktionale Seite eines Systemtyps bezeichnet Kantor als „Tyrannei". Geschlossene Systeme zeichnen sich dadurch aus, dass es in dieser hierarchisch geprägten Welt zu einer *„Tyrannei des Monarchen"* kommen kann, d.h. einer autokratischen Positionsmacht, die scheinbar ungestraft Widerspruch und offene Auseinandersetzung erstickt.

Jeder Systemtyp hat seinen „Preis"

Offene Systeme hingegen schaffen vielfältige Regeln und Abläufe, die eine geordnete Einflussnahme und Abstimmung erst ermöglichen. Die Kehrseite ist die *„Tyrannei der Prozesse"*. Ihre Einhaltung ist oft zeit- und ressourcenintensiv, sie bindet in einem beträchtlichen Ausmaß Kräfte, die für entschlossenes Handeln benötigt würden. Tatsächlich berichten Projektmanager aus unterschiedlichen Unternehmen nicht selten, dass die Prozesshandbücher immer umfangreicher und detaillierter werden und es dadurch praktisch unmöglich ist, immer nach Handbuch vorzugehen, wenn man wirklich etwas bewegen will.

Aber auch Organisationen nach dem randomisierten Systemtyp haben eine dunkle Seite, die sich in einer mangelnden Berechenbarkeit des Agierens zeigt. Kantor bezeichnet dies als die *„Tyrannei der Anarchie"*. Everything goes – aber nicht zuverlässig und nicht berechenbar.

In der Praxis kommen diese Systemtypen selten in Reinkultur und viel häufiger als Mischformen vor. In einem Hightech-Unternehmen hat eine Gruppe von Managern in einem Workshop die Einschätzung abgegeben, dass ihre Umwelt schon stark randomisiert ist, während das eigene Unternehmen insgesamt eher noch als offenes System agiert, in manchen Bereichen sogar noch abgeschlossen und in anderen schon randomisiert. Für Mitarbeiter kann diese Widersprüchlichkeit sehr hohe Anforderungen mit

Mischformen

sich bringen, die noch verschärft werden, wenn die persönliche Prägung einen anderen Systemtyp bevorzugt als das, was im Umfeld aktuell gefordert ist.

2. Entwicklungsstufen des Managements (Rieckmann)

In eine ähnliche Richtung weist das Modell des Wirtschaftswissenschaftlers Heijo Rieckmann (2007). In seiner Analyse von Veränderung identifiziert er zwei vorherrschende Dimensionen, nämlich die zunehmende Beschleunigung, die er als Dynamik bezeichnet und die zunehmende Vernetzung und wechselseitige Abhängigkeit, die bei ihm als Komplexität zusammengefasst wird.

Zwei vorherrschende Dimensionen

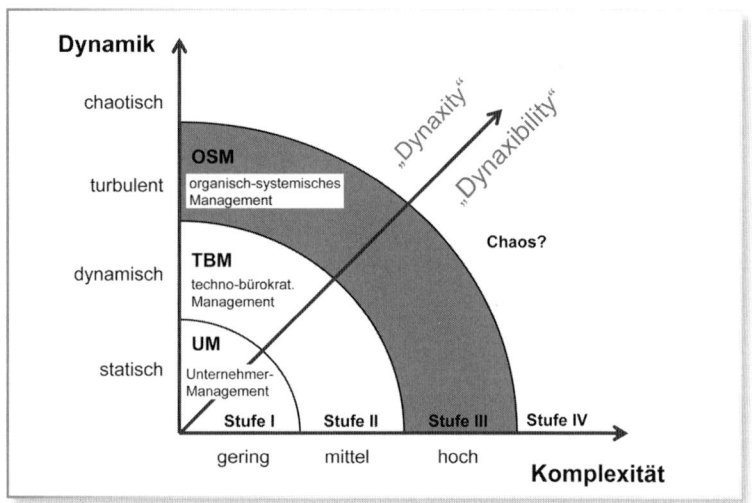

Abb. 3: Dynaxity nach Rieckmann

Die Kombination beider Dimensionen bezeichnet er als *„Dynaxity"* – ein Kunstwort aus den englischen Begriffen für Dynamik und Komplexität. Dynaxity beschreibt den Zustand der relevanten Umwelt der Organisation. Die Anforderung, die sich daraus für Führung im Unternehmen ergibt, wird dann als *„Dynaxability"* bezeichnet, als Fähigkeit (Ability) der Organisation, mit der im Umfeld vorhandenen Dynaxity angemessen umzugehen und erfolgreich zu agieren.

Organisationsform und Führungsverständnis hängen also unmittelbar mit den Bedingungen und Anforderungen im Umfeld zusammen.

Rieckmann unterscheidet drei Stufen in der Entwicklung der Unternehmensführung, die entstanden sind, weil die vorhergehende Stufe mit

Bernhard Hauser: Action Learning

zunehmender Dynaxity immer weniger die Handlungsfähigkeit des Unternehmens sicherstellen konnte. Diese Stufen sind das *patriarchalisch geprägte Unternehmermanagement* zu Beginn der Industrialisierung, das technisch-bürokratische Management, das weite Teile des letzten Jahrhunderts bestimmt hat und immer noch eine bedeutende Rolle spielt und das organisch-systemische Management.

Drei Stufen in der Entwicklung der Unternehmensführung

Merkmale des *technisch-bürokratischen Managements* sind eine Betonung von Regeln und Vorschriften, Standardisierung, Hierarchie und Kontrolle. Die Logik dieser Form des Führens ist es, reproduzierbare, genormte Leistungen und Produkte mit standardisierten Prozessen zu erzeugen. Ein über lange Zeit extrem erfolgreiches Konzept. Die Kehrseite war tiefes Misstrauen gegenüber der Individualität des Einzelnen, die sich nur innerhalb der engen Grenzen eines zuvor festgelegten Rahmens bewegen sollte.

Mit steigender Komplexität und Dynamik nehmen aber nicht prognostizierbare Ereignisse und Paradoxien dramatisch zu. Das technisch-bürokratische Management, also das Erfolgsmodell der Vergangenheit, gerät immer öfter und deutlicher an seine Grenzen. Die Rahmenbedingungen selbst bedürfen der stetigen kreativen Weiterentwicklung, Brüche und Paradigmenwechsel sind an der Tagesordnung. *Organisch-systemisches Management* verlangt im Gegensatz zum technisch-bürokratischen Ansatz das engagierte ganzheitliche Mitdenken des Einzelnen und fördert daher eine offene, ergebnisorientierte Teamkultur und Netzwerke.

Die Entwicklungsstufe eines Unternehmens muss sich im Einklang mit den Anforderungen seines Umfelds bewegen, um erfolgreich zu sein. Führungskräfte, die von meinen Kollegen und mir in Workshops befragt wurden, schätzen ihre Umwelt- und Marktbedingungen häufig so ein, dass sie schon deutlich in Stufe III sind, während sich das eigene Unternehmen meist noch überwiegend in Stufe II bewegt.

Stets im Einklang mit den Umwelt- und Marktbedingungen?

Denken und Handeln von Führungskräften finden in einer *widersprüchlichen Welt* statt, in der die Märkte andere Lösungen verlangen als die Erfolgsrezepte der Vergangenheit, in der verschiedene Stile und ein unterschiedliches Verständnis der Führungsrolle im Unternehmen oft nebeneinander zu finden sind und in der sich die Erwartungen vieler Menschen in Unternehmen an solide Führung immer noch sehr stark an der Logik einer wohlgeordneten Organisation orientieren, die mit bürokratischer Zuverlässigkeit alles Notwendige regelt und abarbeitet. Auch wenn dies mit der Lebenswirklichkeit vielfach gar nicht mehr übereinstimmt.

Tatsächlich gerät die bürokratische Organisation immer mehr an ihre Grenzen, weil sie die Vielfalt komplexer, und in ihren vernetzten Auswirkungen oft schwer abschätzbaren und dadurch einzigartigen Problemen nicht oder nicht schnell genug in den Griff bekommt. Den klassischen Prozessen und Strukturen gelingt es immer weniger, Unsicherheiten zu bewältigen. Pedler und Grint unterscheiden verschiedene Problemtypen – und gerade der Problemtyp, der sich mit klassischen Prozessen und bürokratischen Strukturen nicht befriedigend bewältigen lässt, wird immer bedeutsamer.

3. Problemtypen in Unternehmen (Pedler/Grint)

In Fortführung eines Modells von Keith Grint (2008) unterscheidet Mike Pedler (2011) drei verschiedene Typen von Problemen, mit denen Führungskräfte und Unternehmen konfrontiert sind.

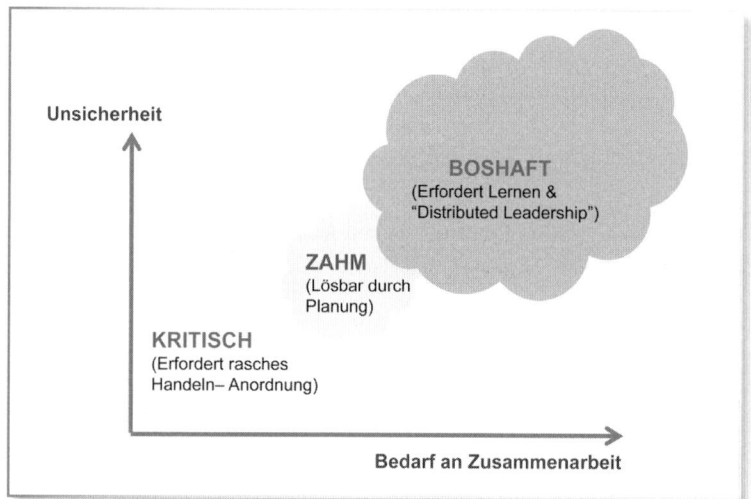

Abb. 4: Drei Problemtypen
(Pedler, 2011;
Grint, 2008)

Diese Typen unterscheiden sich nach dem Ausmaß an Unsicherheit und des erforderlichen intensiven Zusammenwirkens der Mitarbeiter zur Lösung. *Kritische Probleme* erfordern zur Krisenabwehr sofortiges Entscheiden und Handeln des Managers, für Abstimmungsprozesse ist keine Zeit. *Zahme Probleme* zeichnen sich dadurch aus, dass in der Organisation Mechanismen und Prozesse zur sachgerechten Handhabung entwickelt wurden. Probleme dieses Typs, die im Einzelfall durchaus anspruchsvoll und komplex sein können, werden durch angemessene Planung und funktionierende Prozesse gehandhabt. Sie sind also insofern „zahm", als sie sich dann im Rahmen eines vorgedachten Lösungsraums mit seinem spezifischen Instrumentarium bewegen. *Boshafte Probleme* schließlich sind auf diese Weise nicht zufriedenstellend handhabbar: Trotz sorgfältig geplanter Prozesse und Lö-

Problemtypen

sungsversuche bleiben solche Probleme weiterhin hartnäckig bestehen oder scheinen immer wieder auf. Probleme dieses Typs erfordern ein Umdenken im Unternehmen und die Einbindung der Betroffenen in die Verantwortung, gewissermaßen also die Beteiligung an Führung (d.h. Distributed Leadership).

Boshafte Probleme werden in sich rasch verändernden Unternehmensumwelten immer häufiger. Gleichzeitig ist das Management bislang ungenügend vorbereitet, auf diese so zu reagieren, dass sie gelöst werden können. *Pedler* (2011) schreibt dazu:
„Unsere Fähigkeiten im Umgang mit boshaften Problemen werden begrenzt durch eine kulturelle Abhängigkeit von der Hierarchie, von Managementprozessen, die am besten für ‚zahme' Probleme passen und durch eine Führungskräfteentwicklung, die eher Befehlsempfänger schafft als selbstbestimmt Handelnde."

Boshafte Probleme häufen sich

Das immer häufigere Auftreten boshafter Probleme bedingt in Veränderungsprozessen ein Umdenken in Richtung Förderung der Selbstständigkeit und Verantwortungsübernahme, Dialogfähigkeit über alle organisatorischen und hierarchischen Grenzen hinweg und eine auf viele Köpfe verteilte Führung (Doppler, 2008). Ein verändertes Führungsverständnis hat sich daher in den letzten Jahren entwickelt. Die Stichworte heißen „Shared Leadership", „Distributed Leadership" oder auch „Leaderful Practice" (Raelin, 2010).

Anforderungen an Führung (Die drei Modelle im Vergleich)

Wenn man die drei unabhängig voneinander entstandenen Modelle – *Systemtypen von Organisationen, Entwicklungsstufen des Managements* und *Problemtypen in Unternehmen* – vergleicht, erkennt man, dass alle drei Aspekte der Entwicklung herausgreifen, die für die Führung in Unternehmen wesentlich sind.

Alle drei Modelle unterscheiden drei Stufen der Entwicklung und geben Auskunft über Merkmale und Anforderungen unter den jeweiligen Bedingungen. Betrachtet man sie zusammen, bekommt man einen Eindruck, wie Führung sich entwickelt und was gefordert ist. Alle drei Modelle stimmen darin überein, dass eine Organisation den Anforderungen ihrer Umwelt angemessen begegnen muss, um erfolgreich zu sein.

Führungskräfte in Unternehmen melden zunehmend zurück, dass ihre relevanten Umwelten durch den randomisierten Systemtyp geprägt sind, der schnellste Erneuerung und die Fähigkeit zur Improvisation erfordert, ein hohes und rasch anwachsendes Maß an Komplexität, Vernetzung und Dynamik verkörpert sowie boshafte Probleme mit sich bringt, die sich einer Zähmung durch Planung und Prozesse entziehen.

Die drei Modelle im Überblick

Systemtypen von Organisationen (Kantor)	Entwicklungsstufen des Managements (Rieckmann)	Problemtypen in Unternehmen (Grint/Pedler)
Geschlossene Systeme	Unternehmer-Management	Krisen: Hierarchischer Durchgriff
Offene Systeme	Technisch-bürokratisches Management	Zahme Probleme: Planung/Prozesse
Randomisierte Systeme	Organisch-systemisches Management	Boshafte Probleme: Distributed Leadership

Abb. 5: Die drei Modelle im Überblick

Die Frage ist nun natürlich, wie boshafte Probleme, die eine zentrale Herausforderung von Unternehmen in komplexer und schneller werdenden Umwelten sind, erfolgreich bearbeitet werden können?

Zusammenfassende Fragen und Anforderungen an Action Learning

▶ Stellt es eine Unterstützung für den zunehmenden Bedarf an rascher Erneuerung dar, ohne in die „Tyrannei der Anarchie" zu verfallen?
▶ Kann es helfen, organisch adaptive Lösungen zu finden, die Wechselwirkungen einbeziehen, um die fortgesetzt wachsende Beschleunigung und Komplexität zu handhaben?
▶ Kann es helfen, boshafte Probleme zu lösen, die immer weniger durch geeignete Prozesse gezähmt werden können?

Aktion und Reflexion – Action Learning zur Lösung boshafter Probleme

Action Learning erfüllt wesentliche Voraussetzungen für den Umgang mit boshaften Problemen in der Praxis. In Organisationen, in denen Strukturen immer weniger Halt und Sicherheit bieten, stellen Action-Learning-Sets ein flexibles und förderndes Instrument dar, um vertrauensvoll miteinander zu arbeiten und gemeinsam in der Praxis zu lernen. Durch ihren ganzheitlichen Ansatz entsprechen Action-Learning-Sets den Anforderungen eines organisch-systemischen Managements, mehr noch sind sie ein Ort, an dem eine „Leaderful Practice" praktiziert und dadurch eingeübt werden kann. Notwendig dazu ist ein Facilitator, der die Organisation auf diese Art zu arbeiten mit einer „Kultur des Hinterfragens und Überprüfens" auch über hierarchische Grenzen hinweg und ohne Tabus vorbereitet, wie Raelin dies im Gespräch fordert (S. 47 ff.), und sie besonders in der Anfangsphase begleitet. Pedler sieht Action Learning daher als Kern verschiedener einander ergänzender Ansätze. Wenn Distributed Leadership nicht nur im Set, sondern in der ganzen Organisation gefördert und gelebt wird, unterstützt dies die nachhaltige Anwendung von Action Learning, da sich auch das weitere Umfeld dann für eine solche Arbeitsweise öffnet. Action Learning ist sowohl nach innen auf die Entwicklung der Teilnehmer, als auch im zweiten Schritt nach außen als ein Modell für reflektierendes Fördern und Fordern im weiteren Umfeld der Teilnehmer gerichtet. Im nächsten Kapitel wird ein Fallbeispiel von Action Learning im Rahmen eines Leadership Programms dargestellt, in dem gezeigt wird, wie eine solche Außenwirkung erzielt wird und welche Resultate dies erbringt.

Voraussetzung für Action Learning: eine Kultur des Hinterfragens und Überprüfens

Vernetzung schließlich zielt auf die Offenheit informeller Strukturen für die rasche Verbreitung von Information, Einbindung in die Kommunikation und Abstimmung auch jenseits aller Hierarchien, wie es einer randomisierten Umwelt entspricht. Mit einer Unternehmenskultur, die Vernetzung fördert, lässt sich die Wirksamkeit von Action-Learning-Sets ganz wesentlich potenzieren. Im Abschnitt über Action Learning in Veränderungsprozessen wird ein Praxisfall berichtet, in dem tiefgreifende Veränderungen mit vernetzten Action-Learning-Sets implementiert wurden.

Vernetzung

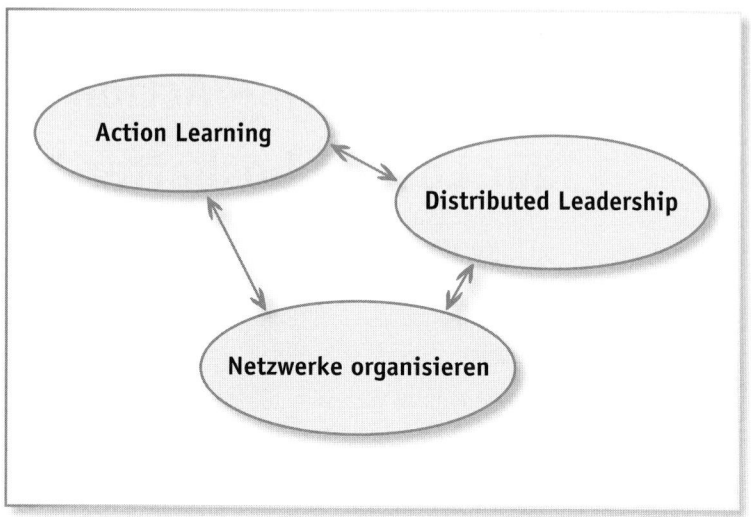

Abb. 6: Drei verknüpfte Praktiken für Managementlernen bei boshaften Problemen (Pedler, 2012)

Die Aufgabe der Führung einer Organisation, Handlungsfähigkeit zu erhalten, stellt angesichts sich rasch verändernder Unternehmensumwelten eine beträchtliche Herausforderung dar. Einerseits nehmen Geschwindigkeit, Dynamik und Vernetzung zu, andererseits stellen Antworten und Lösungen der Vergangenheit immer weniger einen verlässlichen Gradmesser dar. Dies ist der Hintergrund, vor dem Action Learning in den letzten Jahren enorm an Aktualität gewonnen hat, weil es den Rahmen schafft, um grundlegende Veränderungen anhand von konkreten und drängenden Aufgabenstellungen durchzuführen und dies zu nutzen, um die mentalen Voraussetzungen für neue Sichtweisen zu schaffen – ganz im Sinne einer „Leaderful Practice".

Was ist mit „Shared" oder „Distributed Leadership" gemeint?

Führen über Vereinbarungs-prozesse

In Bezug auf Führung wird üblicherweise unterschieden zwischen denjenigen, die geführt werden und denjenigen, die führen. Es entstehen Hierarchien mit verschiedenen Ebenen und einem unterschiedlichen Detaillierungsgrad von Zielen bzw. Aufgaben. Die Verknüpfung erfolgt in der klassischen Sicht über Kommandostrukturen und Befehlsketten und in offeneren Systemen über Vereinbarungsprozesse, die einen Handlungsrahmen vorgeben. „Shared" oder „Distributed Leadership" hat den Anspruch, dies zu vertiefen und Führungsdenken und -verantwortung auf allen Ebenen zu

verankern und zu nutzen, um schneller zu werden. Joe Raelin (2003 und
2010) hat dazu das Bild einer „Leaderful Practice" entwickelt: Führung ist
in diesem Verständnis nicht an Personen gekoppelt, sondern ein Merkmal
aller Personengruppen und Kollektive.

Leaderful Practice

Führung geht alle an –
Joe Raelin im Gespräch über „Leaderful Practice"

Joe Raelin ist international einer der bedeutendsten Vordenker für innovative Organisationskonzepte. Nach Erkenntnis des Professors an der
Northeastern University in Boston ist Führung nicht an formale Rollen,
wie die des Vorgesetzten gebunden, sondern ereignet sich immer dann,
wenn Menschen gemeinsam etwas bewerkstelligen wollen. Er hat dazu
den Begriff „Leaderful Practice" geprägt. „Leaderful" ist ein Kunstwort
und lässt sich daher nicht einfach ins Deutsche übersetzen. Gemeint ist
aber, dass in der Praxis ständig und auf vielfältige Weise von zahlreichen
Beteiligten Führungsprozesse stattfinden. Vorgesetzte können dies gezielt nutzen. Im folgenden Gespräch erläutert Joe Raelin, wie man sich
eine „Leaderful Practice" vorstellen kann.

Frage: Sie machen keinen Gebrauch von den immer häufiger zu hörenden Begriffen „Shared" oder
„Distributed Leadership". Vielmehr haben Sie eine neue Bezeichnung gewählt und nennen Ihren
Ansatz „Leaderful Practice". Wozu das, und was ist mit dem überraschenden Ausdruck „Leaderful"
gemeint?

Raelin: Tatsächlich nenne ich meinen Ansatz „Leaderful Practice" also „Praxis", im Gegensatz zu
kollektiver oder geteilter „Führung". Der Grund ist, dass die Verbindung des Adjektivs mit dem Sub-
stantiv Führung aus meiner Sicht leider Vorstellungen hervorruft, die ich niemandem zumuten oder
doch zumindest infrage stellen möchte. Diese Vorstellungen vermitteln den Eindruck, bei Führung
handle es sich um eine beeinflussende Beziehung zwischen einer wissenden Führungsperson und
einem nicht wissenden Geführten. Für mich begründet Führung dagegen eher eine wechselseitige
Beziehung zwischen Parteien über ein Verfahren, bei dem sie gemeinsam entscheiden, wie man zu
brauchbaren Ergebnissen kommt. Um diese andere Sichtweise zu etablieren, musste ich mir eine
Bezeichnung ausdenken, die Menschen motiviert, Führung als etwas Neues und Prickelndes wahrzunehmen, das sich ebenso gut spontan und intuitiv präsentieren kann wie geplant und bewusst. Im
Gegensatz zu einigen gängigen Führungsmodellen ist „Leaderful Practice" zudem mit spezifisch de-
mokratischen Wertvorstellungen verknüpft und unterstreicht den Wert sozialer Interaktionen. Diese
beruhen ihrerseits auf kritischen Reflexionsprozessen, in denen vermeintlich sichere Annahmen und
Bedeutungen auf den Prüfstand gestellt werden.

Was die Ableitung der Bezeichnung „Leaderful" betrifft, denkt man am besten an eine gute Teamerfahrung zurück, in der alles reibungslos und fast wie aus einem Guss funktionierte. Die Zusammenarbeit machte Spaß. Alle Teammitglieder hatten eine spezifische funktionale Rolle, schienen aber jederzeit bereit, füreinander einzutreten. Jeder konnte im Namen des gesamten Teams sprechen. Wie würde man eine solche Gemeinschaft charakterisieren? Eine übliche Umschreibung wäre führungslos – sprich, es besteht kein Bedarf an einer Führungsperson. Aber führungslos ist die Gruppe natürlich nicht – Abwesenheit von Führung würde ja anders aussehen. Im Gegenteil, sie ist voller Führung, also sprichwörtlich „führungsvoll" (leaderful). Jeder hat Anteil an der Führung der Gesamtheit, sowohl gemeinsam als auch simultan; anders ausgedrückt, nicht nur von oben nach unten, sondern alle zusammen und gleichzeitig.

Frage: Wodurch zeichnet sich „Leaderful Practice" aus?

Raelin: „Leaderful Practice" wird anhand ihrer vier bestimmenden Merkmale charakterisiert. Demnach ist Führung *simultan, gemeinschaftlich, unterstützend und wertschätzend*. Dazu jeweils eine Erklärung: *Simultane Führung* bedeutet, viele Mitglieder können eine Führungsrolle übernehmen, noch dazu gleichzeitig. Niemand, einschließlich des Vorgesetzten, muss zurückstehen, wenn jemand einen Beitrag als Führender leistet. *Gemeinschaftliche Führung* bedeutet, jeder in der Gruppe ist an der Führung beteiligt; das Team ist nicht darauf angewiesen, dass ein Individuum die Führungsrolle übernimmt. *Unterstützende Führung* bedeutet, jeder Einzelne überblickt das gesamte Team und kann in seinem Namen sprechen. Alle Mitglieder ziehen an einem Strang, um die Arbeit des Teams zu erledigen. Sie stehen miteinander im Dialog, was wiederum das Unternehmen fördert. Bei der *wertschätzenden Führung* schließlich ist den Mitgliedern daran gelegen, die Würde jedes Teammitglieds zu achten, und zwar unabhängig von dessen Hintergrund, Status oder Einstellungen.

Frage: Sie nennen „Leaderful Practice" ein Paradigma für das 21. Jahrhundert. Was macht Sie da so sicher?

Raelin: Ich glaube, es sind hauptsächlich drei Faktoren, die Leaderful Practice für das 21. Jahrhundert besonders geeignet machen. Dass einige von ihnen schon Umwälzungen im öffentlichen Raum auslösen, konnten wir z.B. am Arabischen Frühling und den Occupy-Bewegungen an der Wall Street sehen. Vorrangig sind dabei systemische Faktoren, die von der Beschaffenheit immer komplexerer Arbeitsbedingungen handeln. Wir beobachten zunehmend wirtschaftliche Verflechtungen, die durch Netzwerke von Partnerschaften verknüpft sind. Ich denke, Marshall McLuhan hat darauf hingewiesen, dass die Druckindustrie die Beiträge des Individuellen hervorhebt, während das Netz den Fokus auf den Beitrag der Gemeinschaft legt. Im Hinblick auf das organisatorische Leben ist es schon jetzt manchmal schwierig zu entscheiden, wer innerhalb und wer außerhalb des Unternehmens steht. Nur von einem einzigen Vorgesetzten abhängig zu sein, wird zunehmend problematisch. Unterdessen deuten die strukturellen Bedingungen auf den Niedergang unseres bürokratischen Systems hin, weil Wissen nun weiträumig verteilt ist. Manager auf der mittleren und höheren Führungsebene

verfügen ebenso wie Fachkräfte über das Instrumentarium, eigene Unternehmungen und Projekte abzuwickeln. Die dritte Voraussetzung besteht in der kontinuierlichen Qualifizierung unserer Mitarbeiter, wodurch sie befähigt werden, bei günstigen Rahmenbedingungen und entsprechender Förderung selbst aktiv zu werden, um so zu Wachstum und Erneuerung der Gemeinschaft oder Organisation beizutragen.

Frage: Action Learning und „Leaderful Practice" beruhen nach Ihrer Einschätzung auf denselben Prinzipien. Könnten Sie uns sagen, welches diese Prinzipien sind?

Raelin: Ich denke, das Konzept lässt sich auf zwei Prinzipien zurückführen. Zunächst erfordert Action Learning einen Geist des Organisationslernens, damit seine Wirkung voll zur Entfaltung kommt. Wenn jeder bewusst an diesem Lernprozess teilnimmt, sei es formell oder informell, wird niemand in einer Nebenrolle verharren. Das zweite Prinzip, das Action Learning und „Leaderful Practice" verbindet, ist die Zustimmung zu einer Kultur des Hinterfragens und Überprüfens ohne Tabus. Da bei vielen organisatorischen Problemen die Ursachen vorab nicht bekannt sind, ist es wichtig, dass das Hinterfragen vorurteilsfrei abläuft und von echter Neugierde geprägt ist.

Frage: Welchen Beitrag kann Action Learning zu „Leaderful Practice" leisten?

Raelin: Da Action Learning die Teilnehmer in einen gemeinsamen Lernprozess mitten in der Praxis einbindet, wird ihnen bewusst, dass die Erfahrung des gegenseitigen Hinterfragens notwendig ist, um effektiv zu arbeiten. Wie bereits erwähnt, sollten die Setmitglieder für den Prozess des Hinterfragens zum einen vorurteilsfrei sein, aber auch in etwa den gleichen Status haben. Sicher können einzelne Individuen mehr von einer Sache wissen als andere, doch Fachkenntnisse sind selten exklusiv und erweisen sich oft als kurzlebig, wenn die Problematik zunehmend komplex und multifunktional wird. Obwohl meist eine oder einige Personen dominieren könnten, bestätigen erfahrene Praktiker, dass die Ergebnisse deutlich besser ausfallen, wenn andere Mitglieder unterstützen und als Teil des Vorhabens in den Prozess einbezogen sind. Somit begünstigt Action Learning ein Umfeld, in dem wechselseitige Führung gedeihen kann, und zwar auf vielen Erfahrungsebenen. Auf der individuellen und interpersonellen Ebene etwa kann die kritisch-reflektierende Haltung des Action Learning, verstärkt durch die Herausforderung und Unterstützung der Kollegen, zu erhöhter Effizienz des Einzelnen und der Gemeinschaft führen. Anders ausgedrückt, die Teilnehmer bekommen immer mehr Vertrauen in ihre Fähigkeit, passgenaue Problemlösungen zu entwerfen. Gleichzeitig haben sie die Gewissheit, im Set oder in der Gemeinschaft zu anderen Lösungen zu kommen als im Alleingang.

Frage: Sie bezeichnen Reflexion als Verbindung zwischen Action Learning und Führungskräfteentwicklung. Warum ist Reflexion im Zusammenhang mit Führung so wichtig?

Raelin: Die erste Antwort auf diese Frage lautet für jeden, der eine Tätigkeit im organisatorischen Leben ausübt, dass uns ohne Reflexion womöglich nie klar wird, warum die Dinge manchmal einen anderen als den geplanten Verlauf nehmen. Oder auch, dass wir selbst oft eine von anderen sofort registrierte Diskrepanz zwischen unseren Wünschen und dem, was wir tatsächlich tun, nicht erkennen können. Wenn wir uns, um beim Thema Führung zu bleiben, unter Führung nicht die Herausbildung heroischer Merkmale bei einzelnen Akteuren vorstellen, sondern sie als sozialen Prozess von Aktivität und Interaktion begreifen, der sich aus der aktuellen Situation ergibt, dann nimmt die Reflexion, und speziell die gemeinsame Reflexion, eine bedeutende Position ein. Ebenso sind Praktiker, sofern sie sich die Zeit nehmen, ihre eigenen Aktionen zu reflektieren, in der glücklichen Lage, ihre Aktivität im Lichte der eigenen Reflexion und unter Berücksichtigung gegenseitiger Interessen neu zu definieren.

Zwei wichtige Erkenntnisse zu Führung und Action Learning

▶ Die wachsende Komplexität und Beschleunigung erfordert ein Führungsmodell, wie es mit „Leaderful Practice" beschrieben wird.

▶ Action Learning beruht auf denselben Prinzipien und ist daher ein Weg, Führung zu lernen und zu praktizieren.

Reflexion Handeln benötigt einen starken Gegenpol, nämlich Reflexion. Erst dadurch entsteht Offenheit für neue Impulse und das Überwinden tief verankerter kultureller Muster und Interpretationsgewohnheiten, die den Blick auf Neues verstellen. Dieser für Action Learning zentrale Aspekt soll jetzt weiter vertieft werden, weil es einer der wichtigsten Vorzüge von Action Learning ist, einen Weg zu bieten, systematische Reflexion im Management zu verankern.

Erfolgreiche Führung fußt auf Reflexion – Ein Gespräch mit Rudolf Wimmer

Rudolf Wimmer ist seit vielen Jahren einer der profiliertesten systemischen Berater im deutschsprachigen Raum. Er verfügt über eine profunde Kenntnis über Denken und Handeln von Management und Top Management in tiefgreifenden Veränderungsprozessen, die er in zahlreichen Unternehmen begleitet hat. Außerdem ist er in Wissenschaft und Lehre tätig und wertet seine Erfahrungen systematisch aus, um Defizite und Handlungsbedarfe im Management zu diagnostizieren und Lösungswege aufzuzeigen. Im Gespräch äußert er sich über die Notwendigkeit, Reflexion viel stärker als eine zentrale Führungsaufgabe zu begreifen.

Frage: Warum wird Reflexion im Management immer wichtiger?

Wimmer: Unterstützt durch die mediale Berichterstattung geht man heute in Theorie und Praxis vielfach noch ungebrochen davon aus, dass der Erfolg von Unternehmen ausschließlich auf die besonderen
Fähigkeiten von Männern und Frauen an der Spitze derselben zurückzuführen ist. In dieser Denktra-
dition hat Führung und Management vornehmlich etwas mit Personen zu tun, die in der Lage sind,
aufgrund ihrer besonderen Begabungen, ihres Charismas Organisationen wie eine gut geölte Maschine
so „herzurichten", dass die erwarteten Ziele dauerhaft erreicht werden. Dieses „heroische" Selbstver-
ständnis (vgl. Baecker, 1994 und 2009) bedient im Alltag von Unternehmen eine Reihe von ganz zentralen impliziten Funktionen. Es stärkt zum einen die narzisstischen Größenvorstellungen der verantwortlichen Akteure, mit denen sie sich selbst aufladen. Zum anderen schafft diese Denkweise eine klare
Zurechnungsadresse für den Misserfolg. Wenn die Dinge schieflaufen, dann tragen die Führungspersön-
lichkeiten dafür die Verantwortung. Ein Auswechseln derselben ist in dieser Realitätskonstruktion dann
der einzig sinnvolle Stellhebel, um eine Besserung erwartbar zu machen. Ungeachtet dieser impliziten
Attraktivität des heroischen Selbstverständnisses von Management und Führung wachsen allerdings die
Zweifel an seiner Angemessenheit gerade für jene Steuerungsherausforderungen, denen sich Unternehmen und andere Organisationen in der heutigen Zeit konfrontiert sehen.

Frage: Was begründet diese Zweifel?

Wimmer: Unternehmen haben in den letzten zwei, drei Jahrzehnten ihre interne Differenziertheit und
Aufgabenvielfalt, ihre Strukturen und Prozesse in einer Weise weiterentwickelt, die unter der Hand eine
historisch ganz neue Qualität an Komplexität hat entstehen lassen. Für dieses unternehmensintern
heute zu bewältigende Komplexitätsniveau ist das tradierte Management- und Führungsverständnis
schlicht zu unterkomplex. Dieser Mangel hat nicht zuletzt mit dem Umgang desselben mit den durch
den Komplexitätszuwachs erzwungenen Reflexionserfordernissen zu tun. Das personenorientierte Führungsverständnis schützt die Akteure davor, sich selbst im Organisationsalltag als wesentliche Mitursa-
che des laufenden Geschehens zu beobachten und dementsprechend zu reflektieren. In diesem Rollen-
bild können die Akteure von sich selbst legitimerweise abstrahieren, geht es doch primär darum, die zu
Führenden zu einem instrumentalisierbaren Miteinander zu formen, das man im Sinne eines Ursache-
Wirkung-Zusammenhangs fest unter Kontrolle hat und das damit die gesteckten Ziele sicher erreichbar
macht. Die Aufmerksamkeit des Führungshandelns liegt hier also bei den jeweils anderen, die es auf
eine zielkonforme Spur zu bringen gilt. Die Führung selbst, die damit verbundenen Verhaltensweisen,
die zugrunde liegenden Strukturen und Kommunikationspraktiken sind nur sehr schwer thematisierbar.
Unter den heute gegebenen Organisationsverhältnissen schafft dieses prinzipielle Reflexionsdefizit von
Führung allerdings ein Ausmaß an Folgeproblemen, das die Leistungsfähigkeit der betroffenen Organisationen inzwischen ernsthaft gefährdet. Die ins herkömmliche Führungsverständnis systematisch
eingebaute Reflexionsvermeidung, so sehr sie den Einzelnen persönlich entlasten mag, führt in der
Regel dazu, dass bei den jeweils anstehenden Entscheidungen sowohl auf der sachlichen wie auch auf
der zwischenmenschlichen Ebene wichtige Einflussdimensionen ausgeklammert bleiben, d.h., gar keine

Berücksichtigung finden. Damit bleiben existenziell wichtige Entscheidungsherausforderungen zumeist gänzlich unbearbeitet oder werden nur symptomhaft gelöst mit der Konsequenz, dass die Art und Weise, wie Führung und Management konkret praktiziert wird, zum eigentlichen Kernproblem einer Organisation avanciert, ohne dass die Organisation diesen Umstand selbst in den Blick bekommt.

Frage: Gibt es dazu eine praktikable Alternative?

Wimmer: Diese Alternative ist höchst voraussetzungsvoll. Denn sie bedeutet den konsequenten Abschied von den „Heroen" in unseren Organisationen. Dieser an manchen Stellen allerdings bereits in Gang gekommene Abschied lässt ein Leadership-Verständnis entstehen, das Führung und Management ganz konsequent als eine „Organizational Capability" begreift, also als eine organisationale Fähigkeit, die in Organisationen mehr oder weniger gut entwickelt ist, um sich speziell um die Aufrechterhaltung bzw. um den weiteren Ausbau der eigenen Leistungsfähigkeit als Ganzes zu kümmern. Führung in diesem „postheroischen" Sinne ist also eine Funktion, die in Organisationen normalerweise ausdifferenziert wird, um sich auf die gezielte Mobilisierung von Soll-Ist-Differenzen zu spezialisieren, die aus der reflexiven Verarbeitung von Beobachtungen des eigenen organisationsinternen Zustandes bzw. von Entwicklungen in den relevanten Umwelten gewonnen werden.

Organisationen versorgen sich auf diesem Wege laufend mit Veränderungsimpulsen, d.h. mit selbst erzeugten „Störungen" des eingeschwungenen Zustandes, der in der Vergangenheit verfestigten Routinen, um so für die beobachteten Anforderungen aus den relevanten Umwelten antwortfähig zu bleiben bzw. für künftig erwartbare Anforderungen leistungsfähig zu werden.

Führung in diesem funktionalen Verständnis erzeugt ein Aufgabenprofil, das per se auf (Selbst-)Beobachtung und auf eine laufende Auswertung der dadurch gewonnenen Informationen gerichtet ist, d.h. auf eine systematische Reflexion der jeweiligen Verhältnisse inklusive des eigenen Vorkommens als Führung in denselben. Das eigene Wirksamwerden als Führung fußt unweigerlich auf einer realitätsgerechten Einschätzung der jeweiligen Ausgangslage, in die Führung immer miteinbezogen ist, um auf Basis dieses Ist-Zustandes die jeweils anstehenden Entscheidungsbedarfe so zuzuspitzen, dass deren Bearbeitung die Organisation in ihrer Leistungsfähigkeit einen Schritt weiter bringt. Natürlich ist dieses Führungsgeschehen unweigerlich auf geeignete Kommunikationsprozesse angewiesen, in denen in den jeweiligen Verantwortungsbereichen die verteilte Lösungsintelligenz der Beteiligten konsequent genutzt wird und gemeinsam geteilte Bilder der anstehenden Handlungserfordernisse erzeugt werden („Shared Mental Modells"). Teilt man dieses primär funktionsorientierte Verständnis von Führung, das zu seiner adäquaten Wahrnehmung selbstverständlich auf Persönlichkeiten angewiesen ist, die dafür geeignet und willens sind, dann wird rasch klar, warum (Selbst-)Beobachtung und (Selbst-)Reflexion zu den Kernbestandteilen dieser Art von Arbeit zählen (ausführlicher dazu Wimmer, 2009). Die damit gemeinte Reflexionspraxis betrifft sowohl die betroffenen Akteure in ihrem ganz persönlichen alltäglichen Eingebundensein in komplexe Entscheidungszusammenhänge wie auch die jeweiligen Verantwortungsbereiche selbst, in denen die eigene Funktionstüchtigkeit als Einheit regelmäßig zum Gegenstand gemeinschaftlicher Reflexion wird.

Bernhard Hauser: Action Learning

Frage: Lässt sich diese These an bestimmten Aufgabenfeldern von Führung exemplarisch zeigen?

Wimmer: Dies ist unschwer möglich. Zum Beispiel anhand der Frage, wie eine Organisation sich auf die Unwägbarkeiten ihrer eigenen Zukunft ausrichten kann. Wie macht sich ein Unternehmen in der Gegenwart von einem selbst erzeugten Zukunftsbild aus führbar, wo wir doch tagtäglich erleben, dass die zunehmende Volatilität und die Veränderungsgeschwindigkeit der Gegebenheiten in unseren Umwelten unsere Zukunftsannahmen und die darauf basierenden Planungen ständig von Neuem zur Makulatur verkommen lassen? Die Zukunft ist und bleibt ungewiss. Dessen ungeachtet gilt es im Hier und Jetzt immer wieder, höchst weitreichende Festlegungen vorzunehmen und Entwicklungen anzustoßen, deren Erfolg sich erst in der Zukunft zeigen wird. Es handelt sich hier stets um Entscheidungsanlässe, bei denen ein hohes Maß an Nichtwissen unvermeidbar ist, bei denen es also darauf ankommt, miteinander tragfähige Annahmen zu generieren, die es verantwortbar erscheinen lassen, gemeinsam die erkannten Risiken einzugehen. Wir nennen diese unweigerlich paradoxe Führungsleistung „systemische Strategieentwicklung" (vgl. Nagel & Wimmer, 2009). Sie fußt darauf, dass es den an solchen Prozessen beteiligten Funktionsträgern gemeinsam gelingt, miteinander eine reflexive Flughöhe zu gewinnen, von der aus die bisherigen Verhältnisse und Leistungspotenziale der Organisation kritisch auf den Prüfstand gestellt werden können. Es geht hier aber auch um eine Flughöhe, die geprüfte Annahmen über jene künftige Welt hervorbringen hilft, in der man sich als Unternehmen zu bewähren hat. Nur auf der Grundlage höchst anspruchsvoller, im Führungssystem nur gemeinsam zu bewältigender Reflexionsprozesse, die stets die dabei auftretenden konflikthaften Phasen als Ressource nutzen, in ihren Auswirkungen letztlich aber konstruktiv bewältigen, können jene strategischen Positionierungsentscheidungen herbeigeführt werden, die den operativen Weg in die Zukunft als Prämissen anleiten. Letztlich handelt es sich hier aber wiederum um Festlegungen, die in periodischen Abständen auf Basis einer gründlichen Reflexion der zwischenzeitlich gemachten Erfahrungen entweder bestätigt oder korrigiert werden. Nur diese konsequent entwickelte und genutzte Reflexionsfähigkeit lässt Schritt für Schritt jene organisationale Lernfähigkeit entstehen, die heute angesichts des Veränderungstempos der für uns relevanten Umwelten unerlässlich geworden ist.

Dieses qualitative Reflexionsniveau des gesamten Führungssystems braucht es nicht nur, wenn es um die risikoreichen Fragen der künftigen Identität als Unternehmen geht. Diese Qualität ist fast noch mehr gefordert, wenn es darum geht, das bestehende Organisationsdesign gemessen an den strategischen Herausforderungen grundlegend auf den Prüfstand zu stellen und wenn notwendig, in wesentlichen Dimensionen neu zu konzipieren. Aus einem solchen Redesign der gesamten Organisation erwachsen für das dafür erforderliche Change Management immer eine Fülle von Führungsherausforderungen, deren Bewältigung zu den anspruchsvollsten Aufgaben zählt, denen sich die verantwortlichen Entscheidungsträger heutzutage gegenübersehen (etwa das Management von komplexen Restrukturierungsvorhaben, von Unternehmenszusammenschlüssen, von riskanten Internationalisierungsschritten etc.) Bei all diesen Vorhaben stehen die eingespielten Führungsstrukturen, die bisherige Verteilung der Einflusszonen und „Machtreviere" in wesentlichen Punkten zur Disposition. Hier kommt eine Organisation nur dann zu tragfähigen Lösungen, wenn die Führungskräfte miteinander in der Lage sind, sich der eigenen persönlichen Betroffenheiten so weit bewusst zu sein, dass in der gemeinsam erzeugten Distanz dazu Lösungen gefunden werden können, die aus der Perspektive der Organisation als Ganzes die Leistungsfähigkeit nachhaltig sichert. Diese Abstraktionsfähigkeit von emotional hochbesetzten persönlichen Interessenslagen zugunsten einer angemessenen Bearbeitung jener Problemlagen, die die Organisation als solche ernsthaft weiterbringt, benötigt eine spezifische Führungs- und Reflexionskultur, ein tragfähiges Vertrauen der Führungskräfte untereinander, deren Stabilisierung selbst eine zentrale Führungsleistung ist. Die Führung des Wandels beginnt unweigerlich mit dem Wandel der Führung. Tut sie das nicht, dann werden die Veränderungsvorhaben die beabsichtigten Verbesserungen bei Weitem verfehlen. Dies zeigt, wie erfolgskritisch das Herstellen einer vertrauensbasierten Kooperation im Führungssystem ist (und zwar horizontal wie vertikal), weil nur mithilfe dieser Vertrauensbasis die erforderlichen Selbstreflexionsleistungen erbracht werden können.

Frage: Warum ist diese „Selbstbezüglichkeit" in der Reflexion von Führung und Management so zentral?

Wimmer: Üblicherweise gehen Führungskräfte davon aus, dass die Resonanz auf ihr Eingreifen bei ihren Mitarbeitern und im kollegialen Umfeld ausschließlich mit diesen selbst, d.h. mit deren Einstellungen und Interessenlagen zu tun hat. Sie haben selten im Blick, dass diese Resonanzen (Zustimmung oder Ablehnung, kooperative Unterstützung oder Kooperationsverweigerung) Ausdruck zuvor bereits mit dieser Führungskraft gemachter Erfahrungen sind. Führung interveniert genau besehen immer in ein Feld, das durch vorangegangene Führungserfahrungen bereits geprägt ist, d.h., sie stößt in ihrem Tun auf sich selbst, auf Bedingungen, die sie selbst mitgeschaffen hat. Die umgekehrte Einflussbeziehung gilt natürlich genauso. Das Verhalten von Führungskräften ist immer schon mitgeprägt von den vorangegangenen Erfahrungen in ihrem jeweiligen Umfeld und den damit grundgelegten und verfestigten Erwartungen. Genau besehen sind die Wirkungsverhältnisse des Führungsgeschehens zirkulärer Natur. Es handelt sich um wechselseitige Beeinflussungsprozesse, die keiner der beteiligten Akteure einseitig unter Kontrolle hat. Deshalb verfügen erfolgreiche Führungskräfte über ein zutiefst kybernetisches Steuerungsverständnis. Sie wissen um die Wirkungen der eigenen Person in ihrem Umfeld und kalkulieren diese Wirkungen in den von ihnen gesetzten Maßnahmen stets mit ein. Sie haben feine Antennen dafür, wie sie von den anderen in ihrem Verantwortungsbereich beobachtet werden. Sie rechnen mit dieser besonderen Art des Beobachtetwerdens und arbeiten in ihrem Führungshandeln bewusst mit dieser Form der Aufmerksamkeitsenergie ihrer Leute. Führungskräfte sind also Spezialisten im Beobachten von Beobachtungen und im Gestalten der damit verbundenen sozialen Dynamiken.

Für diese besondere Ausprägung sozialer Kompetenz braucht es ein elaboriertes Maß an ständig mitlaufender Selbstbeobachtung und Selbstreflexion. Man setzt einen Impuls und beobachtet sehr sorgfältig die ausgelösten Resonanzen. Die dabei gewonnenen Einschätzungen sind dann die Basis für weitere Impulse, mit denen dann wieder genauso verfahren wird. Nur wer ständig eine realitätsgerechte Einschätzung der eigenen Wirkungen in seinen verschiedenen sozialen Bezügen erzeugen und damit relativ nüchtern operieren kann, ist auf Dauer in der Lage, die erhofften Wirkungen in gemeinsamer Kooperation entstehen zu lassen. Dies bedeutet, dass die mitlaufende persönliche Selbstreflexion von

Führungskräften primär nicht dazu dient, das eigene Verhalten an die Erwartungen des Umfeldes anzupassen. Der tiefere Sinn dieser Reflexionsqualität liegt vielmehr darin, realitätsgerechte Informationen des eigenen Beobachtetwerdens zu gewinnen, um auf Basis solcher Feedback-Prozesse die Wirksamkeit des Führungsgeschehens insgesamt laufend weiterzuentwickeln.

Frage: Gibt es spezifische Risiken im Umgang mit den geschilderten Reflexionsanforderungen?

Wimmer: Macht sich eine Person bzw. eine soziale Einheit selbst zum Gegenstand gemeinschaftlicher Reflexion, dann ist dies stets ein ausgesprochen voraussetzungsvoller Schritt. Jede Form der Selbstthematisierung, des Einbringens persönlich bislang zurückgehaltener Beobachtungen in einen kommunikativen Austausch miteinander ist immer mit der Gefahr verbunden, dass die damit angestoßene soziale Dynamik „aus dem Ruder" läuft. In einer Führungskultur, in der dieser metakommunikative Umgang miteinander nicht ausreichend geübt ist, in der noch kein Zutrauen existiert, dass solche Kommunikationsanlässe (wie z.B. das periodische Mitarbeitergespräch) unter spezifisch geschützten Rahmenbedingungen stattfinden, sind die Folgewirkungen solcher Initiativen in der Regel problemverschärfender Natur. Feedback-Prozesse werden als Fortsetzung bislang latent gebliebener Konfliktdynamiken genutzt, alte Rechnungen werden beglichen, die übliche Mikroproblematik bekommt Nahrung etc. Alle gelingenden Reflexionsprozesse setzen ein bestimmtes Maß an Offenheit voraus, d.h., die Beteiligten an solchen Kommunikationsanlässen müssen das feste Vertrauen haben, dass sie die Dinge thematisieren können, die ein gewisses Irritationspotenzial nach sich ziehen, die Tabus berühren, die blinde Flecke ausleuchten etc., ohne dass solche Kommunikationsbeiträge schwere Belastungen der bestehenden Kooperationsbeziehungen nach sich ziehen. Ist dieses Zutrauen in einer Organisations- und Führungskultur nicht fest verankert, dann lösen unbedachte Schritte in diese Richtung zumeist destruktive Prozesse aus, die die eingespielte Tendenz zur Reflexionsvermeidung eher noch verstärken. Die Erfahrung lehrt, dass die selbstverständliche Handhabung der mit dem Komplexitätsniveau heutiger Organisationen verbundenen Reflexionsanforderungen das Ergebnis eines langwierigen, höchst störungsanfälligen Lernprozess vor allem und in erster Linie der betroffenen Führungskonstellation ist. Wenn die erforderliche Sensibilität und Geduld für solche Lernprozesse an der Spitze eines Unternehmens nicht vorhanden ist und vorgelebt wird, dann ist die Entfaltung des angesprochenen Reflexionspotenzials auf gemeinschaftlicher Ebene höchst unwahrscheinlich. Diesbezügliche Management-Development-Programme erzeugen eine nützliche Wirkung nur dann, wenn das Top Management die heiklen, kulturellen Rahmenbedingungen durch eigenes Verhalten organisationsintern konsequent mitentwickeln hilft.

Literatur:
Baecker, D. (1994). Das postheroische Management, Berlin.
Baecker, D. (2009). Die Sache mit der Führung, Wien.
Nagel, Reinhart, Wimmer, R. (2009). Systemische Strategieentwicklung, 5. verbesserte Auflage, Stuttgart.
Wimmer, R. (2009). Führung und Organisation – zwei Seiten ein und derselben Medaille. In: Revue für postheroisches Management, Heft 4, S. 20-33.

In diesem Gespräch stellt Wimmer auf eine prägnante Weise heraus, wie wichtig Reflexion für eine erfolgreiche Führungsleistung als „Organizational Capacity" ist.

Inhalte der Reflexion
▶ Kritisches Überprüfen des eigenen Handelns
▶ Wechselwirkungen mit dem Umfeld
▶ Infragestellen scheinbarer Gewissheiten

„Selbst-Bezogenheit" Um wirklich wirkungsvoll zu sein, darf sich Reflexion nicht nur auf die Objektebene der zu treffenden Entscheidungen und daher erledigenden Aufgaben beziehen, sondern muss auch ein kritisches Überprüfen des eigenen Handelns, der eigenen Annahmen und der sich daraus ergebenden Wechselwirkungen mit dem Umfeld beinhalten („Selbst-Bezogenheit"). Gerade dieser Aspekt wird in einem ereignisgetriebenen Führungshandeln oft unterbewertet. Reflexion hat mit Infragestellen scheinbarer Gewissheiten zu tun.

Reflexion im Unternehmen nachhaltig zu verankern
▶ ist ein Lernprozess,
▶ benötigt einen langen Atem und Gelegenheit zum Üben,
▶ bedarf der Unterstützung des Top Managements.

Nach diesem Blick auf die Unternehmensumwelt und deren Einfluss auf die Führung als „Organizational Capacity" kann folgendes Fazit festgehalten werden:

Führung als Fähigkeit einer Organisation erfordert
▶ entschlossenes und wohl abgewogenes Handeln sowie
▶ nachhaltige Reflexion aus verschiedenen Perspektiven.
Beides wird unterstützt durch Action Learning.

Prinzipien und Formen von Action Learning sollen nun etwas genauer betrachtet werden, um dem Anwender von Action Learning ein Verständnis der Hintergründe zu ermöglichen. Wegen der bis heute anhaltenden Bedeutung des Begründers von Action Learning für die Entwicklung des Ansatzes beginnt dieser Teil mit einem Blick auf Reg Revans.

Reginald (Reg) Revans
– der Begründer von Action Learning

Reg Revans (1907-2003) war allen verfügbaren Berichten nach eine außergewöhnliche und vielseitige Persönlichkeit. Er war Kernphysiker, Professor für Ökonomie und ein bedeutender Persönlichkeits- und Organisationsentwickler. Außerdem hielt er als Olympiateilnehmer über Jahrzehnte den Weitsprungrekord der Universität Cambridge. Zweifellos muss er ein unabhängiger Querdenker gewesen sein, der bereit war, für seine Überzeugungen einzutreten. An materiellen Gütern hingegen zeigte er kaum Interesse und Ehrungen lehnte er stets ab. Seine viel zitierte Devise „For the price of a bus fare" („Für den Preis eines Bustickets") überall in der Welt hinzukommen, wo man ihn bräuchte, spricht für sich.

Als junger Doktorand für Kernphysik erhielt er ein Stipendium für die Cavendish Laboratories. Mitte der dreißiger Jahre des letzten Jahrhunderts erkannte er jedoch, wie zerstörerisch Atombomben sein würden, und gab – beeinflusst u.a. von Bertrand Russel, dem bedeutenden britischen Philosophen – seine Karriere als Atomphysiker auf.

Lebensstationen von
Reg Revans

Danach arbeitete er zunächst als Beamter im Bildungswesen der Grafschaft Essex, einem sozialen Brennpunkt im Londoner East End, und wechselte noch während des Kriegs in die neu geschaffene Kohlebehörde. Revans schrieb zu dieser Zeit dem Leiter, dass es wichtiger wäre, herauszufinden, was die Bergleute für ihre Hauptprobleme hielten, als ihnen zu sagen, was sie zu tun hätten. Ihm wurde daraufhin die Verantwortung für Training, Ausbildung und die Rekrutierung von Bergarbeitern übertragen. Um Kontakt zur Lebenswelt der Kumpels zu bekommen und deren Arbeitssituation besser zu verstehen, arbeitete er zunächst einige Zeit unter Tage mit. In dieser Zeit veröffentlichte er die ersten Gedanken zu dem, was sich später zu Action Learning entwickelte.

In den 1950er-Jahren wurde er als erster Professor für Industrial Administration an die Universität Manchester berufen und führte zahlreiche Praxisstudien durch. Als 1965 die Manchester Business School gegründet wurde, schlug er vor, sie auf der Basis von selbstgesteuertem Lernen aufzubauen, wie er das in der Unternehmenspraxis schon erfolgreich eingeführt hatte, anstatt den Studierenden vorzuschreiben, was sie lernen müssten. Als er erkannte, dass seine Ideen von den Verantwortlichen nicht aufgegriffen wurden, legte er die Professur nieder.

Es folgten Stationen in Belgien als Präsident der European Association of Management Training Centers, wo er wichtige Grundlagen für das spätere Action Learning schuf, sowie im Hospitals Communications Project und der General Electric Company (GEC), in welcher er Mitarbeiter mit der Arbeits- und Wirkungsweise von Action Learning vertraut machte.

Einige prägende Erfahrungen In Reg Revans Leben gab es bereits früh einige prägende Erfahrungen, die später die Entwicklung von Action Learning beeinflussten, weil sie ihm deutlich machten, dass eine wichtige Voraussetzung für Lernen das Eingeständnis von Nicht-Wissen ist. Als er noch ein kleiner Junge war, geschah ein Unglück, bei dem mehr als 1.500 Menschen ums Leben kamen: Die Titanic, das modernste Schiff der damaligen Zeit, lief auf einen Eisberg auf. Revans Vater, ein Schiffbauingenieur, der im Handelsministerium arbeitete, wurde in die Royal Commission berufen, welche die Ursachen für den Untergang der Titanic untersuchte. Dabei stellte sich heraus, dass einigen der befragten Ingenieure durchaus schon vor der Jungfernfahrt klar war, dass das Schiff Mängel hatte, dies aber niemanden interessiert hatte. Regs Vater kam zu dem Schluss, das Hauptproblem wäre, dass alle Verantwortlichen so taten, als seien sie allwissend. Gebraucht würden aber Menschen in verantwortlichen Positionen, die zugeben könnten, dass es Dinge gibt, die sie nicht wissen oder verstehen. Er nannte dies den Unterschied zwischen Cleverness und Weisheit.

Weitere prägende Erfahrungen machte er in seiner Zeit als Doktorand in den Cavendish Laboratories der Universität Cambridge. Damals forschten dort gleichzeitig acht Nobelpreisträger und mehrere Kandidaten für den Nobelpreis, eine einmalige Konstellation. Die ganze Gruppe traf sich mittwochs zu einer Besprechung, an der Reg Revans teilzunehmen pflegte und sie sogar gelegentlich moderierte. Es beeindruckte ihn, dass diese Forscher nie den Versuch unternahmen, die anderen von ihrer Expertise zu überzeugen, sondern diese Gelegenheit zum Austausch nutzten, und um zu lernen und zu verstehen, warum etwas nicht so funktionierte, wie sie gedacht hatten. Revans Fazit: „Zweifel und Missverständnisse waren letztlich we-

sentlich lehrreicher, als das, was die Experten einem als relevantes Wissen vorsetzen." (Pedler, 1999).

Das Konzept des Action Learning entwickelte er über viele Stationen und verfeinerte es zunehmend durch neue Erfahrungen und Anwendungen unter verschiedenen Bedingungen. Die Bezeichnung „Action Learning" für diese Art des Lernens führte er schließlich in den siebziger Jahren des letzten Jahrhunderts ein. Bis ins hohe Alter war er ein gesuchter Gesprächspartner, der sich stets für Fragen des Lernens und der Umsetzung interessierte.

Ziele und Prinzipien von Action Learning nach Reg Revans

Die zentralen und eng verknüpften Anliegen von Revans sind die Führung und Entwicklung von Organisationen sowie die Beschäftigung damit, wie Manager lernen und Probleme lösen und sich dadurch selbst weiterentwickeln. Dabei stellt er einen engen Zusammenhang zwischen Lernen und Veränderung her. Eine steigende Veränderungsrate bringt einen höheren Anpassungsaufwand und damit auch einen höheren Lernbedarf mit sich. Er fasst dies in die schon erwähnte Formel: $L \geq C$. Der Lernbedarf (Learning = L) muss demnach also mindestens so hoch sein wie, oder höher als die Veränderungsrate (Change = C). Erst dann ist das langfristige Überleben der Organisation gesichert.

Eine steigende Veränderungsrate bringt einen höheren Lernbedarf mit sich.

Bei der genaueren Betrachtung von Lernen identifiziert er zwei verschiedene Bestandteile, die nach seiner Auffassung unbedingt unterschieden werden müssen. Der eine Bestandteil ist das bereits vorhandene Wissen, also z.B. Theorien, Modelle und Erfahrungswissen von Experten. Diesen Wissensbereich bezeichnet Revans als **„Programmed Knowledge"** oder **„P"**.

Programmed Knowledge

Demgegenüber haben es Manager sehr häufig mit ganz spezifischen Problemstellungen zu tun, die gelöst werden müssen: Ein langjähriger Kunde, auf dessen Bedürfnisse sich die Produktion eingestellt hat, benötigt plötzlich deutlich weniger oder etwas anderes; ein neuer Konkurrent taucht auf; ein System-Crash muss gehandhabt werden; Mitarbeiter sträuben sich gegen eine vom Management geplante Veränderung oder es bietet sich plötzlich eine spannende Chance, wenn man rasch reagiert, das Risiko ist aber schwer einschätzbar …

Questioning Insight

In all diesen und vielen anderen Situationen ist eine Exploration des Einzelfalls notwendig. Eine solche Exploration bezeichnet Revans als **„Questioning Insight"** oder **„Q"**. Zunächst einmal geht es darum, zu erfassen und zu verstehen, was eigentlich los ist, und das heißt ausforschen durch Fragen stellen. Die Auswahl der Fragen in einer speziellen Situation hängt einerseits natürlich mit dem Problem zusammen, andererseits aber auch mit den Erfahrungen und Vermutungen, die der Fragesteller hat. Möglicherweise gibt es ja sogar ein **„P"** („Programmed Knowledge") das hier hilfreich sein könnte, aber welches und in welchem Umfang, das muss alles erst durch Hinterfragen der Situation, also durch **„Q"** („Questioning Insight"), herausgearbeitet werden.

Revans entwickelte daher eine Gleichung, die „P" und „Q" verbindet und die eine wichtige Grundlage im Action Learning darstellt:

$$L = P + Q$$

Lernen (L) ergibt sich also aus der Verknüpfung von Theoriewissen (P) mit der Exploration des Einzelfalls (Q). Diese Gleichung sieht ganz einleuchtend aus und wirkt auch zunächst eher harmlos, besonders weil Revans betont, dass er keinesfalls theoriefeindlich ist. Tatsächlich hat es die Gleichung aber bei genauerem Hinsehen in sich. Es geht Revans nämlich darum, das „Q", also das Hinterfragen zu stärken und Manager zu ermutigen, sich den Problemen mit gesundem Menschenverstand zu stellen, anstatt sich von Experten abhängig zu machen, die das Risiko einer Entscheidung im Endeffekt gar nicht tragen müssen. Dies verbindet er mit einer Kritik an der klassischen Qualifizierung von Management, wie sie immer noch weitverbreitet betrieben wird, weil sie auf die eher leidenschaftslose Vermittlung von theoretischen Fakten, statt auf nachhaltiges, intensives Lernen durch Hinterfragen konkret anliegender Herausforderungen setzt.

Kritisches Hinterfragen aus unterschiedlichen Perspektiven

Bis heute ist es ein wesentlicher Kern im Action Learning, ein kritisches Hinterfragen aus unterschiedlichen Perspektiven und auf verschiedenen Ebenen zu fördern. Revans Idee war, dazu Gemeinschaften von Managern zu bilden, die sich in Bezug auf echte, akute Probleme und Chancen offen austauschen und dadurch gemeinsam lernen – und natürlich bei Bedarf entscheiden, ob und welches Expertenwissen dazu gesteuert werden soll.

Als grundlegende Zielsetzungen für Action Learning führt Revans daher drei Punkte auf, die er als eng verknüpft und gleichermaßen wichtig ansieht.

Grundlegende Zielsetzungen von Action Learning

▶ Fortschritte bei der Bearbeitung echter Probleme
▶ Gemeinsam lernen, wie man Probleme löst
▶ Lernfördernde Bedingungen in der Organisation schaffen

Das erste Ziel ist, Fortschritte bei der Bearbeitung echter Probleme und Chancen zu erzielen, mit denen Manager in ihrem Alltag konfrontiert sind. Kennzeichen von Action Learning ist also die Bearbeitung echter Probleme (im Gegensatz zu „Puzzeln") und Herausforderungen, wobei der Erfolgsmaßstab die Fortschritte sind, die bei der Bearbeitung erzielt werden.

Ziele

Das zweite Ziel ist, den unmittelbar beteiligten Managern sowie vielen mittelbar in den Projekten Beteiligten ausreichend Gelegenheit zu verschaffen, „für sich selbst und gemeinsam zu lernen, wie man schlecht strukturierte Probleme bewältigt, von denen zumindest zu Beginn noch niemand sagen kann, wie man sie zufriedenstellend löst." (Revans 2011, S. 12) Dazu ist insbesondere ein unvoreingenommenes kritisches Fragen erforderlich.

Das dritte Ziel schließlich ist ein besonders wichtiger Appell an alle, die als Trainer, Berater oder Hochschullehrer mit der Aus- und Weiterbildung von Managern befasst sind: „Sie sollen mit dem Versuch aufhören, Managern beizubringen, wie man führt und stattdessen gemeinsam mit dem oberen Management die Voraussetzungen schaffen, unter denen alle Manager – auch die an der Spitze – anfangen, mit- und voneinander zu lernen, bei der Erfüllung ihrer üblichen täglichen Aufgaben." (Revans 2011, S. 12 f.)

Nun gibt es zwar Zielsetzungen für Action Learning, es gibt aber keine Definition.

Reg Revans hat sich zeitlebens geweigert, Action Learning zu definieren, weil er es für einen Widerspruch hielt, ein prinzipiell offenes Lernkonzept durch eine Definition einzuengen.

Bei Anwendung von Action Learning muss nach seiner Auffassung jeder herausfinden, was es für ihn bedeutet. Diese prinzipielle Offenheit ist vermutlich einer der Gründe dafür, warum Action Learning nie zu einer Mode oder einem Verfahren geworden ist, sondern selbst Gegenstand einer lebendigen Diskussion ist, die Neuentwicklungen hervorbringt.

20 grundlegende
Annahmen

Revans hat allerdings sein Verständnis von Action Learning in seinem Buch „ABC of Action Learning" (2011) in 20 grundlegenden Annahmen zusammengefasst, die er als „unveräußerlich" bezeichnet. Sie beinhalten das, was aus seiner Sicht wirklich wichtig ist, wenn man sich auf Action Learning einlässt und ein entsprechendes Programm gestaltet. Hier die *wichtigsten* dieser Annahmen:

▶ *Lernen hat seinen Ursprung in der Aufgabe*
Probleme angehen und Gelegenheiten nutzen, ist die Hauptbeschäftigung von Managern. Lernen sollte daher so eng wie möglich mit der Alltagsbeschäftigung der Manager verknüpft sein.
▶ *Theoriewissen alleine reicht nicht*
Das, was bereits bekannt ist – Theorien und Expertenwissen – von Revans als „P" (= Programmed Knowledge) bezeichnet, hilft oft nicht zum Verstehen eines konkreten Einzelfalls.
▶ *Echte Probleme erfordern aufschlussreiche Fragen*
Aufgabenstellungen, die beispielsweise Gegenstand von Prüfungen sein können und die man mit „P" beantworten kann, nennt Revans „Puzzles", weil der Lösungsweg schon klar ist, auch wenn ihn nicht jeder kennt. Führungskräfte hingegen haben es mit Problemen und Chancen zu tun, für die es noch keinen vorgefertigten Lösungsweg gibt. Eine Lösung muss erst erarbeitet werden und hängt von der Situation aber auch von den Erfahrungen und der Persönlichkeit des Managers ab.
Um die Risiken zu mindern, die sich aus den Annahmen, dem Wertsystem und den speziellen Vorerfahrungen des Managers ergeben, ist es hilfreich, kritische Fragen zu stellen. Dies wird als „Q" (= Questioning Insight) bezeichnet.
▶ *Lernen bedeutet Tun*
Managementlernen beinhaltet die Festlegung und Umsetzung von Lösungen. Dies ist etwas anderes als Fallstudien auszuwerten oder ähnliche Trockenübungen, obwohl beides mit Sprache und Kommunikation zu tun hat.
▶ *Lernen ist ein freiwilliger Akt*
Menschen verändern ihr Verhalten nur, wenn sie das selbst wollen. Obwohl Menschen unter erheblichem Druck auch Dinge tun, die sie nicht

wollen, ist Lernen im Sinne von Inspiration etwas Freiwilliges, was niemandem aufgezwungen werden kann.

▶ *Drängende Probleme und verlockende Gelegenheiten stellen einen Anreiz für Lernen dar*
Sie können Lust auf Lernen und in der Folge auch Verhaltens- und sogar Einstellungsänderungen bewirken.

▶ *Aktion und Feedback*
Handeln erfordert Feedback, um Fortschritte messen und auswerten zu können.

▶ *Die Notwendigkeit, Risiken einzugehen*
Nur, wenn das Risiko des Scheiterns besteht, kommen die tatsächlichen Werte der handelnden Personen zum Tragen. Das ist ein weiterer Grund, warum Fallstudien und kunstvolle Übungen für wirkliches Lernen nicht ausreichen.

▶ *Lernen heißt oft, vergangene Erfahrungen umzudeuten*
Eine veränderte Bewertung vergangener Erfahrungen führt besonders bei Senior Managers (die oft ja auch schon länger dabei sind) eher zu einer nachhaltigen Verhaltensänderung als der Erwerb neuen Wissens.

▶ *Der Beitrag, den andere Manager leisten*
Neuinterpretationen vergangener Erfahrungen sind notwendigerweise subjektiv, komplex und wenig systematisch, betont Revans. Verständlich werden sie oft erst durch Austausch mit anderen Managern, die selbst auch lernen wollen, anstatt durch Diskussionen mit Nicht-Managern ohne vergleichbares Risiko.

▶ *Die zentrale Rolle des Sets*
Im gezielten Austausch mit anderen Managern über das, was im richtigen Leben abläuft, lernen Manager Verantwortung anzunehmen oder loszulassen. Sie unterstützen und kritisieren einander wechselseitig in der Auseinandersetzung mit ihren persönlichen Aufgaben. „Das ist die Begründung für die Bedeutung des Sets als dem zentralen Schnittpunkt jedes Action-Learning-Programms." (Revans, 2011, S. 7) Besonders wichtig ist allerdings, dass es im Set vor allem um die fortlaufende Auswertung und Planung tatsächlicher Aktionen im betrieblichen Umfeld der Teilnehmer geht. Alles andere lehnt Revans als „modische Rituale" ab.

▶ *Fachwissen und Experten*
Dem übermäßigen Eingreifen von Fachleuten ohne Verantwortung für die Aktionen im Set steht Revans sehr skeptisch gegenüber. Zur Entwicklung von „Q" (Exploration des Einzelfalls) ist Expertenwissen durchaus sinnvoll und kann auch hinzugezogen werden, oft ist es allerdings im Set selbst bei verschiedenen Teilnehmern schon vorhanden und muss dann nur ausgetauscht werden.

▶ *Die Verantwortung der Managementlehrer (Lehrende, Seminaranbieter)*
Revans ist überzeugt, dass „Managementlehrer" vor allem berücksichtigen müssen, unter welchen Bedingungen Manager wirklich lernen. Entscheidend ist für ihn, dass Managementlehrer in Bezug auf ihre Theorien selbst lernen oder am besten sich ganz unvoreingenommen auf neue Lernerfahrungen einlassen.

▶ *Von- und miteinander lernen*
Auch diese Annahme bezieht sich auf die Managementlehrer. Da Managementlernen aus seiner Sicht vor allem ein sozialer Austausch ist, empfiehlt Revans ihnen, sich untereinander oder gemeinsam mit Managern selbst in Sets zu organisieren, um Action-Learning-Programme und auch das, was Manager in Angriff nehmen, auszuwerten. Er nennt dies Action Learning zweiter Ordnung oder auch Action Learning zur Verbesserung von Action Learning.

▶ *Die Rolle des Facilitators*
Nach der Überzeugung von Revans wird er allenfalls benötigt, um Manager zu unterstützen, mit Action Learning rasch in die Gänge zu kommen und somit Zeit zu sparen. Ansonsten hält er ihn für überflüssig und sieht die Gefahr einer weiteren Runde der Abhängigkeit. Seine Hoffnung ist, dass Manager in der Zukunft selbst in der Lage sind, Action-Learning-Sets in Gang zu setzen.[2]

▶ *Lernen wird am Ergebnis des Handelns gemessen*
Revans sieht darin den einzigen Maßstab für Erfolg und empfiehlt, in jedem Setmeeting Fortschritte und Ergebnisse zu überprüfen.

▶ *„Fresh Questions"*
Das, was Action Learning nach der Überzeugung von Revans im Wesentlichen ausmacht, sind ausgehend von Unsicherheit, Risiko und Verwirrung immer treffendere Fragen. „Die Teilnehmer entwickeln zunehmend den Mut, das zu explorieren, *was sie nicht sehen können*, aber auch das, von dem sie glauben, dass sie es sehen" (Revans, 2011, S. 10) (und der Fragesteller evtl. nicht). Dies sieht er als Suche nach Erkenntnisgewinn („Q") in Ergänzung zum Expertenwissen („P").

▶ *Der Zyklus von Action Learning und Forschung*
Revans, der selbst aus der Naturwissenschaft kommt, kritisiert die künstliche Trennung des wissenschaftlichen Vorgehens in verschiedene Phasen und stellt die berühmt gewordene These auf: „Es gibt kein Handeln ohne Lernen und kein Lernen ohne Handeln". (Revans, 2011, S. 11)

---

[2] Dieser Punkt wird heute in weiten Teilen der Action Learning Community differenzierter oder sogar ganz anders gesehen. Dazu später mehr.

▶ *Der Multiplikationseffekt*
Action Learning führt nicht nur zum Lernen der Setmitglieder, sondern über die Projekte und die Vernetzung auch zu einem Lernen im Umfeld. Dieser Multiplikationseffekt kann nach Revans das Lernen im Set selbst manchmal sogar übertreffen.

Manche dieser Grundannahmen mögen sehr zugespitzt erscheinen, entsprechen aber auch der klaren und manchmal polemisch angehauchten Ausdrucksweise von Revans, wenn er z.B. alles, was nicht der unmittelbaren Umsetzung dient, als „modische Rituale" abtut. Seine Kritik an der Managementausbildung und denen, die Manager ausbilden, bezieht sich zwar auf die Situation in den späten 1970er-Jahren, in denen das Buch erstmals erschienen ist, ist aber dennoch immer noch sehr ernst zu nehmen. Zwar hat sich zwischenzeitlich die Weiterbildung für Führungskräfte deutlich verändert. In vielen Trainingsmaßnahmen werden Führungskräfte mit ihren Anliegen sehr ernst genommen und haben Raum, diese zu bearbeiten. Und auch das, was Revans als Action Learning zweiten Grades bezeichnet, gibt es inzwischen zumindest ansatzweise im Trainingsbereich als gemeinsame Auswertung mit Führungskräften über das, was den Teilnehmern geholfen hat und was sie noch zusätzlich brauchen würden. Manche Trainer und Berater werten auch ihr eigenes Handeln in einer Supervision aus, die heute vielfach als Kriterium für professionelle Trainings- und Beratungsarbeit angesehen und von Unternehmen auch gefordert wird.

> Was allerdings immer noch anzutreffen ist, ist eine Entkoppelung der verhaltensbezogenen Reflexion und Bewusstseinsarbeit von der Umsetzung geschäftsrelevanter Themen und dabei handlungssteuernder Annahmen, die von Revans scharf kritisiert wird. Das ist der Punkt, an dem Action Learning ansetzt und sehr konsequent in die Tiefe geht. Wenn das Umfeld, in dem die Problemlösung stattfindet, systematisch in die Bearbeitung einbezogen wird, ist dies auch eine Voraussetzung für den Multiplikatoreffekt in die Organisation, der für Action Learning typisch ist.

In einem anderen wesentlichen Punkt sind heute viele Vertreter von Action Learning einer deutlich anderen Auffassung als dies Reg Revans in den siebziger Jahren war, und dies betrifft Rolle und Aufgaben des Facilitators für Action Learning. Revans war überzeugt, dass Manager prinzipiell von Beginn an selbst ihren Action-Learning-Prozess steuern könnten und allenfalls zur Beschleunigung des Ablaufs in der Anfangsphase ein Facilitator nützlich sein könnte, der sich dann aber rasch wieder ausblenden solle. Revans Einstellung entsprang vermutlich der Sorge, dass ein zu engagierter

Heutzutage werden Rolle und Aufgaben des Facilitators anders aufgefasst

Facilitator versuchen könnte, die Manager inhaltlich zu beeinflussen oder durch seine Sonderrolle im Set seinen eigenen Ansichten und Überzeugungen übermäßig viel Raum geben könnte und dies von den eigentlichen Fragen, der Energie im Set und dem Sinn von Action Learning ablenken würde.

Gründe für die wachsende Bedeutung des Facilitators

Professionelle Prozesssteuerung

Reflexion unterstützen

Es hat mehrere Gründe, warum die Rolle des Facilitators inzwischen meist anders gesehen wird und ihr heute eine wesentlich größere Bedeutung zukommt. Zum einen ist der Unterschied in der Rollendefinition zwischen inhaltlicher Einflussnahme und Prozesssteuerung mittlerweile sehr viel deutlicher ausdifferenziert als dies damals der Fall war, und viele Manager nutzen auch in anderen Situationen eine Prozessunterstützung, um sich voll auf den Inhalt konzentrieren zu können. Noch wichtiger ist die Erfahrung, dass die Reflexion im Set für die meisten Manager (und nicht nur für sie) zunächst ein ungewohntes Terrain ist, welches ohne eine kundige Begleitung wegen der damit verknüpften methodischen Unsicherheit und dem daher nicht genau kalkulierbaren Risiko eher gemieden wird. Dies würde jedoch das Konzept nahezu wirkungslos machen. Es ist daher hilfreich, einen für die Reflexion im Action Learning qualifizierten Facilitator zu haben, der Sicherheit zum Rahmen und Vorgehen vermittelt. Dieser Bedarf steigt sogar noch, wenn Critical Action Learning angewandt wird, da diese Arbeit, die wegen ihrer Wirksamkeit immer mehr Anhänger im Management findet, in den meisten Fällen nur mit professioneller Unterstützung gelingt (mehr dazu ab S. 75).

Trotz dieser veränderten Einschätzung bleibt Revans Warnung vor Unklarheit in der Prozesssteuerung und der Rolle des Facilitators bestehen (siehe dazu Kapitel *Lernen*, Abschnitt Facilitator, Seite 151 ff.). Auch der Grundgedanke, Selbststeuerung zu unterstützen und nur so lange als Facilitator im Set zu bleiben, wie dies für eine wirkungsvolle Arbeit notwendig ist, behält seine prinzipielle Gültigkeit, selbst wenn, wie schon erwähnt, die Zeitspanne dahin mit Critical Action Learning länger ist, als dies Reg Revans ursprünglich für erforderlich hielt.

Die Diskussion zeigt, dass Reg Revans als Begründer von Action Learning bis heute in der fachlichen Diskussion einen bedeutsamen Einfluss hat und die Auseinandersetzung mit seinen Grundgedanken und Konzepten weiter anhält. Gleichzeitig gibt es eine lebendige Vielfalt und zahlreiche Weiterentwicklungen seiner Ideen.

Erfahrungslernen

Erfahrungslernen ist die vielleicht am meisten verbreitete Schule oder Richtung im Action Learning. Sie ist besonders gut anschlussfähig an Verhaltenstraining und verwendet zum Teil ähnliche Methoden, um Lernen in Gang zu setzen und zu sichern. Diese Richtung nutzt systematisch den Lernzyklus von Kolb (1984) als Grundlage. Das Erfahrungslernen beschreibt, wie Erfahrungen aufgrund von Handeln genutzt werden können, um die zugrunde liegenden Annahmen zu verbessern.

Abb. 7: Lernzyklus des Erfahrungslernens nach Kolb

Ausgangspunkt ist eine konkrete Erfahrung, die aufgrund des Zusammenspiels von eigenen und fremden Handlungen gemacht wird. Ein Beispiel dafür kann in einer Projektsitzung der Vorschlag eines Teilnehmers sein, weitere Ressourcen zu beantragen oder wahlweise eine Verschiebung des Abschlusstermins. Der Vorschlag führt zu einer heftigen Diskussion und wird schließlich einstimmig abgelehnt. Die äußere Erfahrung, eine Initiative ergriffen und dafür Ablehnung erfahren zu haben, wird begleitet von einer inneren Erfahrung, z.B. des Unbehagens oder der Kränkung, bei der schlagartig Vorerfahrungen oder persönliche Denk- und Verarbeitungsmuster zum Tragen kommen und das weitere Verhalten beeinflussen.

Ausgangspunkt ist eine konkrete äußere Erfahrung, die von einer inneren Erfahrung begleitet wird

Zwei Möglichkeiten Jetzt gibt es zwei Möglichkeiten:

1. Beobachtungen werden bewusst ausgewertet (Reflexion)
2. Beobachtungen werden nicht bewusst ausgewertet
    (automatisierte Denk- und Handlungsmuster gewinnen an Einfluss)

Beobachtungen werden bewusst ausgewertet (Reflexion)

In einem Set mit einer sicheren Vertrauensbasis und der Offenheit, kritische Dinge anzusprechen, wird mit Unterstützung des Facilitators die Beobachtung ausgewertet. Das Sprechen über die Ereignisse setzt selbst schon einen Akt des Denkens in Gang und schafft eine gewisse Distanz zu den Vorgängen. Hinterfragt werden kann der Unterschied zwischen der (positiven) Absicht und der (negativen) Wirkung der Handelns. Es kann auch hinterfragt werden, ob tatsächlich alle ablehnend reagiert haben, oder ob es verschiedene Gruppen gab. Das heißt, die rasche und ganzheitliche emotionale Reaktion kann einem Prozess der Differenzierung unterzogen werden, der es ermöglicht, aus zu raschen und pauschalen Urteilen (dem Bereich des „Reptilienhirns") auszusteigen und gezielte sinnvolle Interventionen zu planen.

Beobachtungen werden nicht bewusst ausgewertet

Wenn die Erfahrungen nicht ausgewertet werden, bestimmen in einem hohen Maße automatisierte Handlungsmuster das Geschehen. Vielleicht führt dies aufgrund von Vorerfahrungen und des persönlichen Temperaments der Person dazu, mit Vorsicht zu reagieren und sich immer weiter zurückzuziehen. Oder es kommt aufgrund anderer Vorerfahrungen zu einer verärgerten Reaktion, die zu Verhärtung oder Belastung in der Zusammenarbeit führt. In der schematischen Darstellung ist dies als Verkürzung des Lernzirkels dargestellt.

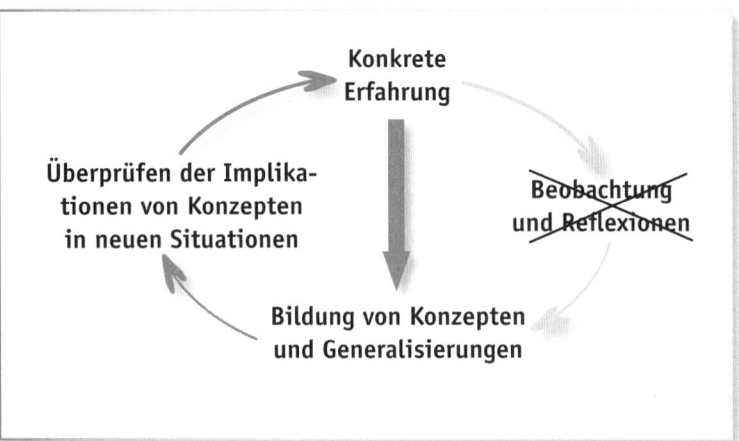

Abb. 8: Verkürzter
Lernzyklus ohne Reflexion

So hilfreich automatisierte Muster zur Orientierung und für rasches Handeln sein können, können sie doch auch echtes Lernen sehr wirksam verhindern – egal, ob sie sehr schnell ablaufen oder von ausgiebigem Grübeln oder auch einem sich Hineinsteigern begleitet sind, oder ob das Verhalten ganz distanziert „durchgezogen" wird. Dies ist besonders dramatisch, wenn die eigenen Denk- und Handlungsgewohnheiten den Erfolg gefährden, Unzufriedenheit und Konflikt programmieren und mögliche Lösungen verhindern.

> Der Stellenwert der Reflexion unterscheidet Action Learning von Aktionismus.

Echte Probleme werden durch Vermeidung eines offenen Hinterfragens meist nicht wirklich gelöst, sondern allenfalls verschoben und häufig in unfruchtbaren Wiederholungsschleifen verewigt. Auch im Management ist so ein Verhalten nicht selten anzutreffen.

> Das völlig plausible Argument, dass es in der Führungspraxis zeitlich einfach nicht möglich ist, jedes Verhalten zu hinterfragen, wird als Killerargument genutzt, um unproduktive Muster, die die ganze Mannschaft viel Energie kosten, oft über lange Zeit hinweg aufrechtzuerhalten.

Echtes Erfahrungslernen hingegen benötigt die Phase der Reflexion, um die Möglichkeit zu schaffen, aus eigenen unproduktiven Denk- und Handlungsmustern auszusteigen.

Echtes Erfahrungslernen benötigt die Phase der Reflexion

Eine Grundannahme im Action Learning ist, dass ein Aussteigen aus solchen Mustern einfacher und nachhaltiger ist, wenn es in einer Gruppe – dem Set – stattfindet, die den Einzelnen unterstützt, aber auch hinterfragt. Auch Gruppen können einen blinden Fleck entwickeln und benötigen dann einen Kontrast von außen, der als Korrektiv wirken kann. Noch viel größer allerdings ist die Gefahr, seine blinden Flecken nicht zu erkennen, für einen Einzelnen, der ohne hinterfragenden Rückhalt einer Gruppe reflektiert. Action Learning nutzt hier die Überlegenheit des Dialogs mit einer Vielfalt an Perspektiven.

> Die Aufgabe des Facilitators ist es, das Set darin zu unterstützen, die Phase des Beobachtens und Reflektierens in einer ausgewogenen Balance aus Unterstützung und Herausforderung fruchtbar zu gestalten.

Action Learning als Erfahrungslernen – ein Praxisbeispiel

Im folgenden Praxisbeispiel zu Action Learning mit Erfahrungslernen kann man die Wirkungsweise genauer nachvollziehen:

Im Rahmen eines Programms für Führungs-Nachwuchskräfte, an dem sich verschiedene Stadtwerke und die Hauptverwaltung beteiligten, wurde bei einem Energieversorger ein Action-Learning-Projekt mit folgendem Hintergrund durchgeführt:

In der Branche gibt es seit einigen Jahren tiefgreifende Veränderungen, wie man leicht erkennen kann, wenn man die vielfältigen Angebote betrachtet, während es früher praktisch keinerlei Wahlmöglichkeit gab.

Die staatlich gewollte Deregulierung führt zu einem sprunghaft angestiegenen Bedarf an Kundenorientierung und Flexibilität. Und das in einer Branche, in der noch vor kurzer Zeit der Begriff „Kunde" unüblich war und stattdessen von einem „Abnehmer" gesprochen wurde. Energieversorgung war eine quasi hoheitliche Aufgabe.

Einher ging dies mit zahlreichen Veränderungen von Arbeitsabläufen und Umorganisationen, um die staatlichen Vorgaben erfüllen zu können, aber auch um betriebswirtschaftlich sinnvoll arbeiten zu können. Die Belastung für jeden einzelnen Mitarbeiter stieg sehr stark.

Der Auftrag des Geschäftsführers war, alle Mitarbeiter über die Veränderungen eingehend aufzuklären und dafür zu gewinnen, die Veränderungen mitzutragen.

Im Rahmen eines Führungskräfteprogramms wurde ein Action-Learning-Set aus Mitgliedern unterschiedlicher Energieversorgungsunternehmen und der Hauptverwaltung gebildet, um diese Herausforderung anzugehen. Auftraggeber war ein Abteilungsleiter, Sponsor der Geschäftsführer.

Im Sinne der vorher gezeigten Systematik handelte es sich also durchaus um ein boshaftes Problem: Die Unsicherheit in der Belegschaft, aber auch die der Leitung bezüglich des Umgangs mit den Veränderungen war groß. Außerdem gab es bislang noch keine erprobte Lösung.

Das Set wurde sofort nach seiner Bildung aktiv und hatte auch gleich einen Lösungsvorschlag parat, auf den es sich sofort festlegte – abgeleitet aus eigenen Erfahrungen und den Worten des Auftraggebers, die dieser in einem Nebensatz aufgrund eines früheren Projektes erwähnte.

Notwendig, so die Idee, sei ein Flyer, der in übersichtlicher Form alle Informationen über die Veränderungen enthalte, die derzeit stattfänden. Jeder Mitarbeiter sollte dieses Merkblatt erhalten – und das Set glaubte, damit den Auftrag des Geschäftsführers rasch und effektiv erfüllt zu haben.

Also:
Konkrete Erfahrung: Bildung des Teams, erster Austausch, Gespräch mit Auftraggeber, rasche Identifikation des Problems und Festlegung auf eine Lösung.

Reflexion/Beobachtung: Wir-Gefühl entsteht, das Problem erscheint als beherrschbar mit überschaubarem Aufwand, der Auftraggeber ist sicher zufrieden, weil seine Anregung aufgenommen wurde. Eine weitere Problemanalyse scheint nicht erforderlich zu sein.

Bildung von Konzepten/Generalisierungen: Erstellung eines Flyers zur Verteilung an alle Mitarbeiter, Einbindung eines Grafikers etc.

Überprüfen in einer neuen Situation: Dieses Konzept wurde von den Setmitgliedern in einer angeregten und fast euphorischen Stimmung aufs Papier gebracht. Die Überprüfung des Konzepts fand in Form einer schwungvollen Präsentation im Plenum eines Workshops des Führungskräfteprogramms statt. Frei nach dem Motto: Bitte durchwinken, wir sind eigentlich schon fertig.

Das Plenum jedoch hatte den ausdrücklichen Auftrag, alle Konzepte unterstützend, aber kritisch zu hinterfragen und Gefälligkeitszustimmung zu unterlassen.

Konkrete Erfahrung: Die Erfahrung, die das Set bei der Konzeptvorstellung machte, war folgende: Die Stimmung im Plenum unterschied sich völlig von der internen Stimmung im Set. Einige Kollegen fanden das Konzept in Ordnung und waren fast neidisch, wie schnell die Gruppe vorankam, andere hingegen waren ausgesprochen skeptisch, ob so ein Flyer irgendwelchen Nutzen haben würde. Sie berichteten, wie wenig Wirkung solche Flyer bei ihnen in der Regel hätten und regten an, das Vorgehen erst genauer zu prüfen. Sie befürchteten, dass mit großem Aufwand eine eher sinnlose Arbeit gemacht würde.

Spannend war die sich daran anschließende Reaktion des Sets. Nach dem Erfahrungszyklus wäre jetzt eine Reflexion der Beobachtungen der nächste Schritt gewesen.

Die Setmitglieder aber waren irritiert und enttäuscht und empfanden nur die Kollegen als hilfreich, die ihnen zustimmten, während die ehrlich geäußerte Skepsis der anderen als destruktiv empfunden wurde. Das Set filterte also die Rückmeldungen und suchte gezielt Informationen, die die eigene Sicht stabilisierten. Verunsicherung war nicht willkommen. Die Ablehnung der Rückmeldung schweißte das Set zusammen – hatte also die Wirkung einer Set-internen Teambildung – bis hin zu scherzhaften „Revanche-Ankündigungen" zu den anderen Teilnehmern im Programm, wie „Ihr werdet schon sehen, wie wir erst mit eurem Projekt verfahren, wenn dieses im Plenum auf dem Prüfstand steht ..." Es gab also zu diesem Zeitpunkt gar keine Reflexion und Auswertung, sondern die gekränkte Abkürzung zur Verteidigung des zuvor beschlossenen Konzepts.

Konzept: Das Set ging rasch dazu über, sein Konzept mit dem Flyer abzusichern und gegen mögliche Kritik zu immunisieren.

Mentale Barrieren

Wir sind hier an einem ganz zentralen Punkt angelangt, der Veränderung und persönliche Entwicklung behindert. Man kann ihn als mentale Barriere bezeichnen. Annahmen, die spontan aufgrund eigener Erfahrung und Überzeugungen gebildet werden, werden mit der Wirklichkeit verwechselt und wie im vorliegenden Fall nicht mehr kritisch hinterfragt.

Wenn aber doch jemand hinterfragt, wird dies abgewehrt und abgewertet – „Titanic" lässt grüßen.

Das Schwierigste an diesen *mentalen Barrieren* ist, dass sie den Beteiligten meist in keinster Weise bewusst sind und daher nur schwer gefasst werden können. Dazu kommt die *ungeheure Schnelligkeit*, mit der diese Prozesse ablaufen, was das Erfassen noch einmal schwieriger macht. Lange und unergiebige Rechtfertigungs- und Verteidigungstiraden sind dann die Folge. „Groupthink", die von Janis (1982) beschriebene Uminterpretation der Realität im Sinne der Gruppenvorurteile droht ...

Diese Prozesse, die für die Entwicklung enorme Chancen bieten, bekommt man im normalen Training in der Regel kaum zu fassen, da der unmittelbare Praxisbezug eher durch Berichte hergestellt wird, während im Action Learning diese oft schwer fassbaren Prozesse, die daher auch häufig nicht erzählt werden, direkt erlebbar und damit bearbeitbar werden.

Die Gefahr ist freilich, dass die Chance verpasst wird und ein normales Projekt seinen Lauf nimmt, das nicht wirklich schadet, in dem aber weit weniger Lernchancen wahrgenommen werden, als angeboten wurden.

Hier setzt die Arbeit des Facilitators an. Er muss bereit und in der Lage sein, das Geschehen aufzugreifen und manchmal gegen erheblichen Widerstand zu thematisieren und auch den Widerstand selbst zu thematisieren. Er ist dabei auf seine eigene Wahrnehmung angewiesen und kann sehr leicht auch selbst in den Sog der „inneren Theorien" im Set geraten. Und gleichzeitig kann es immer auch sein, dass die innere Theorie des Sets sich bewährt ... Im Lernzyklus bedeutet dies, dass der Facilitator die bereits begonnene Konzeptphase anhält und zurückgeht zur Phase der Beobachtung und Reflexion.

Im vorliegenden Fall bearbeitete der Facilitator mit dem Set seine Reaktion und stellte Fragen nach der inneren Reaktion der Setteilnehmer. Den Teilnehmern war es sichtlich unangenehm, noch einmal über dieses „lästige" Thema zu sprechen.

Auch dies ist ein heikler Punkt, an dem sich ein Facilitator auf einer Gratwanderung bewegt: zwischen Überforderung des Sets, verbunden mit der Gefahr, es erst recht in den Widerstand zu treiben und einer Vermeidung, die das Ganze zu einer harmlosen Veranstaltung machen würde. Die Systemiker haben dafür den Begriff „ins System fallen" geprägt.

Der gewählte Weg war mit behutsamer Hartnäckigkeit nachzubohren, wodurch sich die Chance ergab, dass die Reflexion an Tiefe und Qualität gewann.

Dabei konnten bald Kränkung und Verärgerung der Setmitglieder über die kritischen Äußerungen mancher Teilnehmer im Plenum identifiziert werden. Auf die Frage, ob es auch sein könne, dass die anderen Teilnehmer mit ihren Rückmeldungen recht haben und ein Flyer tatsächlich ungeeignet sein könnte, kam eine Mischung aus Ablehnung und zögerlichem Eingeständnis, wie „Ganz ausschließen kann man es ja nicht".

Daran schloss sich die Frage des Facilitators an, wie denn von den Setmitgliedern überprüft werden könne, ob etwas dran wäre oder nicht? Diese Frage testet, ob der Übergang in eine produktive Bildung von Konzepten möglich ist. Von einem Teilnehmer kam die Idee auf, mit den Mitarbeitern zu sprechen. Dies wurde im Set weiter diskutiert.

Überprüfen: Am nächsten Tag teilten die Setmitglieder im Plenum mit, sie glaubten nicht, dass an den Argumenten etwas dran wäre, hätten aber dennoch beschlossen, eine Befragung mit allen Mitarbeitern durchzuführen.

Um es abzukürzen: Im nächsten Workshop berichteten einzelne Setmitglieder schon gleich zu Beginn, welch überraschende Erfahrungen sie gemacht hätten. Bei den Befragungen und Interviews mit den Kollegen kam nämlich Folgendes heraus:

Konkrete Erfahrung: Die Kollegen seien an einem Flyer überhaupt nicht interessiert, denn schriftliche Information gäbe es schon viel zu viel. Gewünscht seien Informationen im persönlichen Gespräch, vielleicht in kleinen Runden, in denen man sich austauschen und Fragen stellen und diskutieren könne. Völlig ungeeignet seien daher auch Betriebsversammlungen und andere Großveranstaltungen, in denen man nur vorgefertigten Reden zuhören müsse und sich nicht persönlich beteiligen könne.

Beobachtung/Reflexion: Deutlich zu spüren war, dass sich jetzt im Set selbst atmosphärisch etwas verändert hatte, aber auch im Verhältnis zum Facilitator und seinen Interventionen und zur Gesamtgruppe. Abwehr und Vorbehalte machten jetzt Platz für eine größere Akzeptanz und Offenheit. Das Set war damit noch lange nicht über den Berg, was den Umgang mit mentalen Barrieren anging. Eingeleitet war aber ein Prozess, der eine fruchtbare Entwicklung ermöglichte. Eine Schlüsselrolle hat dabei der Action-Learning-Facilitator, weil es immer darum geht, blockierende Denkgewohnheiten zu identifizieren, die oft so schnell ablaufen, dass sie von den Betroffenen nicht bewusst wahrgenommen werden. Wenn es gelingt, diese aufzudecken und in der Reflexion zu hinterfragen, entsteht die Möglichkeit der Neubewertung.

Es gab noch eine ganze Reihe weiterer Schritte, die das Set mental, aber auch auf der Handlungsebene zu bewältigen hatte. Das Modell des Erfahrungszyklus bietet eine Möglichkeit, den Ablauf in der Auswertung nachzuvollziehen und darauf zu achten, ob Reflexionsphasen stattfinden oder ob Erfahrungen unter Auslassen der Reflexion direkt in Konzepte münden mit der Gefahr des unreflektierten oder defensiven Ausagierens, wie oben gezeigt. Die Reflexionsphasen bieten die Chance, aus bestehenden Mustern auszusteigen und neue Wege zu gehen.

Mit dem Erfahrungslernen ist im Action Learning eine Systematisierung des Lernens verknüpft (O'Neil & Marsick, 2007). Zahlreiche methodische Hilfen zur Unterstützung des Lernprozesses der Setmitglieder haben dadurch Eingang ins Action Learning gefunden.

Critical Action Learning

Critical Action Learning (CAL) stellt eine grundlegende Ergänzung zum „klassischen" Action Learning dar, weil es die Teilnehmer ermutigt, nicht nur über die offensichtlichen Probleme und ihre Charakteristika zu lernen, sondern sich auch „mit den Spannungen, Widersprüchen, Emotionen und Machtdynamiken auseinanderzusetzen, die in Gruppen und im Leben einzelner Manager unausweichlich auftauchen".[3]

Sich mit den Emotionen und Machtdynamiken in Gruppen auseinandersetzen

Gerade in Organisationen mit einer hohen Veränderungsrate im Umfeld und im Geschäft bieten sich hierdurch spannende Möglichkeiten im Umgang mit boshaften Problemen. Mit dem Perspektivwechsel auf kollektive oder gemeinschaftliche Phänomene rücken Machtkonstellationen und die politische Dimension einer Organisation ins Blickfeld. Auch Emotionen, die, besonders wenn sie ein den Arbeitsablauf störendes Ausmaß annehmen, leicht auf eine persönliche Befindlichkeit reduziert und sonst meist ignoriert werden – und gerade dadurch unterschwellig wirken – bekommen eine neue Bedeutung als Ausdruck, Medium und Spiegel von Einflussnahme.

Kollektive Phänomene und die politische Dimension betrachten

Der kritische Aspekt des CAL bezieht sich auf kritischen Theorien, wie sie z.B. in der „Frankfurter Schule" mit Horkheimer, Habermas und anderen über eine lange Zeit entwickelt wurden. Im deutschsprachigen Raum ist eine reichhaltige Literatur verfügbar, die in diesem Zusammenhang von Interesse ist, etwa aus der systemischen Perspektive (z.B. Luhmann, 1994; Baecker, 1994 und Wimmer, 2004 sowie in diesem Buch auf S. 50 ff.) oder dem Konstruktivismus (z.B. v. Glasersfeld, 1997 und Pörksen, 2011).

Unsere Vorstellungen von dem, was sich in unserem Umfeld ereignet und worauf es ankommt, sind nach den Erkenntnissen der Konstruktivisten

---

[3] Diese Äußerung stammt von Kiran Trehan, der vielleicht wichtigsten Vertreterin von CAL, mit der ich während der Vorbereitung für dieses Buch ein Hintergrundgespräch führen konnte, welches im Anschluss abgedruckt ist.

Mentale Modelle meist nicht „objektiv" richtig oder falsch, sondern beruhen auf mentalen Modellen, die mehr oder weniger für die Interpretation einer bestimmten Situation nützlich sein können. Diese mentalen Modelle, die oft zu Denkgewohnheiten werden, werden von den Betroffenen leicht mit der „objektiven Wahrheit" verwechselt, die man folglich nicht mehr infrage stellen kann oder gar muss. Tatsächlich ist es aber bedeutend hilfreicher, sie als Konstruktionen zu begreifen, die prinzipiell auch anders konstruiert werden können und daher auf ihre Nützlichkeit und Angemessenheit hinterfragt werden müssen, um gute Ergebnisse zu bekommen.

Leider passiert aber genau das häufig nicht und es kann beobachtet werden, dass Personen, aber auch Teams und sogar ganze Unternehmen lange Zeit an wenig erfolgreichen Annahmen festhalten und sie auch nach außen standhaft verteidigen. Verstärkt wird dieser Effekt noch dadurch, dass manche „inneren Modelle" zumindest zu einem mittelmäßigen Ergebnis führen und daher gar nicht erwogen wird, ob es zweckmäßigere, „erfolgreichere" (mentale) Modelle geben könnte.

Wechselwirkung zwischen Person und sozialem Umfeld Wie hängt nun die individuelle Sicht mit der einer Gruppe oder einer anderen sozialen Einheit zusammen? Empfinden und denken können wir ja nur als Individuen mit unserer persönlichen mentalen Ausstattung, die sich sowohl biologisch als auch lebensgeschichtlich entwickelt hat. Gleichzeitig besteht jedoch immer eine Wechselwirkung zwischen einer Person und ihrem Umfeld, wie dies zum Grundverständnis der systemischen Beratung gehört. Denken, Emotion und Handeln anderer Personen und auch Gruppen

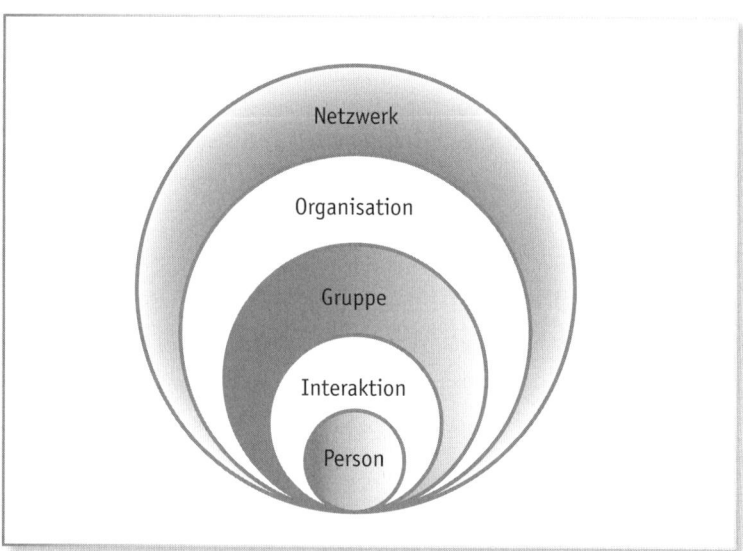

Abb. 9: Die verschiedenen sozialen Ebenen im Unternehmen nach Raelin (2010)

beeinflussen uns, wie auch wir umgekehrt andere beeinflussen. Joe Raelin schlägt daher ein „Schichtenmodell" vor, in dem er verschiedene soziale Einheiten unterscheidet, die unser Denken und unsere Emotion im Unternehmen beeinflussen und auf die unser Handeln zurückwirkt.

„Schichtenmodell"

Während das ursprüngliche Konzept des Action Learning Probleme vor allem auf der individuellen Ebene der Person und der Ebene der Interaktion zwischen Personen betrachtet und bearbeitet, ergänzt die kritische und systemische Perspektive dies um die sozialen Einheiten, innerhalb derer ein Individuum agiert und von denen es beeinflusst ist, also z.B. Gruppe, Organisation und Netzwerke. Annahmen, Einstellungen, Emotionen sagen also nicht nur etwas über das Individuum aus, sondern auch über das weitere Umfeld. Um dies ermessen zu können und bei aller Unsicherheit, im Einzelnen den Blick für diese Zusammenhänge zu schärfen, bedarf es eines (kritischen) Austauschs zwischen Individuen, wie er im Action-Learning-Set stattfinden kann.

Diese zusätzlichen und für viele ungewohnten Möglichkeiten erfordern eine sorgsame Begleitung. Die Rolle des Facilitators wird im Critical Action Learning daher völlig anders bewertet als im klassischen Action Learning (Rigg & Trehan, 2004). Während der Facilitator dort vorwiegend die Rolle innehat, den Action-Learning-Prozess in der Organisation aufzusetzen, die Setarbeit in Gang zu bringen und eher zurückhaltend zu begleiten, bzw. die Mitglieder so aufzubauen, dass sie diesen zunehmend autark zu steuern imstande sind, hat der Facilitator im CAL eine wesentlich anspruchsvollere Rolle, nämlich das Set zu unterstützen und zu begleiten, kritische Auswertungen vorzunehmen. Dies stellt an den Facilitator hohe Anforderungen hinsichtlich persönlicher Integrität, konzeptioneller Klarheit und wirkungsvoller Intervention.[4] Sets und ihre individuellen Mitglieder erhalten dadurch wesentliche Hebel, um ihre Bewusstheit zu steigern, Verantwortung für das, was geschehen muss, zu übernehmen und ihre Wirksamkeit zu erhöhen.

Erweiterte Anforderungen an den Facilitator

---

[4] Methodische Hinweise zu Rolle und Interventionsmöglichkeiten des Facilitators werden im Kapitel *Lernen* vertieft, indem auch das SAGA-Modell erläutert wird, mit dem verschiedene Ebenen der Analyse und Intervention unterschieden werden können.

Die Rolle von Emotion und Macht –
Kiran Trehan im Gespräch über Critical Action Learning

Kiran Trehan gehört neben Russ Vince (2009) zu den einflussreichsten Vertretern des Critical Action Learning und hat in zahlreichen Beiträgen zu Entwicklung und Verständnis dieses Ansatzes beigetragen. Sie ist Mitherausgeberin des *Journal for Action Learning* und fördert so einen breiten fachlichen und methodischen Austausch. Im folgenden Gespräch erläutert sie, was Critical Action Learning ausmacht und wie es sich von „klassischem" Action Learning unterscheidet.

Frage: Was ist Critical Action Learning?

Trehan: Critical Action Learning gehört zur Familie der handlungsorientierten Ansätze des Problemlösens und Lernens. Hinsichtlich Theorie und Praxis ist Critical Action Learning (CAL) ein eigenständiges Konzept. CAL zeichnet sich durch eine Anzahl bemerkenswerter Eigenschaften aus: So geht es etwa um die Frage, wie Lernprozesse unter dem Einfluss von Machtverhältnissen gefördert, vermieden oder auch unterbunden werden. Oder um die Anwendung des Hinterfragens, des „Questioning Insight" (Q) auf komplexe Gefühle, unbewusste Prozesse und Beziehungen. Und schließlich um eine Facilitation, die aktiver ist als im traditionellen Action Learning vorgesehen.

Frage: Wie unterscheidet sich CAL von „normalem" Action Learning?

Trehan: Der „traditionelle" Ansatz ist auf das Individuum ausgerichtet und unterstützt den Einzelnen dabei, etwas „über sich selbst zu lernen, indem man z.B. ein Projekt im Arbeitsumfeld abwickelt und dabei – in Gegenwart der anderen Beteiligten – über das Projekt und über sich selbst nachdenkt". (Weinstein, 2002) Critical Action Learning ist eine Erweiterung und Systematisierung der im konventionellen Action Learning bereits implizit enthaltenen politischen Dimension, denn es zielt darauf ab, kritisches Denken über die Realitäten des Alltags der Teilnehmer zu fördern. Entscheidend dafür ist die Betonung sowohl der kollektiven als auch der individuellen Reflexion. CAL unternimmt den Versuch, die persönlichen Handlungserfahrungen des Einzelnen (Lernen durch Erfahrung) zu ergänzen durch eine Reflexion der organisationalen und emotionalen Dynamiken, die eine Handlung auslöst (Lernen durch Organisieren). Der zuletzt genannte Prozess würdigt ausdrücklich die Rolle, die der politischen Ebene und den Gefühlen zukommen kann, um das Zustandekommen von Lernprozessen zu fördern oder auch zu behindern.

Frage: Was bedeutet „Critical" in diesem Zusammenhang? Wie ist es entstanden?

Trehan: Critical Action Learning zielt darauf ab, den pragmatischen Standpunkt des Action Learning um eine eher soziologische Perspektive zu ergänzen, die aus der kritischen Theorie stammt. In

dieser Hinsicht vollzieht CAL einen Schwenk weg von den klassischen, technizistischen Ansätzen über das Lernen; zu dieser Tradition gehört die Vorstellung, Managementwissen und -praxis seien objektiv und wertfrei. Critical Action Learning stellt diese Position in Frage und plädiert für die Notwendigkeit, eine Auseinandersetzung mit dem Zusammenhang von Politik und Praxis zu leisten. CAL grenzt sich somit klar von der Orientierung des traditionellen Action Learning ab, die auf „Problemlösung" und „Selbstentwicklung" setzt – und beschäftigt sich stärker mit den Spannungen, Widersprüchen, Emotionen und Machtdynamiken, die in Gruppen und im Leben einzelner Manager unausweichlich auftauchen. Critical Action Learning wird zu einem pädagogischen Konzept, wenn diesen Dynamiken als einem zentralen Bestandteil des Lernens in Bezug auf führen, managen und organisieren genügend Raum gegeben wird.

Frage: Welches sind die wichtigsten Elemente des Critical Action Learning?

Trehan:
Die deutliche Hinwendung zu Gefühlen, Politik und Lernen
CAL verzichtet auf die Anwendung positivistischer und technizistischer Ansätze des Lernens, baut stattdessen auf Phronesis (Vernunft, d.h. aus Praxis und Überlegung abgeleitetes Wissen) und Metis (Wissen auf Grundlage von Erfahrung). Der Unterschied zu Action Learning besteht darin, dass sich solche Praktiken immer in einem Kontext von Macht und Mikropolitik vollziehen, wodurch Konflikte und Spannungen unvermeidlich sind. Daher ist CAL ein Prozess, in dem Wissen aufgrund seiner Relevanz für die Verpflichtungen und Spannungen im wirklichen Leben der Teilnehmer erworben wird. Critical Action Learning verdeutlicht, in welchem Maße sich auch in Action-Learning-Sets das für Gruppen, Organisationen und Gesellschaften charakteristische Spektrum an Ungleichgewichten, Spannungen und gefühlsmäßigen Brüchen findet; aus diesem Blickwinkel betrachtet, werden Action-Learning-Sets zum Schauplatz der Wechselwirkung zwischen emotionalen, politischen und sozialen Beziehungen. CAL macht deutlich, dass Aktion und Wandel mehr sind als ein evidenzbasierter technischer Vorgang ohne Berücksichtigung des Kontexts; vielmehr handelt es sich dabei um einen argumentativen Prozess, der sich aus Dialog, Interpretation, Erfahrung und vorherrschenden Machtstrukturen ableitet.

Kritische, kollektive und öffentliche Reflexion
Reflexion im Action Learning konzentriert sich auf das Unmittelbare und zeigt die Details einer Aufgabe oder eines Problems auf. In der kritischen Reflexion geht es hingegen ganz konkret darum, einen Prozess der individuellen oder kollektiven Reflexion über emotionale und politische Abläufe und die Dynamiken, die dadurch ausgelöst werden, anzustoßen. Wesentlich dabei ist, dass die Ergebnisse dieser Reflexion in der Praxis innerhalb und außerhalb der Gruppe umgesetzt werden. Wenn man diesen relativ weitgehenden Ansatz zugrunde legt, kann kritische Reflexion dadurch zu einem besseren Verständnis beitragen, dass sie gesellschaftliche, politische, berufliche und ethische Annahmen bewusst macht, die eine konkrete Handlung in einem gegebenen Kontext behindern oder fördern.

Facilitation

CAL weist Facilitators innerhalb und außerhalb des Action-Learning-Sets eine Schlüsselrolle zu. Im CAL ist die Rolle der Facilitation so beschaffen, dass Teilnehmer in die Lage versetzt werden, ihren Vorstellungen und Gefühlen zu den behandelten Themen mit Nachdruck auf den Grund zu gehen. Innerhalb von CAL ist Facilitation nicht nur damit befasst, den Lernenden zu bestärken, wenn er im Diskurs Positionen infrage stellt oder ändern möchte, die zu Ausgrenzung führen; ebenso wichtig ist die Fähigkeit, aufzuzeigen, wie Teilnehmer jenen Machtverhältnissen widerstehen oder sie verstärken, die aus einem Lernen durch Vermeidung („Learning Inaction") entstehen. Ich würde sagen, im CAL hat Facilitation eine sehr wichtige Rolle bei der Verdeutlichung der komplexen Dynamiken, die mit kollektiver Reflexion einhergehen. CAL widmet sich bewusst einer Überprüfung der emotionalen und politischen Basis von Erfahrung und den daraus resultierenden Auswirkungen auf weiter gefasste mikropolitische Prozesse und Machtverhältnisse in und zwischen Organisationen und ihren Mitgliedern.

Frage: Hat Critical Action Learning das Potenzial, zu einer eher kritischen Management-Praxis beizutragen?

Trehan: Ja, Critical Action Learning ist dank der feinfühligen Wahrnehmung von emotionalen und politischen Prozessen dazu prädestiniert, die Komplexität und Vielschichtigkeit des organisatorischen Lebens zu erfassen und kann so zu einer kritischen Management- und Organisationspraxis beitragen. Folglich bedarf es zur Umsetzung von CAL nicht so sehr eines vorgefertigten Konzepts sondern vielmehr echten Engagements, um sich mit der emotionalen und politischen Dynamik in der Managementpraxis auseinanderzusetzen. Es gibt bereits eine ganze Reihe von CAL-inspirierten Studien aus dem Managementtraining und der Organisationsentwicklung, die den Einfluss von CAL auf die Managementpraxis belegen.

Frage: Welche Ergebnisse kann Critical Action Learning für Teilnehmer haben?

Trehan:
▶ Durch die Anwendung eines CAL-Ansatzes können Praktiker ein tieferes Verständnis dafür entwickeln, wie Organisationen mit den mikropolitischen Dimensionen der Führung, des Organisationslernens und der Machtverhältnisse umgehen.
▶ CAL ermöglicht es Teilnehmern, sich reflektierend mit den Machtverhältnissen auseinanderzusetzen, die stets mit organisatorischen, politischen oder Führungs-Interventionen einhergehen.
▶ CAL demonstriert, wie gesellschaftliche Machtbeziehungen zwischen Organisationen, Unternehmen, Entscheidungsträgern und Praktikern stets politische Interventionen regeln.
▶ Es ermöglicht, ein immer stärker kritisch-reflektierender Praktiker zu werden.
▶ Teilnehmer sind bewusster in Bezug auf die emotionalen und politischen Feinheiten beim wirksamen Einsatz von Ressourcen und Wissen wichtiger Stakeholder und politischer Entscheidungsträger.

▶ Die Teilnehmer empfinden sich als Teil eines Prozesses, in dem Ideen und Praxis der Führung gestaltet werden.
▶ CAL unterstützt Manager bei der Entwicklung von Meta-Skills, wie etwa der (Selbst-)Erkenntnis, vertieftem organisatorisch-politischen Verständnis und einem Handlungsrepertoire, um Einfluss zu nehmen.

Frage: Wann ist eine Organisation bereit für CAL?

Trehan: Wenn in der Organisation eine Verschiebung der Ausrichtung von der einseitigen Betonung des Leistungsaspekts (im Vordergrund steht das Erreichen von Geschäftszielen durch Problemlösung) zu Veränderungslernen (Betonung auf grundlegendem persönlichen und organisatorischen Wandel) stattfinden soll.

Frage: Welche Risiken sind mit CAL verbunden? Wie riskant ist es z.B., in einer Organisation die Machtverhältnisse oder das Thema Emanzipation anzusprechen?

Trehan: Die Risiken können stark variieren in Bezug auf den Druck, sich den Gepflogenheiten einer Organisation anzupassen und dabei dennoch den Status quo zu hinterfragen und auf den Prüfstand zu stellen, was Unzufriedenheit und Frustration hervorrufen kann. Allerdings bedeutet CAL immer, dass man die Wahl hat und verantwortlich handelt. Anfangs kann es emotional verunsichernd sein und vielleicht kommt es am Arbeitsplatz zu Störgefühlen durch die Unterbrechung gewohnter Muster. Das führt zu Desorientierung und Kämpfen, mit denen aber zu rechnen war, ja die sogar notwendig für Veränderung und nachhaltigen Wandel sind.

Frage: Was muss ein Facilitator können, damit CAL funktioniert?

Trehan: Das Wichtigste für einen Facilitator ist, gezielt herausfordernde Fragen zu stellen, um so neues Denken anzuregen. Gute Facilitators achten besonders auf gruppenintern ablaufende Prozesse, statt selbst in die Rolle des Problemlösers zu gehen oder sich als Lehrer, Trainer oder Experte zu präsentieren, der alle Antworten kennt. Sie müssen in der Lage sein, Schweigen, Mehrdeutigkeit und Konflikte auszuhalten und auszuwerten. Und sie sollten auch gut zuhören, zusammenfassen und auf die Setmitglieder eingehen können. Der Facilitator fördert aktiv die Auswertung der emotionalen und politischen Basis von Erfahrungen sowie deren Auswirkung auf weitergefasste mikropolitische Prozesse und Machtverhältnisse in und zwischen Setmitgliedern und ihren Organisationen.

Fragen, die Aufschluss geben, ob sich in der Gruppe systemische Muster der Organisation widerspiegeln, sind etwa folgende:

▶ Was geschieht in der Gruppe?
▶ Was wird gesagt?
▶ Was wird nicht gesagt?
▶ Was ist nach meinem Empfinden (als Facilitator) wirklich los?

Frage: Gibt es bestimmte Schritte, die Sie als Einstieg in CAL empfehlen?

Trehan: Zur Umsetzung von CAL bedarf es weniger eines vorgefertigten Konzepts als vielmehr echten Engagements, um sich der emotionalen und politischen Dynamik zu stellen. Da sich Critical Action Learning von den Erfahrungen unterscheidet, die viele Menschen bislang bei der Problemlösung oder beim Lernen gemacht haben, kommt es darauf an, nicht nur den Teilnehmern, sondern auch jedem einzelnen Stakeholder zu vermitteln, was Critical Action Learning bedeutet und welche Erwartungen die Sponsoren haben. Ein kritischer Ansatz begünstigt weit mehr die kollektive Reflexion über Erfahrung und aktives Experimentieren, als es die Vermittlung von bereits bekanntem Expertenwissen vermag. Das erfordert intensives Nachdenken über das Programmdesign und den Organisationsprozess, z.B. hinsichtlich der Auswahlkriterien, der Gruppenzusammensetzung und der Prioritäten für die Gruppe – aber auch über die Frage, auf welche Weise CAL den Lernprozess im konkreten Einzelfall unterstützen oder auch behindern kann.

Literatur:
Weinstein, K. (2002). Action Learning: The Classic Approach. In: Boshyk, Y. (Hrsg.) Action Learning Worldwide: Experiences of Leadership and Organisational Development. Houndmills: Palgrave.

Action Learning Research –
der Manager als Forscher

Action Learning ist schon seit Langem auch ein Thema der Forschung. Schon die kleine Auswahl an Gesprächspartnern in diesem Kapitel mag als Beleg dafür gelten, dass es weltweit zahlreiche Lehrstühle und Hochschulinstitute gibt, die sich mit diesem und verwandten Themen beschäftigen. Und auch Reg Revans selbst war ein herausragender Naturwissenschaftler, bevor er sich der Entwicklung von Action Learning widmete. Er legte großen Wert auf die Wissenschaftlichkeit seines Ansatzes und bezeichnete auch seine Methodik als „scientific". Die Frage ist allerdings, welche Art von Wissenschaftlichkeit diesem Erkenntnisfeld angemessen ist. Gefordert wird von vielen Fachvertretern ein Vorgehen, welches der Komplexität der Einflüsse gerecht wird, indem es auch die Subjektivität und Wandelbarkeit handlungsleitender Annahmen der verschiedenen Betroffenen und deren Wechselwirkungen ausreichend berücksichtigt sowie Ergebnisse schafft, die, dem Konzept des Action Learning folgend, den laufenden Prozess verbessern. Dafür wird in der teilnehmenden Forschung auf eine kontextfreie Objektivität der Ergebnisse und die Unterscheidung zwischen Forscher und Beforschtem verzichtet, wie dies im klassischen Forschungsparadigma üblich ist.

Action Learning als Forschungsthema

David Coghlan im Gespräch über Action Learning als Philosophie des praktischen Wissens

David Coghlan, Professor am Trinity College in Dublin, der sich seit vielen Jahren international anerkannt mit Fragen der teilnehmenden Forschung im Action Learning beschäftigt, skizziert im Gespräch, welche Art von Wissen mit Action Learning generiert wird und wie der Manager selbst als Forscher agieren kann. Ausgangspunkt seines Konzepts des Action Learning Research ist die Methodik von Revans, in der dieser die Systeme Alpha (Problem), Beta (Beziehungen) und Gamma (eigene Person) unterscheidet, um unterschiedliche Domänen des Wissens zu differenzieren.

Frage: Sie bezeichnen Action Learning als Philosophie des praktischen Wissens – könnten Sie kurz erläutern, was damit gemeint ist?

Coghlan: In unserem Leben können wir unterschiedliche Arten von Wissen identifizieren. Es gibt interpersonelles Wissen, mit dem wir Beziehungen aufbauen und lernen, mit anderen Menschen zu leben und zu arbeiten. Dann gibt es ästhetisches Wissen, durch das wir Kunst, Literatur und Musik genießen. Für viele existiert auch mystisches Wissen, das in religiösem Glauben gründet. Wir kennen wissenschaftliches Wissen, das Theorien bildet, und praktisches Wissen, das uns erlaubt, Dinge effizient abzuwickeln. Was wir im täglichen Leben wissen und wie wir es wissen, ist Bestandteil des praktischen Wissens. Seine Interessen und Belange betreffen das menschliche Leben, die erfolgreiche Bewältigung der täglichen Aufgaben und das spontane Auffinden praktikabler Lösungen. Zu seinen Besonderheiten gehört, dass es von Ort zu Ort und von Situation zu Situation variiert. Was in einem Bezugsrahmen funktioniert, klappt womöglich im nächsten schon nicht mehr. Das Wissen muss situationsspezifisch angepasst werden, während wir eine bestimmte Situation erfassen und erkennen, welche Schritte zu einer Weiterentwicklung führen.

Um ein Verständnis für Aktionen im Alltag zu entwickeln, ist es nötig, die Entstehung von Auffassungen zu untersuchen, die Individuen über sich selbst, ihre Situation und die Welt entwickeln, und inwieweit ihre Handlungen von Annahmen, Zwängen oder Wertvorstellungen bestimmt sind. In ähnlicher Form halten große Systeme und Gruppen an ihren gemeinsamen Auffassungen fest, die ihre Handlungen steuern. Folglich ist praktisches Wissen immer unvollständig und kann nur vervollständigt werden, wenn man zu begreifen lernt, was in einer konkreten Situation und zu einer bestimmten Zeit notwendig ist. Zwei Situationen sind niemals gleich. Deshalb argumentieren, reflektieren und urteilen wir nach einem praktischen Wissenskodex, um so den Übergang von einem Bezugsrahmen zum nächsten zu schaffen und zu erkennen, wo Änderungsbedarf besteht und wie wir handeln müssen.

Action Learning behandelt jene anspruchsvollen Lernprozesse, in denen es um das Hinterfragen der eigenen Situation und der persönlichen Erfahrungen geht. Revans, der Gründer des Action Learning, schreibt in diesem Zusammenhang über *„Praxeologie"*, die Wissenschaft vom menschlichen Handeln. Für ihn umfasste Praxeologie drei Beziehungen: mit sich selbst, mit anderen und mit der unpersönlichen Welt. Er nannte diese drei Beziehungen *System Alpha, Beta und Gamma*. System Alpha untersucht die unpersönliche Welt, indem es den Fokus auf die Ergründung des nächstliegenden Problems legt und feststellt, worin es besteht, woher es kommt und warum es noch nicht gelöst ist. Dieser Ansatz ist insofern unpersönlich, als es hier nur um die Analyse der Situation und des Problems geht. Im System Beta geht es um Beziehungen zu anderen Personen im Action-Learning-Set – wobei die Gruppe, um das Problem anzugehen, Schleifen von Trial and Error und Unterstützung durchläuft. System Gamma schließlich fokussiert den von jedem Teilnehmer individuell erlebten Lernprozess und die damit verbundene Selbstwahrnehmung und Hinterfragung. Action Learning fußt also auf einer reichen Philosophie des praktischen Wissens und ist damit ein ebenso praktisches Werkzeug im Management Development wie ein bedeutender philosophischer Ansatz des „Research in Action".[5]

Frage: Sie befürworten Action Learning Research für Manager – was ist darunter zu verstehen?

Coghlan: Ich denke, im Action Learning können Manager zu Erforschern ihrer eigenen Erfahrungen und Organisationen werden. Durch die Anwendung einer einfachen, auf nachvollziehbaren Schritten des menschlichen Wissens aufbauenden Methode lernen sie, anhand gezielter Fragestellungen Probleme und Möglichkeiten ihrer Organisation zu erfassen (*System Alpha*), zusammen mit anderen Einsicht in organisatorische Probleme zu bekommen und einzugreifen (*System Beta*) und schließlich etwas über sich selbst zu erfahren (*System Gamma*).

Dass diese Aktivitäten mit dem Etikett „Forschung" versehen werden, mag für viele Leser neu sein, weil sich Forschung bei ihnen über ganz bestimmte – naturwissenschaftliche – Wesenszüge definiert. Allerdings kann diese Auffassung von Forschung nicht länger als einziges Modell der Sozialwissenschaften angesehen werden. Bei akademischen Studienprogrammen gibt es zunehmend die Tendenz, für die Ausbildung der Teilnehmer Erfahrungslernen zu nutzen, statt vorrangig auf die Vermittlung von Theorie zu setzen. Typischerweise führen die Teilnehmer Untersuchungen in ihrer eigenen Organisation durch und verfassen Studien- und Abschlussarbeiten über Hintergründe, Konzeption, Entwicklung und Evaluation von Interventionen in ihrem Unternehmen. Bei dieser Art von Forschung geht es um Menschen, die Aktionen in Gang setzen, um daraus zu lernen – hinsichtlich konkreter Verbesserungen in der Praxis als auch zur Vertiefung des Wissens über ihr berufliches Umfeld. Dadurch entsteht die Möglichkeit, im Prozess selbst zu lernen, anstatt nur bereits vorhandene Erkenntnisse nachzuvollziehen.[6]

Frage: Wozu raten Sie Facilitators, die sich mit reflektierender Praxis beschäftigen?

Coghlan: Im Grunde ist es ganz einfach: Lassen Sie die Menschen von ihren Erfahrungen berichten. Während jemand seine Geschichte erzählt, kann man dann Fragen stellen. Bei einigen davon geht es vielleicht tatsächlich um die Geschichte, nach dem Motto: „Was passierte dann?" Andere Fragen sollten den Gesprächspartner motivieren, gründlicher und kritischer nachzudenken: „Was meinen Sie, ist dort passiert? Warum ist das aus Ihrer Sicht geschehen? Gibt es womöglich andere Erklärungen?" Praktiker des Action Learning werden sofort erkennen, worum es mir hier geht.

---

[5] Zu Deutsch etwa Erforschen und Hinterfragen des Handelns. Nicht zu verwechseln mit der Forschungstradition des „Action Research", im Deutschen auch als „Aktionsforschung" bezeichnet.

[6] Coghlan weist darauf hin, dass in den letzten zwanzig Jahren eine umfangreiche Literatur und Forschungstradition zu dieser Thematik entstanden ist und sich feststehende Begriffe etabliert haben wie „Reflective Practitioner", „Practitioner Researcher" oder „Scholar Practitioner".

Führen mit Action Learning

Action Learning ist keineswegs eine isolierte Erscheinung, sondern steht im Kontext einer ganzen Reihe handlungsorientierter Ansätze. Innerhalb dieser Ansätze nimmt Action Learning allerdings durch seinen starken Praxisbezug eine besondere Rolle ein.

> Action Learning zeichnet sich aus durch sein Interesse an einer Führung, die fortlaufend lernt, aber auch sein Interesse am Lernen, wie man führt.

Moderne Führungskonzepte werden mit Leben gefüllt und eingeübt. Der große Vorzug von Action Learning ist, dass es eine einzigartige Chance bietet, moderne Führungskonzepte, die auf Schnelligkeit, Flexibilität, Veränderung, Einbindung, Umsetzungsstärke und Reflexion setzen, mit Leben zu füllen und einzuüben. Action Learning bietet einen Rahmen, in dem Menschen mitgestalten, lernen und Probleme lösen und damit sich selbst und gemeinsam die ganze Organisation weiterentwickeln. Ein wichtiger Hebel dazu ist die Reflexion der Situation, des Umfelds, aber auch der eigenen mentalen Konstrukte, die aufgrund neuer Erfahrungen oder einer Neubewertung von Erfahrungen veränderbar werden und Raum geben für verändertes Handeln. Action Learning ist ein Vorgehen, welches die Menschen und ihre Erfahrungen sehr ernst nimmt. Es fordert daher Offenheit und die Bereitschaft, die schöpferische Irritation zuzulassen, die durch unterschiedliche Sichtweisen und Perspektiven entsteht, um ungelöste Probleme zu bearbeiten. Die Offenheit benötigt als Gegengewicht den geschützten Rahmen eines Sets. Zu diesem respektvollen Vorgehen gehört auch die prinzipielle Freiwilligkeit, da niemand zu inspirierenden Lernerfahrungen gezwungen werden kann. Auf diese Weise besteht die Chance, in einem hohen Maße Motivation und Engagement zur gemeinschaftlichen Gestaltung freizusetzen.

Im nächsten Kapitel werden einige wichtige Anwendungsfelder für Action Learning anhand konkreter Praxisbeispiele aufgezeigt, um dann im übernächsten Kapitel zu thematisieren, wie man als Facilitator Lernen und Reflexion im Action Learning unterstützen kann.

Aktion

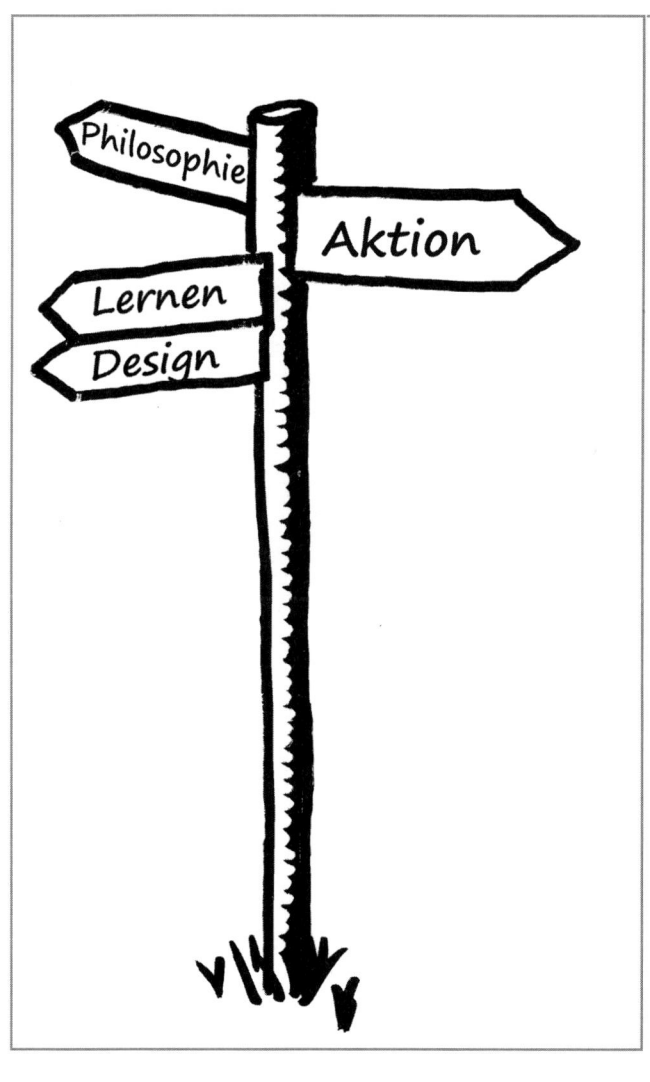

Schnellfinder

Anwendungsfelder für Action Learning

Der eine wesentliche Aspekt von Action Learning ist die Aktion oder Handlung, die zum Auslöser für Lernen wird – dem anderen wesentlichen Aspekt – und dadurch wiederum neue verbesserte Handlungen ermöglicht. Auslöser für Aktionen sind Probleme, für die es im Unterschied zu einem Puzzle noch keine eindeutige Lösung gibt. Aktion findet daher immer durch Ausprobieren in der Realität statt, um Verbesserungen zu erzielen. Dies macht es sinnvoll, einen Blick auf die zahlreichen Anwendungsfelder zu werfen, in denen Action Learning erfolgreich angewendet wird. Fallbeispiele und Interviews mit Anwendern und Experten geben dazu lebendige Einblicke.

In diesem Abschnitt werden einige wichtige Anwendungsfelder für Action Learning dargestellt. Wie es der Natur eines offenen Konzeptes aber entspricht, können diese nur einen Ausschnitt der tatsächlichen Möglichkeiten repräsentieren.

Die Anwendungsfelder für Action Learning bestimmen sich durch die doppelte Ausrichtung von Action Learning: Es geht immer um Handeln und Verändern und gleichzeitig um Lernen auf den Ebenen Individuum, Set, Organisation und weiteres Umfeld.

Die ausgewählten Anwendungsfelder werden durch konkrete Beispiele illustriert, um so eine Vorstellung der zahlreichen Möglichkeiten zu geben, die mit Action Learning angepackt werden können. Entscheidende Voraussetzung für den Erfolg von Action Learning ist allerdings, ob es sich tatsächlich um ein echtes Problem handelt, für das es noch keine fertige Lösung gibt und nicht nur um ein „Puzzle" (Revans), bei dem eine eindeutige Lösung im Prinzip schon vorhanden ist (zu deren Umsetzung man ggf. die Hilfe von Experten benötigt).

Das erste Anwendungsfeld, welches in diesem Kapitel betrachtet wird, ist das *Führungskräftetraining*, da es sich für eine Kombination mit Action Learning sehr gut eignet. Der eigentliche Grund für den Erfolg dieser Kombination liegt darin, dass reines Training durch seine Künstlichkeit immer mehr an Akzeptanz verliert und Action Learning eine hervorragende Möglichkeit ist, einen intensiven Praxisbezug sicherzustellen. Gezeigt wird dies anhand eines Falles und im Gespräch kommentiert von der Teilnehmerin Carmen Meinhold und dem Leiter der Personalentwicklung Lutz Platte, der erklärt, warum im Unternehmen die Entscheidung für Action Learning gefallen ist und welche Herausforderungen das mit sich bringt.

Danach wird *Change Management* als Anwendungsfeld vorgestellt, welches schon deswegen von Beginn an eine bedeutende Rolle gespielt hat, weil es im Action Learning immer um Veränderung geht. Action Learning in einem Veränderungsprozess wird ebenfalls mit einem ausführlichen Fallbeispiel illustriert, um die nachhaltige Wirkung von Action Learning in der Praxis aufzuzeigen. Auch in Bezug auf die hier geschilderten tiefgreifenden Veränderungen kommen Anwender von Action Learning selbst zu Wort, zum einen die verantwortliche Führungskraft Manfred Westermeier und die Personalentwicklung mit Wolfgang Hoffmann als Leiter und Klaus Seiler als HR-Ansprechpartner für diesen umfassenden Change-Prozess. Die beiden letztgenannten hatten selbst als interne Facilitators mitgewirkt. Natürlich wird jedes Action-Learning-Programm anders verlaufen, die Fallbeispiele zeigen aber Möglichkeiten auf und können dadurch zum Einsatz von Action Learning in neuen Situationen anregen.

Als drittes Anwendungsfeld für Action Learning wird *Projektmanagement* thematisiert, das auf den ersten Blick Ähnlichkeiten mit Action Learning zu haben scheint. Nach einer systematischen Darstellung der Gemeinsamkeiten und Unterschiede wird in einem Gespräch mit dem Projektmanagementberater Helmut Schäfer herausgearbeitet, wie Action Learning modernes Projektmanagement sinnvoll ergänzen kann.

Ein weiteres Anwendungsfeld für Action Learning ist die *Hochschule*. Es werden unterschiedliche Möglichkeiten aufgezeigt, selbstverantwortliches Lernen mit Action Learning zu unterstützen und das Vorgehen wird anhand eines studentischen Action-Learning-Projekts erläutert. Die Bedeutung von Action Learning für die Hochschule wird von Christian Werner aus Sicht der Hochschulleitung dargelegt.

Den Abschluss bildet ein Blick auf das Anwendungsfeld *bürgerliches Engagement* und Zivilgesellschaft. Otmar Donnenberg, selbst Pionier für Action Learning im deutschsprachigen Raum, zeigt im Gespräch Ansatzpunkte für die Anwendung von Action Learning in diesem Bereich auf.

Action Learning zur Entwicklung von Führungskräften

Die Entwicklung von Führungskräften ist wohl die am häufigsten vorkommende Anwendung für Action Learning. Das ist bemerkenswert, da sich seit Jahrzehnten eine Vielzahl ausdifferenzierter Maßnahmen und Instrumente für Führungskräfte entwickelt haben, wie etwa feedbackorientiertes Führungsverhaltenstraining, Rollenspiele und Simulationen, Instrumente zur Mitarbeiterentwicklung (z.B. das Jahresgespräch oder die 360-Grad-Beurteilung), klassisches methodenorientiertes Managementtraining, Einzelcoaching und Teamentwicklung, um nur einige davon zu nennen.

Wenn Action Learning dennoch zunehmend an Bedeutung gewinnt und die Nachfrage wächst, erfüllt es ganz offenbar ein Bedürfnis, das über das bislang Angebotene hinausgeht. Immer wieder sind wir mit Kundenanfragen konfrontiert, die bestätigen, wie wichtig Action-Learning-Attribute, wie konsequente Handlungsorientierung, enge Anbindung an die Praxis im Unternehmen und Transfer in die Praxis, sind.

Klassische Führungstrainings geraten an Grenzen

Seit etwa den Siebziger- oder Achtzigerjahren des letzten Jahrhunderts haben Führungskräfte in vielen großen Unternehmen Möglichkeiten, ihr persönliches Verhaltensrepertoire auszubauen und zu trainieren und dadurch ihre Bewusstheit für die Führungsaufgabe zu erweitern. Beispielsweise bieten feedbackorientierte Führungstrainings dafür einen geschützten Rahmen. Anspruchsvollere Trainingskonzepte zeichnen sich häufig dadurch aus, dass sie als Intervalltrainings durchgeführt werden, d.h. mit mindestens zwei Modulen, um zwischenzeitliches Anwenden in der Praxis zu ermöglichen. Zweifellos wurde dadurch viel erreicht und solche Seminare haben sich in vielen Unternehmen heute zum Standard entwickelt.

Kollegiale Beratung, Intervision, Supervision

Immer häufiger wird Führungskräftetraining mit einer Form der kollegialen Beratung verknüpft. Führungskräfte erhalten dadurch eine Möglichkeit, konkrete Probleme aus ihrer Praxis zu thematisieren und Lösungen zu erarbeiten. Leider haben diese Angebote häufig Einmalcharakter und werden eher selten systematisch weitergeführt. Für Praktiker, die eine solche Arbeit schätzen, kann dies jedoch ein Ausgangspunkt sein, ihre Kompetenz in Richtung Action Learning weiterzuentwickeln.

Grenzen von klassischen Trainings

Trotz aller Erfolge werden aber auch die Grenzen dieser Seminare deutlich. Kritikpunkte sind insbesondere folgende:

▶ Die Trainings haben zu wenig Bezug zur Realität der Führungskräfte. Die Komplexität des Führungsalltags wird zu wenig abgebildet. Es gibt kaum direkte Verknüpfungen mit dem Arbeitsumfeld und die entspannte Seminaratmosphäre ist zu weit weg vom Druck in der Realität.

▶ Der Transfer in die Praxis ist ungenügend. Man sieht „draußen" zu wenig Erfolge von dem, was im Training passiert. Das Gesprächsverhalten wird durch das Training durchaus sozialkompetent, aber die Ergebnisorientierung steigt nicht an und die Bewältigung von Veränderungen wird nicht besser.

▶ Die Nachhaltigkeit von Trainings ist zu gering. Verantwortungsübernahme und eigenständiges Handeln finden zu wenig statt. Das gipfelt meist in einem Satz wie: „Wir haben jahrelang geschult, aber es hat sich nur wenig geändert."

Action Learning findet hingegen über einen längeren Zeitraum in der Praxis statt und nutzt das Hier und Jetzt durch die Umsetzung konkreter Vorhaben, deren Erfolg sich messen lässt, zum Lernen. Die Komplexität der Realität bleibt erhalten, die Setmitglieder erleben – wenn sie an einem gemeinsamen Projekt arbeiten – ganz real, wie der Einzelne in bestimmten Situationen reagiert und können dies auch unmittelbar oder in der Auswertung zurückmelden. Es entsteht ein erheblicher Ergebnisdruck, der sich noch steigert, wenn die Ergebnisse von der Unternehmensleitung oder einem kritischen Auftraggeber, der typischerweise in einer übergeordneten Funktion steht, abgenommen werden.

Der große Vorzug von Action Learning zur Führungskräfteentwicklung ist, dass die Trennung von Seminar bzw. Training und Praxis so aufgehoben wird, dass die Vorzüge von beidem voll genutzt werden können. Die Projekte bzw. die zu bearbeitenden Probleme sind echte Praxisthemen, die gelöst werden müssen. Das persönliche Lernen in der Reflexion und

Auswertung findet hingegen in intensiven Workshops statt. Dieses kann bei Bedarf flankiert werden mit Bestandteilen konventioneller Trainings, wie Feedback und Simulationen. Darüber hinaus entsteht mit den Sets ein Netzwerk von lernenden Praktikern, das oft weit über die Dauer eines einzelnen Action-Learning-Programms hinaus jahrelang weiterbesteht, selbstgesteuert Führungsthemen bearbeitet und schon dadurch eine nachhaltige Wirkung für die Beteiligten und die Organisation erzielt.

Beide *Grundvarianten* im Action Learning, nämlich

Grundvarianten

▶ ein gemeinsames Problem oder Projekt für das gesamte Set oder
▶ jedes Setmitglied bearbeitet ein eigenes Problem

können als reines Action Learning durchgeführt werden, aber auch mit Führungstrainings kombiniert werden. Designvarianten dazu finden sich im Kapitel *Design*. Im folgenden Fallbeispiel wird das Set ein gemeinsames Projekt im Rahmen eines Führungskräfteentwicklungsprogramms bearbeiten.

Fallbeispiel: Die Erreichbarkeit des Service Centers

Beispiel

Rahmen: Entwicklungsprogramm für Führungskräfte
Action-Learning-Aufgabe: Gemeinsames Projekt des Sets, Projekt aus einer für den einzelnen Teilnehmer fremden Aufgabe in einer anderen Organisation der Firmengruppe
Boshaftes Problem: Trotz hohen technischen und personellen Aufwands und zahlreicher Krisenintervention ist die Erreichbarkeit des Service Centers unbefriedigend. Als Folge nehmen Kundenreklamationen zu
Zusammensetzung des Sets: Sieben Teilnehmer aus verschiedenen Beteiligungen sowie der Hauptverwaltung
Auftraggeber: Geschäftsführer
Sponsor: Vorstand und Personalentwicklung in der Hauptverwaltung
Facilitator: Externe Trainer des Entwicklungsprogramms
Dauer des Action Learning: Sechs Monate
Vernetzung: Mehrere Sets mit völlig unabhängigen Aufgaben im Rahmen des Entwicklungsprogramms – als wechselseitiger Reflexionsboden und als Feedback-Quelle
Lernen und Reflexion: Critical Action Learning plus Erfahrungslernen

Action Learning wurde in diesem Beispiel im Rahmen eines anspruchsvollen Personalentwicklungsprogramms für Führungsnachwuchskräfte durchgeführt. Das Programm wurde für ein Netzwerk kommunaler Energieversorger mit etwa 100 Partnerunternehmen aufgelegt und konnte von Entwicklungskandidaten der Hauptverwaltung und aller Beteiligungsunternehmungen besucht werden.

Die Teilnehmer erhielten in diesem Programm über einen Zeitraum von einem Jahr hinweg Bausteine zu verschiedenen Themen, z.B. zu Kommunikation, Führung, Projektmanagement und Begleitung von Veränderungen. Die Bausteine waren als Verhaltenstrainings, mit der Möglichkeit des Erprobens im Rollen- und Planspiel, angelegt. Verknüpft wurde dies mit ausgiebigem Feedback zum eigenen Verhalten, um die Persönlichkeitsentwicklung zu unterstützen.

Action Learning war eine Gelegenheit zur Anwendung und Vertiefung des Gelernten in der Praxis. Es fand im mittleren Teil des Programms über einen Zeitraum von etwa sechs Monaten statt. Dazu übernahmen Teams mit vier bis sieben Teilnehmern, die im Action Learning als „Set" bezeichnet werden, jeweils eine Projektaufgabe.

Das hier betrachtete Projekt wurde in einem Stadtwerk durchgeführt, das als kommunaler Energieversorger ein Beteiligungsunternehmen der Unternehmensgruppe ist.

Die Energieversorgungsbranche war im Betrachtungszeitraum durch ein wachsendes Maß an Dynamik gekennzeichnet, bedingt vor allem durch die Liberalisierung der Energiemärkte, die einen Wettbewerb zugunsten der Verbraucher in Gang setzen sollte. Seit die Kunden zwischen verschiedenen Anbietern wählen konnten, wurde Kundenbindung zu einem zentralen Anliegen.

Die Problemstellung

Die Stadtwerke erklärten die im Vergleich zu Mitbewerbern oft höheren Strom- und Gaspreise mit ihrer Kompetenz, die Kunden aufgrund ihrer regionalen Nähe und über lange Zeit gewachsenen Bindungen besser zu betreuen. Um die Kunden nicht an billige Anbieter zu verlieren, spielte daher die Servicequalität eine entscheidende Rolle, wobei ein ganz wesentlicher Bestandteil der Servicequalität die telefonische Kundenbetreuung war.

Die Stadtwerke wollten daher die Effizienz der Telefonie ihres Service Centers steigern. Anlass für dieses Projekt war die Unzufriedenheit von Kun-

den. Die Absicht war, die Erreichbarkeit von derzeit nur 55% auf über 80% zu steigern.

Beteiligte und Rollen

Auftraggeber war der Geschäftsführer des Stadtwerks. Weitere Beteiligte aufseiten des Auftraggebers waren die Leiterin des Service Centers und die Mitarbeiterinnen, die das hohe Anrufaufkommen zu bewältigen hatten.

Das Set bestand aus sieben Teilnehmern. Sie kamen aus verschiedenen Stadtwerken, aber auch aus der Hauptverwaltung und hatten vielfältige fachliche Hintergründe von Technik über Vertrieb und Controlling bis zu Öffentlichkeitsarbeit und zentralem Stab. Außerdem waren sie unterschiedlicher regionaler Herkunft, die meisten hatten zu diesem Zeitpunkt noch keine Führungsfunktion inne. Ein Teilnehmer schließlich arbeitete vor Ort in dem Stadtwerk und stellte dadurch ein Bindeglied zur Organisation des Auftraggebers dar, während alle anderen aus anderen Organisationen kamen und dadurch über eine unvoreingenommene Außensicht verfügten. Keiner der Teilnehmer war ein Fachmann für die Organisation eines Call Centers, aber alle konnten sich die Problematik, speziell die der Kunden, aber auch die der Mitarbeiter, aufgrund eigener Vorerfahrungen in ihren jeweiligen Unternehmen plastisch vorstellen. Im Sinne von Reg Revans waren sie also „Comrades in Adversity" (Gefährten in der „Not").

Persönliche Lernziele

Die Teilnehmer hatten ursprünglich die Wahl zwischen verschiedenen Projekten, d.h., sie entschieden sich aktiv zur Durchführung dieses Projekts. Alle definierten persönliche Entwicklungsziele, für die sie das Projekt nutzen wollten und vereinbarten diese auch mit ihrer Führungskraft. Die Lerninteressen, die sie leiteten, waren breit gefächert, und betrafen zum Beispiel eine effiziente Projektgestaltung und Anwendung der Projekttheorie in der Praxis, Verhandlungsführung mit unterschiedlichen Hierarchieebenen, Umgang mit Widerständen und Begleitung eines Veränderungsprozesses.

Diagnose

In der ersten Phase nahm das Set eine Diagnose des Problems vor und wendete dazu mehrere diagnostische Strategien an. Die Gruppe nahm direkten Kontakt zum Auftraggeber auf, um verstehen zu können, wie der Geschäftsführer dachte und was ihm wichtig war. Außerdem kümmerte sich das Set um eine objektive Datenbasis, um das Ausmaß des Problems und später auch die Verbesserung messen zu können. Die Datenbasis fand das Set in der Auswertung des Reportings der Telefonanlage für das zurück-liegende Halbjahr. Schließlich wurde eine Begehung vor Ort im Stadtwerk durchgeführt, um Gespräche zu führen und einen unmittelbaren Eindruck zu erhalten.

Da es sich bei einer Organisation um ein komplexes soziales Gebilde han-delt, stellt die Diagnose über eine rein sachliche Analyse hinaus in aller Regel bereits eine Intervention in die Organisation hinein dar, mit allen sozialen Prozessen und Wechselwirkungen, die dadurch entstehen und Kräften, die dadurch freigesetzt werden. Die durch die Zusammensetzung des Sets gegebene Außenperspektive und relative Unabhängigkeit bei gleichzeitiger Kenntnis der Branche waren eine gute Voraussetzung, um eine erste Vertrauensbasis zu schaffen und gleichzeitig eine eigenständige Einschätzung zu treffen.

Projektvereinbarung

Im Anschluss an die diagnostische Phase wurde zwischen dem Auftrag-geber und dem Set eine Projektvereinbarung geschlossen, in der konkret festgehalten wurde, welche Leistungen das Set bis zum Ende des Projekts erbringen sollte und welche Verantwortlichkeiten jede Seite für den wei-teren Prozess übernehmen würde. Dieses gemeinsame Dokument stellte die Grundlage für das Vorgehen im Projekt, aber auch für die spätere Erfolgs-messung dar.

Reflexion

Begleitet wurde das Projekt von einem intensiven Reflexionsprozess. Dieser wurde von einem Facilitator betreut, um das Set darin zu unterstützen, das Geschehen sorgfältig auszuwerten und handlungsleitende Annahmen zu hinterfragen. Für die Reflexion war Raum im Rahmen der Trainingsmodule, sowie an eigens dafür eingerichteten Reflexionstagen. Die Verhandlung mit dem Auftraggeber konnte so unmittelbar ausgewertet werden. Neben den moderierten Reflexionen gab es zahlreiche selbstgesteuerte Reflexionen, die das Set eigenverantwortlich durchführte.

Ein Teil dieser Reflexion bestand in einer intensiven Auseinandersetzung mit den Personen im Set. Jeder erhielt regelmäßiges Feedback zu seinem Verhalten im Projekt und zu seinem Anteil an der Gruppendynamik des Sets, sowie ganz speziell zur Umsetzung seiner persönlichen Lernziele.

Ein anderer wesentlicher Bestandteil der Reflexion befasste sich mit der Einschätzung des Auftraggebers und der Situation im Projekt sowie der Klärung des Vorgehens. Da die Teilnehmer nur begrenzte zeitliche und sonstige Ressourcen für das Projekt zur Verfügung stellen konnten, war es wichtig, zielgerichtet vorzugehen.

Ein unterschwelliger Konflikt wird vermieden

In Verlauf des Projekts entwickelte sich ein Konflikt, bei dem längere Zeit unklar war, ob und wie er gelöst werden würde. Eine Strömung im Set war, sich auf die Auswertung der Daten der Telefonanlage zu konzentrieren, und daraus Maßnahmen zur Verbesserung der Situation abzuleiten. Mit einem solchen Vorgehen hätte das Set eine überschaubare und klar abgegrenzte Aufgabe übernommen. Die Umsetzung wäre dann allerdings auch auf technische Maßnahmen beschränkt geblieben.

Von Beginn an gab es aber von anderen Teilnehmern auch Überlegungen, mit den Mitarbeitern des Service Centers gemeinsam Lösungen zu erarbeiten und sie dadurch als verantwortlich handelnde Subjekte in die Diagnose und Gestaltung der Abläufe einzubeziehen. Die technisch orientierte Herangehensweise gewann im Set zunächst die Oberhand, da sie sich auf belegbare Fakten berufen konnte, die von der Telefonanlage aufgezeichnet wurden. Das Set einigte sich darauf, dem Auftraggeber eine rein technische Lösung anzubieten.

Verhandlung mit Auftraggeber

Tatsächlich wurde aber in der Verhandlung zur Projektvereinbarung mit dem Auftraggeber deutlich, dass dieser die entgegengesetzte Auffassung vertrat und dadurch eine bedeutsame Differenz zur Meinungsbildung im Set entstand. Ihm war aufgrund seiner Einschätzung der Situation im Service Center unbedingt an der Einbindung der Mitarbeiter bei der Entwicklung und Umsetzung geeigneter Maßnahmen durch das Set gelegen.

Der Konflikt bricht auf

Durch diese überraschende Unterschiedlichkeit geriet das Set in ein Dilemma zwischen Erfüllung der Anliegen des Auftraggebers und den verschiedenen persönlichen Handlungspräferenzen der Teilnehmer. Die unterschiedlichen Strömungen, welches Vorgehen gewählt werden sollte, brachen vehement auf und führten im Set zu intensiven Diskussions- und Denkprozessen. Die Begrenztheit der Ressourcen, vor allem der zeitlichen, wurde immer wieder von verschiedenen Setteilnehmern genutzt, um zu beweisen, dass das Anliegen des Auftraggebers unerfüllbar sei, während andere Setteilnehmer engagiert dagegen argumentierten.

Intervention des Facilitators in der Reflexion

Gerade solche Phasen können zur Schärfung des persönlichen Profils der Führungskraft genutzt werden. Der Facilitator muss dann hinterfragen, welche Annahmen über die Situation des Auftraggebers und die Erwartungen an das Set das persönliche Denken und Handeln der verschiedenen Beteiligten leiten. Hilfreich ist auch zu thematisieren, was konkrete Lernziele, wie z.B. die Begleitung von Veränderungen in diesem Projekt, eigentlich in der Umsetzung genau bedeuten könnten.

Die im Reflexionsprozess auftauchenden Fragen betrafen ganz unterschiedliche Aspekte, beispielsweise: Was möchte der Auftraggeber? Was können wir leicht leisten? Was würde uns Zeit sparen? Was würde den Zweck erfüllen und damit ausreichen? Wie können wir dem Auftraggeber sinnvoll Grenzen setzen? Dürfen wir Nein sagen? Was würde dem Unternehmen am meisten bringen? etc.

Action Learning bietet die Möglichkeit, solche Fragestellungen, die für das Thema Führung und die Entwicklung der eigenen Führungspersönlichkeit wesentlich sind, im Kontext eines aktuellen Handlungsverlaufs aufzugreifen und zu bearbeiten. Das Auftreten und Bearbeiten von Blockaden kann dabei eine wichtige Erfahrung sein, die die Sinne schärft, die Sicht auf eigene blinde Flecken ermöglicht und Dialogfähigkeit entwickelt.

Darüber hinaus sind solche Situationen eine gute Gelegenheit, auch die kollektive Perspektive zu betrachten und damit kritische Reflexion zu betreiben. Fragen sind dann zum Beispiel: Gibt es Konflikte wie diesen auch in anderen Situationen oder mit anderen Beteiligten? Was würde jetzt normalerweise passieren? Welche Emotionen löst diese Situation bei Ihnen aus?

Konfliktlösung

Die Konfliktlösung, zu der sich das Set in Abstimmung mit dem Auftraggeber durchrang, sah folgendermaßen aus: Die Teilnehmer entschieden, das Set zeitweise in zwei Teilprojekte aufzuspalten. Das eine Teilprojekt beschäftigte sich mit der Auswertung der Daten der Telefonanlage und einer dadurch möglichen Erfolgsmessung, aber auch der Ableitung von Vorschlägen für Maßnahmen. Das andere Teilprojekt setzte ein Veränderungsprojekt auf und nutzte dazu die im Training erarbeiteten Grundlagen, um die Ab-

teilung des Service Centers einzubinden und auf diese Weise Maßnahmen gemeinsam zu definieren, sowie die Umsetzung zu begleiten.

Das Change Management des Sets

Eine wesentliche Intervention in Richtung Veränderungsmanagement und gleichzeitig ein großer Schritt heraus aus der eigenen Komfortzone war ein von den Setmitgliedern moderierter Kick-off-Workshop vor Ort mit den Mitarbeiterinnen des Service Centers. Ziel des Sets war es, mit dieser Veranstaltung die Mitarbeiterinnen auf eine wertschätzende Weise in eine vertiefte Diagnose einzubinden und für die notwendigen Veränderungen zu gewinnen. Die Setmitglieder verwendeten besonderes Augenmerk darauf, den Prozess so zu gestalten, dass die Mitarbeiterinnen sich abgeholt fühlten und Vertrauen entstehen konnte. Unter anderem nutzten sie dazu das Pinguin-Prinzip (Kotter, Rathgeber & Stadler, 2011). Als Führungsnachwuchskräfte setzten sie sich dabei teilweise zum ersten Mal in einer Moderatorenrolle offen mit Themen wie Angst im Unternehmen praktisch auseinander.

Einige Maßnahmen

Eines der Ergebnisse der Diagnose war, dass den Mitarbeiterinnen die Übersicht fehlte, wie viele Telefonleitungen jeweils frei oder besetzt waren und damit das Entscheidungskriterium, ob sie zur Annahme von Telefonanrufen benötigt wurden oder andere Tätigkeiten wahrnehmen konnten. Als Maßnahme vereinbarten die Mitarbeiterinnen, einen für alle einsehbaren Monitor aufzustellen, auf dem der aktuelle Stand jederzeit sichtbar war.

Außerdem fiel auf, dass Mitarbeiterinnen häufig den Arbeitsplatz verließen, ohne sich aus der Telefonanlage auszuloggen. Dies führte dazu, dass Anrufer an nicht besetzte Telefonplätze weitergeleitet wurden. Als den Mitarbeiterinnen die Tragweite klar wurde, entschieden sie sich in einer vom Action-Learning-Set moderierten Teamdiskussion, dies sofort zu ändern. In der Folge loggten sich die Mitarbeiterinnen wesentlich häufiger aus als zuvor und Anrufe an nicht besetzte Telefonplätze konnten zunehmend vermieden werden.

Eine wichtige Erkenntnis in diesem Dialog war, dass die Mitarbeiterinnen bislang kaum die Möglichkeit hatten, Einfluss auf ihren Arbeitsablauf zu nehmen und Verbesserungsvorschläge einzubringen. Das Set erarbeitete gemeinsam mit den Betroffenen, wie sie stärker in die Gestaltung der Abläufe eingebunden werden könnten. Beschlossen wurde eine turnusmäßige Auswertung der Erreichbarkeit, die in einem Jour fixe durchgesprochen werden sollte, sowie eine Visualisierung der Ergebnisse und Verbesserungen auf einer Pinnwand. Auf diese Weise wurden Teile der Arbeitsweise des Sets von den Mitarbeiterinnen im Telefonservice in Eigenregie übernommen und dadurch eine Außenwirkung erzielt, die im Action Learning beabsichtigt ist.

Technische Fakten und Prozess – beide Teilprojekte kombinieren ihre Ansätze

Sowohl die Gespräche vor Ort als auch die Analyse der Daten der Telefonanlage lieferten wichtige Hinweise, welcher Handlungsbedarf im Stadtwerk bezüglich der Technik bestand, wie z.B. die Einrichtung einer technischen Warteschleife. Die Auswertung der Statistik zeigte außerdem, dass im Wochenverlauf typische Schwankungen im Anrufvolumen auftraten. Das Teilprojekt entwickelte daraus einen Einsatzplan für die Mitarbeiterinnen, der sich am tatsächlichen Bedarf orientierte. Entsprechend der inzwischen vom anderen Teilprojekt gewählten Vorgehensweise wurde dieser Plan jedoch nicht über die Köpfe der Betroffenen hinweg verordnet. Vielmehr wurde er den Mitarbeiterinnen als Vorschlag vorgestellt und nach eingehender Diskussion von diesen in der für sie passenden Form verabschiedet. Die Mitarbeiterinnen konnten dadurch sehr viel genauer koordinieren, wann sie Zeit für sonstige Aufgaben einplanen konnten und wann sie für die Telefonie gebraucht würden. Das Service Center war häufiger ausreichend besetzt und gleichzeitig stand dadurch auch Zeit für andere Aufgaben zur Verfügung.

Projektergebnis: Erreichbarkeit des Service Centers
(Messung: Auswertung der Daten der Telefonanlage)

▶ Ausgangsmessung zu Projektbeginn
  Erreichbarkeit: 55 Prozent

▶ Action-Learning-Ziel in der Projektvereinbarung
  Erreichbarkeit: mindestens 80 Prozent

▶ Kontrollmessung bei Projektabschluss
  Erreichbarkeit: 87 Prozent

Abb. 10: Sachliches Projektergebnis

In der Kombination führten die Maßnahmen dazu, dass die Erreichbarkeit des Service Centers von ca. 55% in der Ausgangssituation auf 87% in der Referenzmessung gesteigert werden konnte. Das Action-Learning-Set be-

endete seine Arbeit mit Vereinbarungen zur weiteren Verbesserung und zur Sicherung der Nachhaltigkeit der positiven Ergebnisse für das Jahr nach Beendigung des Projekts und übergab symbolisch die Prozessverantwortung an die Führungskräfte und Mitarbeiter.

Erkenntnisse als Mitglied des Sets von Carmen Meinhold

Carmen Meinhold, Pressesprecherin, Thüga Aktiengesellschaft

Frage: Sie waren ein Mitglied in diesem Action-Learning-Set. Was waren für Sie bedeutsame Lerngewinne aus dem Verlauf des Projekts?

Meinhold: Aus meiner Sicht hatten wir ein paar prägnante Erlebnisse als angehende Führungskräfte:

1. *Auf das Bauchgefühl hören.* Ich erinnere mich an eine Situation, die im Rahmen des Projekts sehr wichtig war: Als mein Setkollege und ich vor Ort waren, um mit den Mitarbeiterinnen Maßnahmen zu erarbeiten, was sie dazu beisteuern könnten, die telefonische Erreichbarkeit zu erhöhen, wurde uns klar: Die Mitarbeiterinnen bewegte vor allem der vage im Raum stehende, drohende Verlust ihres Arbeitsplatzes. Wir haben daraufhin unser geplantes Programm unterbrochen und erst mal dieses Thema besprochen. Auf einem Flipchart haben wir ihre Ängste und Befürchtungen gesammelt. Im Anschluss sind wir zu unserer Tagesordnung zurückgekehrt und die Mitarbeiterinnen haben mit „freiem Kopf" tolle Maßnahmen entwickelt wie sie die Erreichbarkeit er-höhen können. Gemeinsam haben wir vereinbart, dass dem Auftraggeber vor der Vorstellung der Maßnahmen das Flipchart mit den Ängsten vorgestellt wird – und zwar mit dem Tenor, dass weder wir noch die Mitarbei-terinnen dazu Äußerungen von ihm erwarten würden. Nach diesem ursprünglich nicht so geplanten, aber we-sentlichen Teil haben wir dann den gemeinsam erarbeiteten Maßnahmenkatalog vorgestellt. Der Auftraggeber war mit dem Arbeitsergebnis zufrieden und hat sich auch für die Rückmeldung der Befürchtungen bedankt.

2. *Kreativ sein.* Die Mitarbeit der Mitarbeiterinnen vor Ort haben wir als einen erheblichen Erfolgsfaktor für das Projekt identifiziert. Daher haben wir uns im Set genau überlegt, was wir tun können, um die Damen vor Ort abzuholen und einzubinden. Dabei sind wir auf die Geschichte von dem Pinguin „Fred" gestoßen.[5] Es han-delt sich dabei um eine Pinguin-Kolonie, die einer großen Veränderung ausgesetzt ist. Diese Geschichte ließ sich gut auf unser Projekt übertragen. Dass unser Projekt schlussendlich erfolgreich war, hatte sicherlich auch etwas damit zu tun, dass wir versucht haben einen Zugang zu den Damen vor Ort zu finden und daher nicht als fremde „Unternehmensberater" wahrgenommen wurden.

3. *Neue Wege gehen.* Das Action-Learning-Projekt gab unserem Set meiner Meinung nach die Möglichkeit, mal etwas auszuprobieren. Ein Beispiel dafür war unsere Abschlusspräsentation. Das war keine klassische Power-Point-Präsentation, sondern wir haben sie ganz anders aufgebaut, haben versucht zu überraschen, mal was an-ders zu machen. Eine Führungskraft sagte im Anschluss, dass er sich von dem einen oder anderen routinierten Unternehmensberater so eine durchgängig interessante Präsentation wünschen würde. Ich glaube, dass uns solche Erfahrungen gezeigt haben, dass man vielleicht auch in der „Realität" neue Wege gehen sollte.

---

[5] Das Pinguin-Prinzip. (Kotter, Rathgeber & Stadler, 2011) – eine einfühlsame und kreative Idee des Sets, die – wie sich herausstellte – höchst wirkungsvoll war.

Aufbau von Führungskompetenz durch Action Learning

Das Fallbeispiel zeigt, in welch hohem Maße Action Learning eingesetzt werden kann, um Führungskompetenz in einem realen Umfeld zu entwickeln. Die ganze Bandbreite führungsrelevanter Einstellungen und Verhaltensweisen wird in einem Echtzusammenhang adressierbar. Dies betrifft zum Beispiel: Kommunizieren, Verhandeln, Konflikte austragen, eigene Überzeugungen hinterfragen, Kräfte für Veränderung freisetzen etc.

Der Anteil von Critical Action Learning wird deutlich, wenn handlungsleitende Annahmen und mentale Vermeidungsmuster in der Reflexion aufgearbeitet werden. Die dabei auftretenden Fragen betreffen unter anderem folgende Aspekte: Wie ist der Zusammenhang zwischen eigenem Denken und Verhalten und den Werten und Normen in der Organisation? Welche Differenzen der Einschätzung gibt es im Set und nach außen und wie werden diese im Prozess genutzt? Wie ist der Umgang mit Emotionen, wenn Konflikte aufbrechen und welche Mechanismen der Einflussnahme werden genutzt? Die Kombination von Action Learning mit Elementen von Verhaltenstraining, wie z.B. Feedback zur Schärfung der Selbst- und Fremdwahrnehmung kann hier sehr sinnvoll sein.

Interview mit Lutz Platte über die Perspektive der Personalentwicklung

Lutz Platte, Leiter Personalentwicklung, Thüga Aktiengesellschaft

Frage: Sie verantworten als Personalentwicklungsleiter bereits seit vielen Jahren Action-Learning-Programme in Ihrer Unternehmensgruppe. Was hat Sie ursprünglich veranlasst, es mit Action Learning zu versuchen?

Platte: Thüga entwickelte 2003 ein Konzept für ein Führungsnachwuchskräfte-Programm. Ein wesentlicher Erfolgsfaktor ist die Gewährleistung eines nachhaltigen Lerntransfers bei den Teilnehmern. Das Arbeiten von Teams an einem für eine Organisation konkreten und relevanten Projekt und gleichzeitiger Reflexion über den Lernprozess, mit einem Mehrwert für die Organisation und den Einzelnen, entsprach unseren Vorstellungen. Auch die Anwendung der sogenannten Durchbruchstrategie (dieser Ansatz wird auf S. 119 erläutert), d.h. mindestens mit einem Teil des Projektes in die Umsetzung zu kommen, war und ist im Rahmen des zeitlich befristeten Führungsnachwuchskräfte-Programms ein wichtiger Faktor.

Frage: Sie haben den Action-Learning-Programmen in Ihrem Haus immer volle Rückendeckung gegeben – was waren dabei für Sie die größten Herausforderungen?

Platte: Der mit dem Action Learning verbundene Arbeitsaufwand führt immer wieder zu Widerständen und Diskussionen. Die Teilnehmer müssen die Projekte mit einem vertretbaren Arbeits- und Zeitaufwand neben dem Programm und dem Tagesgeschäft bearbeiten können. Darauf weisen wir alle Teilnehmer und potenziellen Auftraggeber zuvor umfassend hin. Da es sich jedoch um reale Projekte handelt, will der Auftraggeber regelmäßig ein möglichst umfassendes Ergebnis haben. Auch zeigt die Erfahrung, dass in fast allen Action-Learning-Projekten während der Projektdauer der Ehrgeiz der Teilnehmer geweckt wird, ein möglichst optimales Ergebnis zu erreichen. Die Herausforderung liegt also im Spannungsfeld zwischen den Erwartungen der Auftraggeber an der Bearbeitung anspruchsvoller, umfangreicher Projekte, dem Mehrwert für die Teilnehmer hinsichtlich des Lerneffektes und der Akzeptanz aller Beteiligten hinsichtlich des erforderlichen, aber noch vertretbaren Arbeitsaufwands.

Frage: In Ihrem Haus gibt es viele Verknüpfungen zwischen den verschiedenen Action-Learning-Programmen, z.B. in Form gemeinsamer Follow-ups. Inwiefern trägt Action Learning zur Vernetzung von Führungskräften bei?

Platte: Neben der Veröffentlichung im Extranet werden die Ergebnisse der aktuellen Action-Learning-Projekte u.a. im Rahmen der ca. alle zwei Jahre stattfindenden Netzwerktreffen der ehemaligen Teilnehmer der Führungsnachwuchskräfte- und Führungskräfte-Programme vorgestellt. Hinzu kommt, dass diese Projekte in der Thüga-Gruppe zwischenzeitlich durchaus bekannt sind. Häufig wird erst einmal geschaut, ob anstehende Themen nicht bereits als Action Learning bearbeitet wurden und inwieweit diese Erfahrungen berücksichtigt werden können. Die Unternehmen müssen also „das Rad nicht immer wieder neu erfinden". Und dieser Austausch führt dann zusätzlich zu einer Vernetzung der Führungskräfte.

Frage: Welche Empfehlungen geben Sie Personalentwicklern und Organisationen, die Action Learning neu einführen?

Platte: Action Learning ist ein sehr wirksames Instrument, um Lerntransfer sicherzustellen und das Know-how einer möglichst heterogenen Gruppe zu nutzen. Es erfordert eine umfassende Information aller Beteiligten über das Instrument und die damit verbundenen Chancen und Risiken. Je unternehmensbezogener das Action-Learning-Projekt, je wichtiger das Thema für die Organisation und je höher der Auftraggeber in der Hierarchie angesiedelt ist, desto höher ist die Akzeptanz bei allen Beteiligten.

Frage: Welche Anforderungen stellen Sie an die Persönlichkeit und Kompetenz eines Facilitators, der ein Action-Learning-Programm in Ihrem Haus aufsetzt und durchführt?

Platte: Der Facilitator muss das Instrument Action Learning beherrschen und über umfangreiche Erfahrungen beim Einsatz verfügen. Reine Trainer- oder Projekterfahrung reicht hier bei Weitem nicht aus. Da die Unternehmenskultur beim Einsatz von Action Learning einen großen Einfluss hat, benötigt er die Souveränität und Akzeptanz, Dinge immer wieder zu hinterfragen, Rückmeldungen zu geben, Konflikte und Widerstände besprechbar zu machen.

Action Learning im Change Management

Action Learning gilt als die wichtigste Methode der lernenden Organisation.

Veränderungen sind der eigentliche Ursprung von Action Learning. Reg Revans war der Auffassung, dass diejenigen, die von einem Problem betroffen sind und damit arbeiten, am besten beurteilen können, was zu seiner Lösung beitragen kann. Mit dem Aufkommen des Ansatzes einer „Lernenden Organisation" (Senge, 1996) gewann Action Learning stark an Resonanz und es gilt nicht zu Unrecht als die wichtigste Methode der lernenden Organisation. Action Learning eignet sich, wenn es darum geht, Betroffene zu beteiligen (Doppler, 2008), kritische Auseinandersetzung und Übernahme von Verantwortung zu fördern und Gestaltungskräfte aus der Organisation heraus freizusetzen. Die Einsatzmöglichkeiten sind sehr vielfältig. Ein Beispiel für Action Learning in einem längeren Transformationsprozess gibt der folgende Fall. Das Beispiel stammt wiederum aus einem Unternehmen der Energieversorgung.

Beispiel
Fallbeispiel: Action Learning in einem umfassenden Veränderungsprozess

Rahmen: Tiefgreifender Transformationsprozess mit zahlreichen Veränderungen

Action-Learning-Aufgabe: Gemeinsames Projekt des Sets, Projekt aus einer für den einzelnen Teilnehmer fremden Aufgabe in der eigenen Organisation

Boshafte Probleme: Veränderte Anforderungen an Mitarbeiter und Führungskräfte, massive Widerstände und Ängste, unrealistische Erwartungen an die Zentrale, Kultur des Abwartens

Zusammensetzung der Sets: Zentrales Set – sieben Teilnehmer aus allen Bereichen, Funktionen und Regionen – obere Führungskräfte, mittlere Führungskräfte, Mitarbeiter, Betriebsräte. Dezentrale Sets ca. sieben Teilnehmer – mittlere Führungskräfte, Mitarbeiter, Betriebsräte

Auftraggeber: Leiter des Hauptbereichs

> **Sponsor:** Vorstand und Personalentwicklung
> **Facilitator:** Externer Change-Berater
> **Dauer des Action Learning:** Mehrere Jahre
> **Vernetzung:** Zentrales Change-Team als Set, später zusätzlich dezentrale
> Sets, die alle Regionen und Funktionen umfassen
> **Lernen und Reflexion:** Erfahrungslernen – Elemente von Critical Action
> Learning im zentralen Change-Team

Die Ausgangslage

In diesem Fallbeispiel wurde Action Learning im Rahmen eines umfassenden Veränderungsprozesses eines großen regionalen Energieversorgers eingesetzt. Um die Wettbewerbsfähigkeit zu erhöhen, wurde entschieden, einen neuen Bereich „Technischer Netzservice" mit 1.400 Mitarbeitern als eigenständige Einheit zu schaffen. Dieser sollte als Profitcenter den Netzbetrieb unterstützen, der als Auftraggeber die Leistungen des Netzservice nach technischer Notwendigkeit in Anspruch nehmen würde. Außerdem sollte dies die Möglichkeit eröffnen, über die Betreuung der firmeneigenen Netze hinaus als Dienstleister eigenständig am Markt tätig zu werden. Um die Leistungen des Netzservices nach innen und außen wirtschaftlich erbringen zu können, war es erforderlich, Kostentransparenz herzustellen und effektive Prozesse zu etablieren.

Nach einer langen Phase mit relativ hoher Stabilität und Sicherheit im Umfeld war das Unternehmen jetzt in eine Phase wachsender Unsicherheit und Komplexität eingetreten, die Umlernen und Bereitschaft zur Mitgestaltung und Übernahme von Verantwortung erforderte.

Zahme und boshafte Probleme

Die Fallsituation war durch das Auftreten von Problemen des zahmen, aber auch boshaften Problemtyps gekennzeichnet: Zahlreiche strukturelle Rahmenbedingungen änderten sich, die das Unternehmen dadurch in den Griff zu bekommen versuchte, dass es neue Prozesse und veränderte Planungsparameter einführte. Das heißt, es wurde der Versuch unternommen, die fachlichen Probleme mit diesen Maßnahmen beherrschbar oder „zahm" zu machen, was bis zu einem bestimmten Grad auch durchaus gelang.

Tatsächlich zeigte sich aber in der Umsetzung, dass neben komplexen Sachfragen hartnäckige Vorbehalte und Widerstände auftraten. Entscheidend für den Erfolg war daher die Bereitschaft der Führungskräfte und Mitarbeiter, diese neue „Welt" mit ihrer erheblich gestiegenen Unsicherheit gemeinsam zu gestalten, umzulernen und Verantwortung für das Gelingen zu übernehmen. Der „boshafte" Anteil am Problemfeld war also sehr hoch.

Widerstände und Vorbehalte

Bei den Mitarbeitern, von denen die meisten langjährig im Unternehmen waren und viele sich angesichts eines relativ hohen Altersdurchschnitts bereits in den letzten Jahren ihres Arbeitslebens befanden, stieß die Veränderung auf große Skepsis und vielfältige Ängste. Dies betraf vor allem die angestrebte Transparenz, die nicht als Unterstützung, sondern als Kontrolle empfunden wurde und Befürchtungen hinsichtlich eines erhöhten Arbeitsdrucks auslöste, der durch die bessere Vergleichbarkeit der Arbeitsleistung der Mitarbeiter entstehen könnte. Die Notwendigkeit, stärker am PC und mit anderen elektronischen Geräten zu arbeiten, stieß außerdem bei den zahlreichen älteren Mitarbeitern auf Widerstand. Schließlich gab es große Ängste vor einer möglichen Ausgründung zu einer eigenen Firma und einem angeblich drohenden Verlust bereits erworbener Alterszusagen. Insgesamt stellten viele Mitarbeiter hartnäckig den Sinn der Veränderung infrage.

Große Bedeutung bekam in diesem Geschehen eine der neuen Prozesslogik folgende Terminologie, die lange nur unzureichend verstanden wurde. Die Ankündigung, dass der Netzbetrieb jetzt dem Netzservice gegenüber als Auftraggeber agieren würde, damit dieser dann als Auftragnehmer die Aufträge abarbeiten könne, wurde von den Mitarbeitern nicht als Kunden-Lieferanten-Beziehung, sondern in einem hierarchischen Sinne interpretiert. Nämlich dahingehend, dass die früheren Kollegen im Netzbetrieb ihnen jetzt übergeordnet wären, denn wer Aufträge erteile, sei hierarchisch höhergestellt.

Action Learning im Veränderungsprozess

Der Einsatz von Action Learning wurde in mehreren Stufen begleitend zum Veränderungsprozess ausgeweitet, um Lernen und Entwicklung von innen heraus zu unterstützen. Charakteristisch war dabei ein über die ganze Zeit zu beobachtender Prüf- und Lernprozess in der Organisation, ob und besonders in welcher Form Action Learning hilfreich sei. Insbesondere stellte sich immer wieder die Frage, was von innen geleistet werden kann und wofür wirklich externe Hilfe benötigt wird.

Ein Beispiel für das Muster, mit dem die Organisation ihr eigenes Lernen in den Vordergrund stellte: Der zu Beginn vom externen Facilitator eingebrachte Vorschlag, mehrere Sets zur Unterstützung des Prozesses ein-

zurichten und diesen Sets in der Anfangsphase jeweils einen Facilitator an die Seite zu stellen, wurde aufgegriffen und gleichzeitig abgewandelt: Es wurden vier Sets mit anspruchsvollen Aufgaben zur Begleitung der Veränderung ins Leben gerufen, aber nur eines wurde von dem externen Facilitator unterstützt, während die anderen von Beginn an selbstgesteuert arbeiten sollten. Als sich dann nach einiger Zeit herausstellte, dass nur das vom Facilitator begleitete Set in einen produktiven Arbeits- und Reflexionsprozess eingetreten war, wurde dies als Learning ernstgenommen. Sets, die später eingerichtet wurden, erhielten von Anfang an einen Facilitator zur Unterstützung.

Action Learning für nachhaltigen Wandel von innen

Action Learning – Stufe 1: Beratung der Leitung
- ▶ gemischtes Set aus allen Bereichen zur Prozessbegleitung
- ▶ Unterstützung der Leitung
- ▶ externer Facilitator

Action Learning – Stufe 2: Lernende Organisation
- ▶ dezentrale Sets in allen Bereichen mit internen Facilitators
- ▶ zentrales Set, selbstgesteuert
- ▶ Perspektive: Fortlaufende Begleitung und Umsetzung von Veränderungen

Abb. 11: Action Learning für nachhaltigen Wandel von innen

Stufe 1: Zentrales Set als Change-Team zur Beratung der Leitung

Startpunkt für den Veränderungsprozess war ein Kick-off-Workshop mit den oberen Führungskräften, in dem mehrere Projektgruppen gebildet wurden, die Aufgaben innerhalb des Veränderungsprozesses übernehmen sollten. Die zentrale Gruppe wurde als Action-Learning-Set konzipiert und so zusammengesetzt, dass zahlreiche Regionen und Sparten sowie die Zentrale vertreten waren. Die Teilnehmer waren Führungskräfte unterschiedlicher Ebenen. Auftraggeber war der Leiter des neuen Bereichs, der sich regelmäßig berichten ließ oder auch selbst an Sitzungen teilnahm. Die monatlichen Sitzungen wurden von einem externen Facilitator unterstützt. Eine wesentliche Aufgabe des Sets war es, Eindrücke aus allen Teilen des neu geschaffenen Netzservice zu einem Gesamtbild zusammenzutragen und zu diskutieren. Unterstützt wurde dies durch einige systematische Instrumente (z.B. Kraftfeldanalysen und Ampelabfragen).

Die Analysen zeigten über längere Zeit ein kritisches Bild hinsichtlich der Akzeptanz und Unterstützung für den Veränderungsprozess. Das Set diskutierte und entwickelte daher verschiedene Maßnahmen, um die Kommunikation zu verbessern und den dringendsten Handlungsbedarf abzudecken.

Ein intensiver Lern- und Entwicklungsprozess im Set

Begleitend dazu durchlief das Action-Learning-Set seinen eigenen Lern- und Entwicklungsprozess. Gemäß der „Action-Learning-Wippe" (Marquardt, 1999) führten konkrete Problemlösungen zu Lernen sowohl in handwerklicher Hinsicht, z.B. bezüglich bestimmter Instrumente des Change Management als auch hinsichtlich eines verbesserten Verständnisses der Dynamiken im Veränderungsprozess. Die Eingriffe in die Organisation und die Reaktionen darauf führten dazu, dass das Set allmählich sein Profil schärfte und immer aktiver eine gestaltende Rolle einnahm. Dieser Prozess stellte in einer Organisation, die durch ein klassisches Hierarchieverständnis geprägt war, eine zunächst kaum wahrnehmbare, dann aber sehr nachhaltige Veränderung dar, die von einigen Teilnehmern später als besonders wichtige Erfahrung beschrieben wurde.

Die Gratwanderung des Facilitators

Dem Facilitator kam in dieser Phase der Umorientierung von Außensteuerung und Rezeption vorbereiteter Inputs, hin zu größerer Autonomie und Übernahme von Verantwortung, eine wichtige unterstützende Rolle zu. Diese erforderte eine permanente Gratwanderung zwischen einem strukturierenden Ansatz mit dem Setzen von Denk- und Handlungsimpulsen und einer Prozesssteuerung gemäß der Action-Learning-Philosophie, die auf die Stärkung der Eigendynamik und Autonomie der Teilnehmer abzielte.

In diesem Entwicklungsprozess schärfte das Set sein Profil und handelte schließlich mit dem Leiter des Bereichs einen Arbeitsauftrag aus, der dem Set eine beträchtliche Verantwortung übertrug. Der Arbeitsauftrag beinhaltete u.a. folgende Punkte:

Das Set ...
- sieht sich als Pilot, Vorreiter und Treiber der Veränderung.
- hilft, die „kritische Masse" zu gewinnen, um dem neuen Bereich nachhaltig zum Erfolg zu verhelfen.
- sucht Unterstützer des Prozesses und bindet sie in die Veränderung ein.
- unterstützt die Projektleitung in allen Phasen der Projektbegleitung.

Stufe 2: Auf dem Weg zu einer lernenden Organisation

Während die erste Phase des Veränderungsprozesses dadurch gekennzeichnet war, die Identitätsbildung des neuen Bereichs zu fördern, stand in der nächsten Phase das Zusammenwirken mit den anderen Bereichen im Vordergrund. Sie betraf vor allem das Zusammenwirken an Schnittstellen mithilfe unternehmensweit einheitlicher Prozesse in allen regionalen Einheiten.

Das zentrale Action-Learning-Set wurde jetzt zu einem übergeordneten Change-Team erweitert, in dem auch die Nachbarbereiche vertreten waren. Gleichzeitig konnte das Set seine Selbststeuerung weiter erhöhen. Der externe Facilitator unterstützte den Kick-off des neuen Sets und stand ansonsten als Supervisor nur noch bei Bedarf zur Verfügung, während das Set sich selbst steuerte.

Die Bereinigung der Schnittstellen – ein zähmbares Problem?

Die Entwicklung einheitlicher Prozesse und die Bereinigung der Schnittstellen, die auch schon vor der aktuellen Veränderung in den einzelnen Regionen sehr unterschiedlich waren, wurden an ein Fachteam übertragen. Dieses legte in kurzer Zeit ein klares Konzept vor, welches von allen Beteiligten schnell akzeptiert wurde. Das Problem schien dadurch „gezähmt". Gleichwohl stellte sich schon bei der Vorstellung des Konzepts heraus, dass die Umsetzung eine Vielzahl von Detailproblemen, Unwägbarkeiten und Widerständen in der gesamten Organisation mit sich bringen würde.

Einige der Aspekte wurden aus Äußerungen der Teilnehmer deutlich:

▶ Die Teamleiter der regionalen Einheiten erlebten sich kaum als Gestalter und eher als Ausführende des Willens der Leitung, wie dies im Unternehmen früher durchaus üblich war. Bei aller Loyalität gab es daher auch ein Gefühl der Ohnmacht gegenüber einer mächtigen Zentrale.
▶ Die Teamleiter hatten andererseits die Erwartung, dass das zentrale Fachteam alle Antworten auf die Probleme vor Ort schon bedacht und bereits gelöst hatte. Bereits in den Workshops zur Konzeptvorstellung wurde aber deutlich, dass bei aller Logik und Konsequenz des Gesamtkonzepts die Komplexität durch die unterschiedlichen Traditionen vor Ort so groß war, dass viele Detailfragen erst noch geklärt werden muss-ten.
▶ Spätestens als Unzulänglichkeiten oder Schwierigkeiten auftraten, begann die Suche nach den Schuldigen. Da vom zentralen Fachteam perfekte Lösungen erwartet wurden, war klar, dass es ggf. gemeinsam mit der Leitung für solche Unzulänglichkeiten verantwortlich gemacht werden würde.

▶ Schließlich wurden die „richtigen" Lösungen sehr schnell erwartet. Auch hier war trotz eines hervorragenden Fachkonzepts Enttäuschung im Sinne eines boshaften Problems vorprogrammiert.

Krise als Auslöser für Action Learning in der Breite

Diese Situation stellte eine wichtige Krise im Veränderungsprozess dar, da sich herausstellte, dass der Impuls des Managements, Probleme durch Prozesse zu zähmen, zu kurz griff. Es entspann sich daraus ein Dialog mit dem externen Facilitator, der zu folgender Weichenstellung führte: Um Führungskräfte und Mitarbeiter der regionalen Einheiten von Beginn an gut in den Veränderungsprozess einzubinden und dadurch dysfunktionalen Mustern entgegenzuwirken, wurde aufgrund der positiven Erfahrung Action Learning nun auch in der Breite angewandt. Dezentral wurden vernetzte Action-Learning-Sets eingerichtet, um die Betroffenen direkt an der Gestaltung der Umsetzung zu beteiligen und Eigenverantwortung im Sinne einer „Leaderful Practice" (Raelin, 2010) zu fördern.

Das Zusammenspiel der Sets im Veränderungsprozess

Die Konstellation der Sets in diesem Veränderungsprozess zeigt die Abbildung 12 auf der Folgeseite.

In dieser Konstellation gab es eine enge unternehmensweite Vernetzung zwischen
▶ dem zentralen Action-Learning-Set (dem Change-Team),
▶ den dezentralen Sets (Umsetzungsteams) und
▶ dem Fachteam.

Das zentrale Action-Learning-Set übernahm die Funktion der Steuerung und Koordination, das Fachteam lieferte den Input und die dezentralen Sets unterstützten die Umsetzung vor Ort. Von vielen Teamleitern und Mitarbeitern wurde diese Konstellation positiv aufgenommen. Das Gefälle zwischen Zentrale und regionalen Einheiten erhielt so ein Gegengewicht. Unterstützt wurde dieser Effekt noch durch eine systematische Vernetzung aller dezentralen Sets. Zur Unterstützung standen den Sets interne Facilitators aus dem Personalbereich zur Verfügung, die ihrerseits durch eine externe Supervision unterstützt wurden.

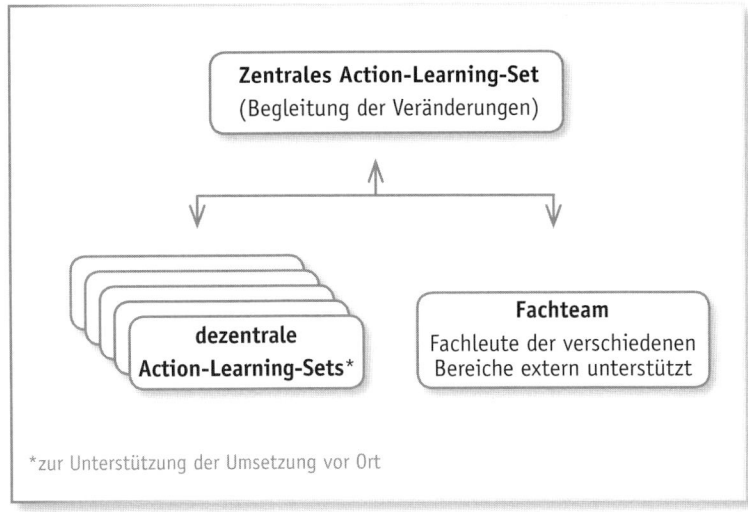

Abb. 12:
Schnittstellenprojekt –
Umsetzungsarchitektur

Das ehrgeizige Ziel der Bereinigung und Harmonisierung der Schnittstellen konnte bei vollem Arbeitspensum mit einer geringfügigen zeitlichen Überziehung von einigen Monaten in einer ausreichenden Qualität erreicht werden. Es wurde beschlossen, Action-Learning-Sets auch in Zukunft zur Umsetzung von Veränderungen und zur Einbindung der Mitarbeiter zu nutzen. Flankierend wurde dazu ein Qualifizierungsangebot aufgelegt, in dem Mitarbeiter und Führungskräfte, die das wollen, praktische Erfahrungen mit der Arbeit in Sets sammeln können.

Fazit

Wenn man auf Pedlers drei Testfragen zuruckkommt (mehr dazu im Kapitel *Lernen*, Abschnitt Evaluation von Action Learning), stellt man fest, dass

▶ in dem geschilderten Fallbeispiel mit Action Learning zahlreiche „echte" Probleme (im Gegensatz zu Rätseln oder Puzzles) bearbeitet wurden, die ein Umdenken und die Übernahme von Verantwortung an vielen Stellen des Unternehmens erforderten.
▶ auch die nächste Frage („Wurden Ideen durch Ausprobieren getestet?") definitiv bejaht werden kann, z.B. bei der Umsetzung des Schnittstellenkonzepts aber auch durch die Einführung von Action Learning in der Breite.
▶ das Bild bezüglich der Anzeichen für Lernen – der dritten Testfrage – differenzierter wird. Im zentralen Action-Learning-Set haben sowohl die einzelnen Personen als auch das Set insgesamt einen beträchtlichen Lernprozess bewältigt. Und zwar sowohl hinsichtlich der gewachsenen

Autonomie als auch der erworbenen Erkenntnisse und eines erweiterten Interventionsrepertoires. Auch die dezentralen Sets probierten
vieles aus, wenn sie etwa ihre Präsenz an den Standorten erhöhten
oder sich standortübergreifend mit anderen Sets vernetzten und haben
dadurch eingefahrene Wege verlassen. Das persönliche Lernen, welches
ja ebenfalls einen wesentlichen Aspekt von Action Learning ausmacht,
war aber vermutlich noch auf einem insgesamt niedrigeren Niveau.
Zieht man aber in Betracht, dass auch das zentrale Set in seinem ersten
Jahr zunächst nur geringe Entwicklungsschritte zu machen schien, die
sich aber im Endeffekt als sehr nachhaltig erwiesen haben, kann dies
positiv gewertet werden. Durch das Qualifizierungsangebot, welches
zwischenzeitlich aufgelegt wurde und zu dem sich Mitarbeiter und Führungskräfte nach Absprache mit ihren Chefs anmelden können, stehen
außerdem immer mehr Kollegen zur Verfügung, die sich mit den Prinzipien und dem Vorgehen von Action Learning beschäftigt haben und
dies gerne weiter praktizieren möchten.

Mit der Einrichtung dezentraler Action-Learning-Sets wurde das gelebte
Führungsmodell von einer rein hierarchischen Ausrichtung in Richtung auf
ein Netzwerk hierarchieübergreifender interagierender Sets erweitert. Die
Erfahrungen mit dieser Vorgehensweise verdeutlichen:

Auch in einer traditionell geprägten Unternehmenskultur kann Action
Learning in Veränderungsprozessen eine sehr hilfreiche Intervention
sein, wenn der Anteil boshafter Probleme steigt. Ein entscheidender Faktor war im Fallbeispiel die Unterstützung des Top Managements, welches
sich auf einen offenen Dialog mit dem externen Facilitator einließ und
selbst bereit war, zu lernen.

Es ermutigte kritische Fragen und förderte selbstständiges Denken. Der
zeitliche Vorlauf des zentralen Action-Learning-Sets hat es ermöglicht,
dieses später als Multiplikator für die dezentralen Sets zu nutzen.

Der Facilitator hatte im Action Learning eine Schlüsselrolle, um nachhaltige selbstgesteuerte Lernprozesse zu initiieren und zu begleiten. Auch
die Kombination von internen Facilitators und externer Supervision hat
insgesamt gut funktioniert und gleichzeitig ein weiteres Netzwerk geschaffen. Ein wesentlicher Erfolgsfaktor war dabei allerdings, dass die internen
Facilitators sich nicht nur auf das Sachergebnis konzentrierten, sondern
auch Raum für die persönliche Entwicklung der Teilnehmer und des Action-
Learning-Sets gaben.

Mit den folgenden Interviews kommen einige der handelnden Personen selbst zu Wort. Manfred Westermeier, der als Leiter des neugeschaffenen Bereichs für den Veränderungsprozess verantwortlich war und die Entscheidung traf, Action Learning einzuführen. Wolfgang Hoffmann, der als Leiter der Personalentwicklung und langjährig erfahrener Berater von der fachlichen Seite die Linie unterstützte und den externen Facilitator ins Unternehmen einführte sowie Klaus Seiler, der von Beginn an als Personalentwickler im zentralen Set mitwirkte und ein wichtiger Mittler zwischen der Linie, Facilitator und Personalentwicklung war.

Interview mit Manfred Westermeier über Action Learning und Change aus der Perspektive der Bereichsleitung

Manfred Westermeier, Leiter Technischer Netzservice, E.ON Bayern AG

Frage: Was waren Ihre größten Herausforderungen als Sie die Leitung des neugeschaffenen Bereichs Technischer Netzservice übernommen haben?

Westermeier: Die größten Herausforderungen waren die Bildung einer neuen Organisation mit rund 1.400 Mitarbeitern. Als Novum wurde hierbei bei E.ON Bayern erstmals ein Bereich als Profitcenter ausgebildet. Ebenso gab es eine Aufspaltung in einen Auftraggeberbereich und einen Auftragnehmerbereich als Dienstleister. Die Rolle Dienstleister hat, zumindest in Deutschland, noch einen negativen Beigeschmack. Wir hatten also die Aufgabe, beim Technischen Netzservice (TNS) ein neues Selbstwertgefühl zu schaffen und neben den neuen organisatorischen Aufgaben und Prozessen die Mitarbeiter in die „Neue Welt" mitzunehmen und diese erfolgreich zu etablieren. Das ist Change Management pur.

Frage: Sie haben sich gleich zu Beginn darauf eingelassen, in Ihrem Verantwortungsbereich Action Learning einzusetzen, obwohl Sie den Ansatz bis dahin noch nicht kannten. Was hat Sie überzeugt, es mit Action Learning zu versuchen?

Westermeier: Die Gründung des TNS war eine große Herausforderung. Wir hatten bisher keine Erfahrungswerte. Aufgrund des hohen Zeitdrucks mussten alle Beteiligten schnell lernen und neue Lösungsansätze finden und erproben. Uns war schnell klar, dass wir diese Dinge mit „Standardprozeduren" nicht bewältigen konnten. Deshalb beschritten wir hier neue Wege. Es sollte ein neuer kontinuierlicher Lernprozess, über alle Bereiche hinweg, installiert werden.

Frage: Sie haben in Ihrer Organisation zunächst ein Jahr lang Erfahrungen mit Action Learning gesammelt, als Sie Ihr zentrales Change-Team zur Begleitung der großen Veränderungen nach dieser Philosophie zusammengestellt haben und arbeiten ließen. Dieses Team haben Sie dann selbst sehr aktiv genutzt. Was waren für Sie in dieser Phase wichtige Erfahrungen?

Westermeier: Es zeigte sich, dass die Teammitglieder alle sehr hoch motiviert und bereit waren, Verantwortung zu übernehmen. Dadurch entstand sehr schnell eine hohe Gruppendynamik, die auch auf andere „ansteckend" wirkte. Die Rückkopplung zwischen Frage und Lösung, die Reflexion wurde zum festen Bestandteil. Die konsequente und bedarfsorientierte Weiterentwicklung der Kompetenzen der Mitarbeiter und Führungskräfte, u.a. durch spezielle Workshops und Seminare. Wichtig ist die kontinuierliche Schleife von Frage/Planung – Lösung/Anwendung – Reflexion.

Frage: Eine große Hürde für Veränderungen sind mentale Blockaden, Gefühle von Ohnmacht und Abwehr des Neuen. Action Learning setzt darauf, Mitarbeiter mit ihren Erfahrungen ernst zu nehmen, Probleme offen und lösungsorientiert zu diskutieren und Freiräume zur konkreten Gestaltung des Neuen zu schaffen. Wie schnell und mit welchem Erfolg wurde dieses Angebot von den Mitarbeitern angenommen?

Westermeier: Dieser Prozess startete sehr langsam. Die Mitarbeiter standen Action Learning in dem riesigen Veränderungsprozess sehr skeptisch gegenüber. Dies hat sich aber mittlerweile gewandelt. Nachdem die Mitarbeiter merkten, dass sie sich in den Prozess einbringen können und ihre Meinung erwünscht ist, hat das System eine ungeheure Dynamik entwickelt. Action Learning ist mittlerweile etabliert und nur dadurch haben wir die Chance, im kontinuierlichen Veränderungsdruck zu bestehen.

Frage: Action Learning benötigt zur Unterstützung einen starken Sponsor, der Rückendeckung gibt, wenn heiße Eisen angepackt und Problemlösungen offen und kontrovers diskutiert werden. Sie haben in Ihrem Vorstand einen solchen Sponsor gehabt. Wie wichtig war das nach Ihrer Einschätzung für den Prozess?

Westermeier: Wenn man derartige Prozesse/Veränderungen angeht, macht man sich nicht immer zu „Everbody's Darling". Es ist wichtig, dass von der gesamten Führungsmannschaft, vom Vorstand bis zum Teamleiter, gezeigt wird „Wir stehen dahinter – wir ziehen am gleichen Strang" und dass diese das Ganze vorleben. Deshalb ist es wichtig, Sponsoren zu haben, die einem den Rücken freihalten und unterstützen.

Frage: Sie haben von Beginn die Arbeitnehmervertretungen in den Action-Learning-Prozess eingebunden. So war ein Betriebsrat Mitglied im zentralen Change-Team, und sie sorgten für ausführliche Information des wichtigsten Betriebsratsgremiums. Wie hat sich diese Zusammenarbeit für den Action-Learning-Prozess ausgewirkt?

Westermeier: Sehr positiv. Durch frühe Einbindung der Arbeitnehmervertretung wurden deren Vorschläge bereits in der Lösungsphase diskutiert, sodass es im Nachhinein einstimmige Umsetzungsvorschläge gab. Dies hat die Umsetzung stark beschleunigt.

Frage: Sie wollen Action-Learning-Sets auch bei zukünftigen Veränderungen einsetzen. Mitarbeiter

können sich zu einem Action-Learning-Programm anmelden. Für welche Fragestellungen halten Sie so ein Team für geeignet?

Westermeier: Zur Lösung relevanter, drängender Probleme im Unternehmen, bei denen die interdisziplinäre Zusammenarbeit wichtig ist und die Nachhaltigkeit gewährleistet werden muss.

Frage: Worauf sollte ein Manager achten, der sich auf Action Learning einlässt, um ein Veränderungsvorhaben zu unterstützen?

Westermeier: Auf die richtige Zusammensetzung der oder des Teams, regelmäßige Reflexion und Erfahrungsaustausch zwischen den Teams.

Nach dieser Einschätzung der Bereichsleitung kommen jetzt die Personalentwickler zu Wort. Der damalige Leiter der Personalentwicklung, Wolfgang Hoffmann, hat den Kontakt zwischen dem externen Facilitator hergestellt und das Projekt aktiv unterstützt. Klaus Seiler als Referent in der Personalentwicklung hat im Rahmen seiner zeitlichen Möglichkeiten vor Ort Workshops moderiert und war Mitglied des Change-Teams.

Interview mit Wolfgang Hoffmann und Klaus Seiler über Personalentwickler als interne Facilitators in einem Change-Projekt mit Action Learning

Wolfgang Hoffman, Diplom-Psychologe, Leiter Kompetenz-Center Qualifikation und Personalentwicklung, E.ON Bayern AG
Klaus Seiler, Diplom-Kaufmann, Referent Personalentwicklung, Koordinator Ausbildung, E.ON Bayern AG

Frage: Als Berater und Personalentwickler haben Sie dem Management für ein einschneidendes Veränderungsprojekt den Action-Learning-Ansatz empfohlen – welche Gedanken haben Sie dabei geleitet?

Hoffmann/Seiler: Der Action-Learning-Ansatz ermöglicht aus unserer Sicht die effektivste Begleitung von Veränderungsprozessen im Unternehmen. Die Methodik der kontinuierlichen Reflexion und die Einbeziehung verschiedener Hierarchiestufen haben in unserem Projekt zu einer sehr guten Akzeptanz geführt.

Frage: Worin sehen Sie den Erfolg von Action Learning in Ihrem Veränderungsprozess? Wie lässt sich das ggf. messen?

Hoffmann/Seiler: Nachdem die Projektbeteiligten das Action-Learning-Konzept verinnerlicht hatten, lief der Veränderungsprozess über einen Zeitraum von über zwei Jahren relativ stabil und mit guter Motivation. Das ist nicht selbstverständlich, da gerade bei länger dauernden Veränderungsprozessen oft nach der Anfangseuphorie die Motivation nachlässt und sich Beteiligte mental ausklinken. Selbst nach Erreichen des ursprünglichen Projektziels hat sich das Management entschieden, an der Umsetzungs- und Steuerungsstruktur festzuhalten, um damit zukünftige Inhalte zu bearbeiten.

Frage: Gab es mentale Barrieren gegen die Veränderungen, die mit Action Learning bearbeitet werden konnten?

Hoffmann/Seiler: Action Learning berücksichtigt die Sach- und die Beziehungsebenen gleichermaßen und setzt ein prozessuales, kontinuierliches Denken voraus. Das sind die Beteiligten am Veränderungsprozess oft nicht gewohnt. Sie kennen häufig nur den klassischen, sehr inhaltlich orientierten Projektmanagementansatz oder haben die Steuerung durch eine Unternehmensberatung erlebt, die wenig auf die internen Bedürfnisse Rücksicht nimmt und nach einem Standardmodell vorgeht.

Frage: Wie kann die Personalentwicklung einen solchen Prozess unterstützen? Welche Herausforderungen hat dies für Sie als interne Berater und Personalentwickler mit sich gebracht?

Hoffmann/Seiler: Bei uns hat sich eine sukzessive Einführung des Action-Learning-Konzepts in Form eines Pilotprojekts bewährt. Dabei sind das Commitment des Vorstandes bzw. des Managements und die Einbeziehung des Betriebsrates unabdingbar. Sehr bewährt hat sich die Kooperation zwischen externem Prozessbegleiter und der Personalentwicklung, mit einer klaren Rollenverteilung bei der Argumentation und beim „Marketing" und später bei Steuerung und Qualifizierung.

Frage: Wie viel Überzeugungsarbeit an unterschiedlichen Schnittstellen mussten Sie leisten?

Hoffmann/Seiler: Bei einem so ungewohnten Ansatz wie Action Learning war ein eindeutig höherer Einsatz an Überzeugungsarbeit auf allen Ebenen notwendig. Da es nicht nur um die Anwendung eines anderen „Tools" ging, sondern um ein prinzipiell anderes Verständnis von Veränderungsprozessen war der anfängliche Aufwand deutlich höher. Die Chancen sehen wir in der Veränderung der Einstellung der Beteiligten gegenüber Veränderungsprozessen und dem damit verbundenen Lernprozess.

Frage: Würden Sie aus heutiger Sicht Action Learning wieder einsetzen um Betroffene an der Gestaltung und Umsetzung einer Veränderung zu beteiligen?

Hoffmann/Seiler: Das Vorgehen hat sich bewährt und hat zwischenzeitlich gute Akzeptanz im technischen Bereich. Auch die Vorteile gegenüber konventionellen Beratungsmethoden werden geschätzt. Wir würden Action Learning auf jeden Fall im Sinne einer Prozessbegleitung in Veränderungsprojekten standardmäßig einsetzen.

Action Learning im Projektmanagement

„Projects for action – sets for reflection." Reg Revans

Die Action-Learning-Aufgabe, bzw. das „Problem" wird häufig auch als Projekt bezeichnet. Schon dies drückt aus, dass sich ein Bezug zwischen Action Learning und Projektmanagement herstellen lässt. Tatsächlich sind aber die Unterschiede zwischen beiden Ansätzen trotz vieler formaler Anknüpfungspunkte beträchtlich. Vereinfacht kann man sagen, Projektmanagement beschäftigt sich mit Sache und Ergebnis, während im Action Learning die Personen und ihr Lernen im Mittelpunkt stehen – und zwar in Bezug darauf, wie sie die Dinge anpacken und ungelöste Probleme bewältigen. Bei all dieser Fokussierung im Action Learning wird aber auch die Aufgabe bzw. das Problem nicht aus den Augen verloren, sondern konsequent durch Aktion und Reflexion auf eine Lösung hingearbeitet, d.h., auch im Action Learning zählen Ergebnisse, wenngleich der Erfolg eines Action-Learning-Programms nicht nur an Projektergebnissen, sondern vor allem an Lern- und Entwicklungsergebnissen gemessen wird.

Lernen kann selbst anhand eines gescheiterten Projekts stattfinden. Es ist also naheliegend, dass Action Learning eine sehr hilfreiche Ergänzung mit innovativer Facette für Projektmanagement darstellt. Anders ausgedrückt: Reines Projektmanagement ist immer dann empfehlenswert, wenn es um die Bearbeitung prinzipiell bekannter, sozusagen „gezähmter" Fragestellungen geht bei denen kein Lernen erforderlich ist.

Lernen kann auch anhand eines gescheiterten Projekts stattfinden.

Die Kombination von Projektmanagement und Action Learning hingegen ist immer dann sinnvoll, wenn es um neuartige oder boshafte Probleme geht, für die eine Lösung erst noch entwickelt werden muss und daher persönliches oder kollektives Lernen erforderlich ist.

Action Learning und Projektmanagement – Gemeinsamkeiten und Unterschiede

Die folgende Abbildung vermittelt anhand wesentlicher Elemente von
Action Learning eine Übersicht, inwieweit Gemeinsamkeiten oder Unterschiede zum Projektmanagement vorliegen. Ein Element, der Facilitator,
findet sich nur im Action Learning. Die anderen Elemente, die in beiden
Konzepten auftreten, werden danach unterschieden, ob sie dort gleich
oder unterschiedlich verstanden werden.

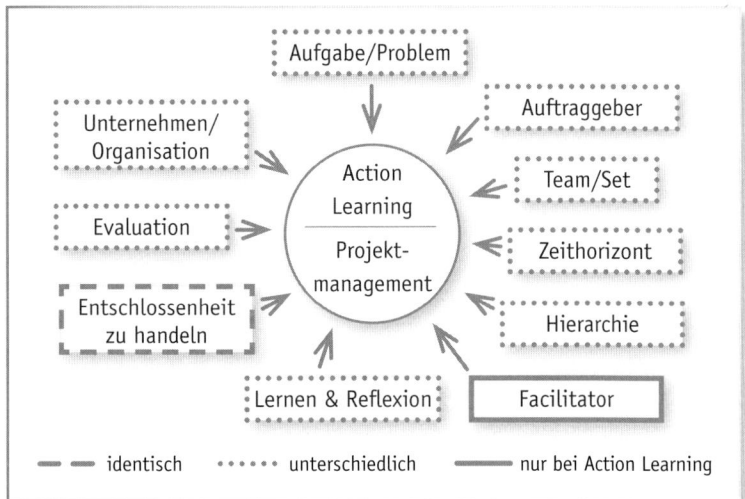

Abb. 13: Action Learning
vs. Projektmanagement

Unternehmen/Organisation

Das Unternehmen oder die Organisation ist der Ort, an dem Action Learning typischerweise verankert ist, es gibt aber auch Fälle, in denen Action
Learning ohne Bindung an eine Organisation stattfindet. Projektmanagement ist eher noch stärker organisationsgebunden, wobei Projektmanagement entweder eine Organisation nutzt oder sogar eine Organisation hat.

Ausrichtung: Das
Erreichen eines
Sachziels

Beide – Action Learning und Projektmanagement – sind auf das Erreichen
eines Sachziels ausgerichtet (nämlich das „Projekt"). Im Projektmanagement stellt dieses Sachziel den Zweck dar. Im Action Learning hingegen
ist das Sachziel Aufhänger für ein weiteres wichtiges Anliegen – nämlich
Lernen und Entwicklung der Organisation und der beteiligten Persönlichkeiten. Dazu gehört auch Experimentieren und scheinbar Bewährtes zu
hinterfragen. Dies ist auch der Grund, warum der Zugang von Action Learning in ein Unternehmen häufig von Bereichen in der Organisation initiiert
wird, die sich mit der Entwicklung des Managements oder der Organisation

bzw. des Unternehmens befassen, während Projektmanagement häufig in dafür geschaffenen umsetzungsorientierten Projektorganisationen beheimatet ist.

Aufgabe/Problem

Die Aufgaben, mit denen sich Projektmanagement beschäftigt, sind manchmal außerordentlich groß und komplex. Die Idealvorstellung ist, möglichst große Anteile der Probleme durch reibungslose Prozesse zu „zähmen" und systematisch zu bearbeiten.

Action Learning hingegen ist gerade für diejenigen Herausforderungen und Probleme geeignet, für die es noch keine Lösung gibt, die also durch klassische Planung und Prozesse nur ungenügend abgebildet („gezähmt") werden können. Solche ungelösten „boshaften" Probleme erfordern Lernen. Es geht darum, in möglichst überschaubaren Schritten Wege zur Lösung des Problems durch praktisches Erproben und Reflektieren zu entwickeln.

„Boshafte" Probleme

In Anlehnung an die „Durchbruchstrategie" (Schaffer, 1988) kann das auch so dargestellt werden:

„Durchbruch-strategie"

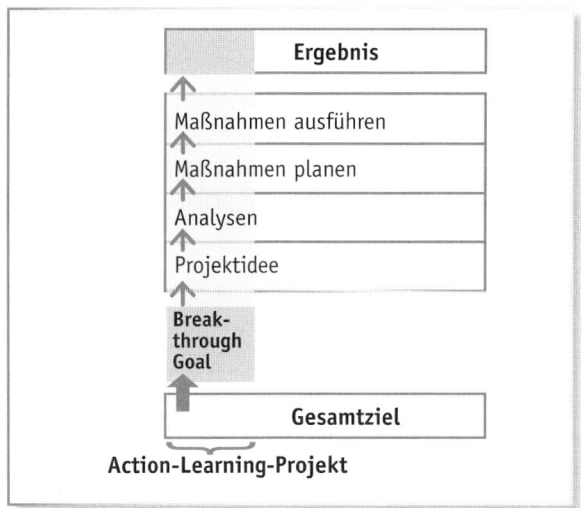

Abb. 14: Durchbruchziel nach Schaffer

Während der klassische Projektansatz das Ganze betrachtet und von einer Gesamtplanung ausgehend Maßnahmen ableitet – nach pragmatischer Machbarkeit durchaus auch in Teilprojekten, aber prinzipiell mit einer Phasenlogik – hat Action Learning ein komplementäres Vorgehen. Aus dem Gesamtziel werden Scheiben herausgeschnitten unter dem Gesichtspunkt, ein boshaftes Problem zu lösen und dadurch wichtige Lernergebnisse zu erzielen, die für die weiteren Schritte genutzt werden können. Dabei wird die Phasenlogik weitgehend verlassen und stattdessen eine ganzheitliche Herangehensweise gewählt, die aus raschen Interventionen und deren Erfolg oder Misserfolg lernt.

Auftraggeber

Fokus auf Ergebnis

Der Auftraggeber hat in beiden Konzepten eine sehr wichtige Rolle. Ein schwacher oder desinteressierter Auftraggeber gefährdet den Erfolg sowohl im Projektmanagement als auch im Action Learning. Im Projektmanagement macht er die Vorgaben, mit ihm werden Rahmen, Rechte und Pflichten sowie zu erbringende Leistungen mit Zeitleiste abgesprochen (Projektvereinbarung), er stellt nach Absprache Ressourcen zur Verfügung und er gibt (politische) Rückendeckung und bahnt ggf. Wege.

Fokus auf Entwicklung

Alle diese Anforderungen gelten auch für den Auftraggeber im Action Learning. Darüber hinaus gibt der Auftraggeber Rückmeldung zu den erreichten Lernfortschritten und nutzt in vielen Fällen das Set für sich zur Reflexion der Verhältnisse vor Ort, um mögliche eigene Betriebsblindheit zu relativieren oder bisherige blinde Flecken zu erkennen.

Team/Set

Ein Projektteam kann je nach Projekt eine sehr unterschiedliche Größe haben. Im einen Extrem kann eine Projektmannschaft aus nur einer Person bestehen, im anderen, bei einem industriellen Großprojekt, aus vielen Tausend Projektmitarbeitern.

Anregung und Sicherheit im Set

Im Action Learning hingegen hat ein Set immer eine begrenzte, überschaubare Größe von etwa vier bis sechs, nach manchen Autoren auch acht Personen. Wesentlich ist, die Größe so auszutarieren, dass eine ausreichende Vielfalt vorhanden ist, mit der eine hohe persönliche Intensität und konstruktive Reibung entstehen kann. Daraus entwickelt sich im Optimalfall eine gute Balance aus Anregung und Sicherheit – zwei Hauptvoraussetzungen für Lernen.

Die Aufgabe bestimmt das Projektteam

Die Zusammensetzung des Projektteams wird im Projektmanagement von der Aufgabe her definiert. Es wird pragmatisch und je nach Projektphilosophie entschieden, ob eher homogene Fachteams gebildet werden oder fachübergreifende Prozessteams mit Spezialisten unterschiedlicher Provenienz.

Im Action Learning steht demgegenüber die Perspektivenvielfalt im Vordergrund, um möglichst reichhaltige Anregungen zu garantieren. Unterschiedlichkeit oder Diversity wird nicht nur nach Fachkenntnissen, sondern nach allen zur Verfügung stehenden Kriterien hergestellt, um viele verschiedene Impulse zu ermöglichen. Solche Kriterien sind beispielsweise Standort, Lebensalter, Erfahrungen, Ausbildung, aktuelle Tätigkeit, Geschlecht und evtl. sogar Hierarchiestufe. Manchmal bringen gerade „naive", scheinbar völlig abseitige Fragen die frischesten Einsichten und enttarnen so manchen blinden Fleck.

Perspektivenvielfalt im Set

Zeithorizont

Der Zeithorizont hängt in einem Projekt von der vereinbarten Leistungserbringung ab und kann von wenigen Wochen bis zu vielen Jahren reichen. Im Action Learning hingegen gibt es die Vorstellung, dass ein Set häufig einige Zeit benötigt, um seine volle Kraft zu entfalten. Empfehlenswert ist daher, wenn immer möglich, ein Zeithorizont von sechs bis zwölf Monaten. Gerade im Projektmanagement können Sets nach dem aktuellen Bedarf aber auch eine kürzere Zeitspanne umfassen oder situativ bei boshaften Problemen zusammentreten. Viele erfolgreiche Sets arbeiten allerdings über viele Jahre, weit über die offizielle Action-Learning-Programmdauer hinaus, zusammen.

Hierarchie

Ein Projektteam und erst recht die Projektorganisation zur Realisierung eines größeren Projekts ist hierarchisch aufgestellt. Es gibt den Projektleiter und je nach Größe des Projekts Teilprojektleiter und andere formale Verantwortlichkeiten.

Hierarchisches Projektteam vs. hierarchiefreies Set

Im Action Learning wird schon der Begriff „Team" vermieden, um klar zu signalisieren, dass es keine formale Hierarchie, wie z.B. einen Teamleiter gibt. Kommunikation, Austausch, Hinterfragen, Reflexion und Lernen sollen im Set nicht durch hierarchische Rücksichten behindert werden.

Facilitator

Der Facilitator ist eine Besonderheit im Action Learning und hat keine Entsprechung im Projektmanagement. Dies hängt mit der überragenden Bedeutung zusammen, die Lernen und Reflexion im Action Learning einnehmen. Seine Aufgabe ist es, die Organisation auf diesen Ansatz vorzubereiten und entsprechende Absprachen zu treffen, die sinnvolles Action Learning erst ermöglichen. Bezogen auf das Set ist dann seine wesentliche Rolle, das Lernen systematisch zu unterstützen und die Reflexion anzuleiten. Der

Zur Unterstützung des Lernprozesses im Action Learning

Facilitator arbeitet intensiv mit dem Set an mentalen Konstruktionen und Blockaden. Strategisch versucht er dadurch, das Set zu befähigen, diese Arbeit zunehmend eigenständig durchzuführen und sobald als möglich vom Facilitator unabhängig zu werden.

Lernen und Reflexion

Lessons learned am Ende des Projekts

In beiden Konzepten spielt Lernen eine bedeutende Rolle, wird allerdings ganz unterschiedlich gelebt. Im Projektmanagement gibt es die Aktivität der „Lessons learned", d.h. einer Auswertung zum Ende des Projekts (oder wesentlichen Projektabschnitts). Ziel ist, zum Schluss die gemachten Erfahrungen festzuhalten, um daraus für das nächste Projekt zu lernen. So sinnvoll diese Einrichtung insgesamt ist, besonders wenn Prozesse dadurch verbessert werden, hat sie doch auch Nachteile: Am Schluss eines Projekts sind oft nicht mehr viel Motivation und Energie dazu vorhanden, die Vergangenheit aufzuarbeiten. Gleichzeitig ist zu Beginn des neuen Projekts die Aufmerksamkeit so voll auf die neue Herausforderung gerichtet, dass kaum Interesse an alten Erfahrungen besteht. Daher ist die Gefahr groß, dass die Aktivitäten der „Lessons learned" erstens nicht mit der notwendigen Sorgfalt durchgeführt werden und zweitens zu Beginn des neuen Projekts nicht systematisch eingebracht und genutzt werden. Systematisches Lernen ist daher in diesem Kontext eher beschränkt.

Den laufenden Prozess durch Lernen und Reflexion verbessern

Action Learning hat demgegenüber eine andere Zielsetzung und ein anderes Vorgehen. Wie bei allen handlungsorientierten Ansätzen geht es um Lernen für den laufenden Prozess und nicht etwa nur für zukünftige Projekte. Lernen findet daher kontinuierlich statt und bei den Setmeetings werden regelmäßige Reflexionsschleifen eingebaut. Der Prozess selbst wird also mit einer lernenden Einstellung angelegt und durchgeführt. Neben dem Sach- und Aufgabenbereich findet auch ein intensives Lernen über die eigene Person und Reflexion der eigenen Handlungsmöglichkeiten statt.

Entschlossenheit zu handeln

Gemeinsamer Anspruch: Handeln und Umsetzen

Handeln und Umsetzen ist ein Anspruch, der bei beiden Ansätzen – im Projektmanagement wie auch im Action Learning – von zentraler Bedeutung ist. Das Projektmanagement hat eine Vielzahl nützlicher Vorgehensweisen und Tools entwickelt, um Handlungen zu planen und eine konsequente Fortschrittskontrolle durchzuführen. Action Learning zielt demgegenüber auf reflektierte und daher potenziell sinnvollere Handlungsoptionen und deren Realisierung, indem mentale Konstrukte hinterfragt werden, die zu bestimmten Handlungen führen und Barrieren bearbeitet werden, die sinnvolle Maßnahmen be- oder verhindern.

Bernhard Hauser: Action Learning

Evaluation

Im Projektmanagement bezieht sich die Evaluation vorwiegend auf die Erreichung des Projektziels bzw. der Kontrolle des Projektfortschritts. Die Fragestellung ist, wie weit das Sachergebnis hinsichtlich Zeit, Kosten und Qualität bereits erreicht wurde. Systematisch kann dies mit einer Prozessevaluation verknüpft werden.

Projektfortschritt vs. Lernen und Entwicklung

Auch im Action Learning wird das Sachergebnis evaluiert. Der Schwerpunkt liegt aber auf der Evaluation des Lernens und der persönlichen und organisationalen Entwicklung. Erfahrungen und Beobachtungen werden in der Reflexion ausgewertet, um Handlungskonzepte zu verbessern. Ziel ist die Erweiterung der Bewusstheit und Handlungskompetenz der handelnden Personen, die wiederum als Multiplikatoren in die Organisation hineinwirken.

Ansatzpunkte zur Kombination von Action Learning und Projektmanagement

Aus den vorangegangenen Ausführungen wird deutlich, dass Action Learning mit Projektmanagement kombinierbar ist und es zahlreiche Anknüpfungspunkte gibt. Sinnvoll ist eine Kombination immer dann, wenn es nicht um eine routinemäßige Projektabwicklung, sondern um die Handhabung ungelöster „boshafter" Probleme geht, die ein Umdenken erfordern.

Action Learning für anspruchsvolles Projektmanagement

Nach der begrifflichen Abgrenzung ist es nun besonders interessant, welche Möglichkeiten sich eröffnen, Action Learning und Projektmanagement bei komplexen Projekten zu verbinden. Dazu gibt es zahlreiche Ansatzpunkte. Im nachfolgenden Gespräch gibt Helmut Schäfer dazu einige Anregungen.

Anknüpfungspunkte für Action Learning

Action Learning ist prädestiniert für Projektmanagement – ein Gespräch mit Helmut Schäfer

Dr. Helmut Schäfer, Beaucamp und Partner, Senior-Berater für Projekt-, Prozess- und Wissensmanagement, Mitglied der Gesellschaft für Projektmanagement (GPM)

Frage: Sie bezeichnen Projektmanagement als Management von Abweichungen. Wo sehen Sie da Anknüpfungspunkte für Action Learning?
Schäfer: Ich glaube, dass Projektmanagement manchmal zu Unrecht als ein unflexibler, starrer Ansatz verkannt wird. Dies mag in früheren Jahren der Fall gewesen sein. Man sprach dann von

---

„Störungen", wenn etwas nicht „nach Plan" lief. Modernes Projektmanagement geht hingegen davon aus, dass Abweichung bei komplexeren Aufgabenstellungen völlig normal ist. Die Kunst des Projektmanagements besteht nun darin, Abweichungen möglichst frühzeitig zu erkennen und geeignete Maßnahmen zum Gegensteuern einzuleiten.

Dazu ist es zunächst einmal notwendig, dass man einen Plan hat, auf dessen Basis die Abweichung auch festgestellt werden kann. Um Abweichung frühzeitig zu erkennen, muss allerdings noch eine zweite Voraussetzung gegeben sein: eine kritische Haltung aller Beteiligten. Allzu optimistische Aussagen müssen hinterfragt werden im Sinne von: „Ist das wirklich möglich oder machbar?" Und vor allem muss immer wieder nach Abweichung gefragt werden. Dies gilt für die Projektziele ebenso wie für den Projektfortschritt. Action Learning fördert genau diese kritische Grundhaltung des Hinterfragens. Und es fördert die Erkenntnis, dass Abweichung das Problem aller Teammitglieder ist und nicht nur derjenigen, die die Abweichung verursacht haben.

Frage: Wo sehen Sie Anknüpfungsmöglichkeiten zwischen Projektmanagement und Action Learning?

Schäfer: Um diese Frage zu beantworten, ist es hilfreich, wenn man sich die Projektarbeit gedanklich in zwei Ebenen vorstellt. Auf der ersten Ebene wird vom Projektteam an der eigentlichen Aufgabenstellung gearbeitet. Die Teammitglieder bringen sich entsprechend ihrer Kompetenz ein und lösen gemeinsam, einzeln oder in kleineren Teams ihre fachlichen Aufgaben.
Die zweite Ebene bildet die Projektmanagement-Ebene. Die Aufgaben müssen geplant und hinsichtlich des Arbeitsfortschritts immer wieder überprüft, koordiniert und gegebenenfalls justiert werden. Darüber hinaus gilt es, Risiken zu identifizieren, Änderungen zu managen oder kritische Situationen im Team oder mit dem Kunden zu meistern.

Auf der ersten Ebene steht oft die Innovationsfähigkeit des Projektteams im Mittelpunkt. Dabei geht es um die Frage, wie man zu wirklich innovativen Ideen zur Verbesserung des Projektergebnisses kommt. Man weiß schon länger, dass die Unterschiedlichkeit bzw. „Diversity" in der Zusammensetzung des Teams hierbei eine zentrale Rolle spielt. Wenn es gelingt, erfahrene Experten und junge wilde, detailverliebte Ingenieure und visionäre Produktmanager oder interne Wissensträger und externe Spezialisten zusammenzubringen, sind die Chancen groß, dass Neues entsteht. Das Problem ist nur, dass mit dem Grad der Unterschiedlichkeit auch die Schwierigkeiten ansteigen, die Zusammenarbeit im Projektteam auch tatsächlich zu realisieren. Action Learning ist sicherlich ein Ansatz, um diese Schwierigkeiten in der Zusammenarbeit zu überwinden.

Auf der zweiten Ebene, in der das Projekt gemanagt wird, gibt es immer wieder kritische Momente, für die es keine Patentrezepte gibt. Jeder Projektleiter kennt die Situation, dass er sich plötzlich Problemen gegenübersieht, die in keinem Projektmanagement-Handbuch der Welt beschrieben sind. Probleme in der internationalen Zusammenarbeit, Schwierigkeiten, weil zugesagte Ressourcen auf einmal nicht verfügbar sind oder Termine, die sich auf einmal nicht mehr einhalten lassen. Dabei

passiert es nicht selten, dass ein Problem eine Vielzahl weiterer Probleme nach sich zieht. Viele Probleme sind komplex, nicht zuletzt weil Menschen beteiligt sind und das Verhalten dieser Menschen eben nicht trivial ist und schon gar nicht vorhergesagt werden kann. Also auch ein echtes Einsatzfeld für Action Learning!

Frage: Gibt es Trends im Projektmanagement, die den Einsatz von Action Learning nahelegen?

Schäfer: Es gibt einen Trend, der gegenwärtig in der Projektmanagement-Community sehr stark diskutiert und auch bei Software-Entwicklungsprojekten zunehmend Anwendung findet. Im Gegensatz zum traditionellen Projektmanagement setzt das „Agile Projektmanagement" in hohem Maße auf selbstorganisierte Teams, die flexibel in kurzen Arbeitszyklen Lösungen erarbeiten und testen. In regelmäßigen Abständen reflektiert das Team über seine Zusammenarbeit und die Abweichungen im Prozess. Dabei lernt das Team von Arbeitszyklus zu Arbeitszyklus dazu und kann sich kontinuierlich verbessern. Im Prinzip sind im Agilen Projektmanagement-Ansatz einige Action-Learning-Prinzipien schon vorhanden. Ich könnte mir vorstellen, dass eine konsequente Anwendung des Action Learning wertvolle Impulse für eine Weiterentwicklung des Agilen Ansatzes liefern könnte.

Frage: Warum ist Action Learning für Projektmanagement prädestiniert?

Schäfer: Action Learning führt aus meiner Sicht zu einer neuen Denkhaltung im Projektteam. Nämlich die Haltung, zuzugeben, dass ich nicht alles weiß, obwohl ich es als Fachmann wissen müsste. Projektteams könnten außerordentlich innovativ bzw. kreativ sein, wenn sie zuließen, dass auch der Nicht-Fachmann vermeintlich dumme Fragen stellt, wenn sie zuließen, dass ein „Nicht-Zuständiger" sich aktiv einmischt. Heutzutage ist diese Haltung eben nicht selbstverständlich, insbesondere dann, wenn der jeweilig „Zuständige" eine Fachabteilung vertritt. Ein Problem offenzulegen heißt dann auch, die Probleme der Fachabteilung offenzulegen. Dies führt unweigerlich zu Loyalitätskonflikten des Projektteam-Mitglieds.

Ich glaube deshalb, dass sich über die Anwendung von Action Learning auch die Art und Weise der Zusammenarbeit in einem Projekt ändern wird. Action Learning ist aus diesem Blickwinkel ein Katalysator für eine bessere Zusammenarbeit.

Frage: Welche Hürden sehen Sie und was kann man dagegen tun?

Schäfer: Natürlich gibt es einige Hürden, die die Einführung von Action Learning in der Projektarbeit erschweren können. Zu nennen wären große Entfernungen, kulturelle Unterschiede oder Wettbewerbssituationen zwischen den beteiligten organisatorischen Einheiten. Im Prinzip sind es die gleichen Hürden, die auch eine intensive Zusammenarbeit im Projekt behindern. Projekte haben im Vergleich zu den „normalen" Leistungsprozessen in der Organisation jedoch einen wesentlichen Vorteil. Sie haben grundsätzlich einen größeren Handlungsspielraum, um diese Hürden zu überwinden.

In Projekten steht das Ergebnis im Vordergrund, die Leistung zum richtigen Zeitpunkt, die Qualität des Produkts. Projektteams waren deshalb schon immer aufgefordert, bei Bedarf neue Wege zu gehen, um das Ziel doch noch zu erreichen. Der konkrete Ablauf, die Zusammensetzung des Teams, die Auswahl der einzusetzenden Methode hängt in einem Projekt primär von der Aufgabenstellung ab. Das gilt somit auch für den Einsatz einer neuen Methode wie Action Learning. Wenn das Projektteam der Überzeugung ist, dass Action Learning zum Erfolg des Projektes beiträgt, dann kann es aus meiner Sicht jederzeit beschließen, auf diese Weise zu arbeiten, und auch alles zu unternehmen, dass die Hürden abgebaut werden. In der Regel ist dies möglich, ohne dass ein langwieriger Abstimmungsprozess in der Organisation notwendig ist.

Action Learning an der Hochschule

Universitäten und Hochschulen sind geprägt durch Forschung und Lehre, das heißt Weiterentwicklung und Vermittlung von vorhandenem Wissen. Action Learning scheint da zumindest in der Lehre ein Fremdkörper zu sein, da es sich besonders für Probleme eignet, für die es noch keine Lösung gibt, die vorhandene Theorie alleine also nicht ausreichend ist. Genau das spiegelt aber die Situation zumindest in den Sozialwissenschaften wider. Das Theoriewissen wird immer umfangreicher und differenzierter und überdies gibt es eine unüberschaubare Anzahl an Modellen. Dennoch liefert die Theorie häufig keine eindeutigen Lösungen für den praktischen Einzelfall. Der Grund dafür sind die zahllosen und im Einzelfall sehr unterschiedlichen Einflussfaktoren, die den Aussagewert einer Theorie zur Problemlösung im speziellen Fall begrenzen. Gesteigert wird die Komplexität noch dadurch, dass verschiedene Einflussfaktoren potenziell aufeinander zurückwirken und sich dadurch zum Beispiel wechselseitig verstärken oder abschwächen.

Tatsächlich hatte Reg Revans, der Begründer von Action Learning, eines der wichtigsten Schlüsselerlebnisse, die zur Entwicklung von Action Learning führten, in seiner Zeit als Kernphysiker an den Cavendish Laboratories der Universität Cambridge. Der Kreis der Nobelpreisträger und Nobelpreiskandidaten traf sich dort regelmäßig, um Fragen zu stellen. Keiner versuchte zu zeigen, wie unangreifbar gut er war, sondern jeder diskutierte offen die Schwächen und ungelösten Probleme, um gemeinsam nachzudenken.

Als Präsident der European Association of Management Training Centers (der damaligen Bezeichnung für Business Schools) gelang es ihm später in seiner Zeit in Belgien, praxisorientiertes Lernen auch im Hochschulbereich durchzusetzen und dadurch wichtige Grundlagen für Action Learning zu schaffen.

Grundlegende Designfragen der Gestaltung von Bachelor- und Masterprogrammen mit Praxisprojekten können im Rahmen dieses Workbooks nicht vertieft werden, der Schwerpunkt liegt vielmehr auf der konkreten individuellen Umsetzung von Action Learning und der Gestaltung des Lernfelds. Besonders im angelsächsischen Bereich gibt es schon seit Längerem Hochschulen, in denen Bachelor- und Masterprogramme unter Anwendung von Action Learning konzipiert werden. Beispiele dafür finden sich in der Literatur unter anderem bei Rigg & Trehan (2004). Auch im deutschsprachigen Raum hat Action Learning Eingang in den Hochschulbereich gefunden (Hauser, 2010) und Werner (hier gleich im Anschluss). Action Learning als erfahrungsorientiertes Lernen kann auch mit anderen Lehrformen kombiniert werden.

Intentionen Eine Hochschule, die angewandtes Management vertritt, kann unterschiedliche Absichten oder Intentionen mit Action Learning verfolgen:

▶ Einen weltweit erfolgreichen Ansatz zur Realisierung einer Lernenden Organisation kennenlernen
▶ Modelle und Theorien in der Praxis anwenden
▶ Reale Probleme zur Erarbeitung praxisrelevanten Wissens lösen – d.h., praktische Lösungskompetenz aufbauen und erweitern
▶ Eigenständiges Denken und Handeln als Metakompetenz fördern, wie es in der Kritik der traditionellen Managementausbildung gefordert wird

Diese Absichten ergänzen einander, sind aber unterschiedlich hinsichtlich Anspruch des Konzepts und Anforderungen an die Durchführung. Die erste Absicht sieht Action Learning als Teil einer fundierten Ausbildung. Gegenstand des Kennenlernens sind also z.B., den Ansatz in einen größeren Zusammenhang zu bringen, ebenso wie wichtige Varianten und Entwicklungen des Ansatzes, die Voraussetzungen der Anwendbarkeit sowie die kritische Betrachtung der Möglichkeiten und Grenzen.

„Erfahren" von Action Learning bedeutet hingegen das Erproben der Wirksamkeit des Ansatzes durch praktisches Tun. Dies kann in begrenztem Rahmen passieren, z.B. durch Anwenden einer Fragemethode oder in einem ganzheitlicheren Sinne durch die Bearbeitung von praktischen Problemen mit Action Learning, wie dies in den beiden nächsten Intentionen thematisiert wird. Diese beziehen sich darauf, wie die Verknüpfung von Theoriewissen und Exploration des Einzelfalls nach der Action-Learning-Gleichung in einem Hochschulcurriculum angelegt werden kann.

▶ Modelle und Theorien in der Praxis anwenden
Dieses Vorgehen orientiert sich an einem gut strukturierten Curriculum, bei dem Lerninhalte vorab festgelegt sind und dann abgearbeitet werden. Action Learning ist eine Möglichkeit, das Gelernte in der Praxis anzuwenden und eigene Erfahrungen damit zu machen.

▶ Reale Probleme zur Erarbeitung praxisrelevanten Wissens lösen
Weniger planbar ist hingegen das alternative Vorgehen. Dabei wird ein Problem aus der Praxis gewählt und dann geklärt, welches Modell oder welche Theorie dazu einen hilfreichen Beitrag liefern kann. Dies verlangt naturgemäß eine wesentlich höhere Flexibilität und Kompetenz aufseiten des Dozenten, weil sich daraus ganz unterschiedliche Fragen ergeben können. Es entspricht aber besonders den Anforderungen der Unternehmenspraxis, in der Probleme eben nicht nach einer pädagogisch sinnvollen Klassifizierung auftreten. Tatsächlich sind auch an der Hochschule die beiden Vorgehensweisen oft nur scheinbare Alternativen, die rasch ineinander übergehen können, da in einem Action-Learning-Projekt neben einer geplanten Problematik rasch ungeplanter Handlungsbedarf auftreten kann, der oft besonders lernträchtig ist.

▶ Eigenständiges Denken und Handeln als Metakompetenz fördern
Die letzte Intention greift die Kritik an der klassischen Ausbildung von Management auf. Neben der Vermittlung von Wissen geht es dabei um eigenständiges Denken und Handeln als Metakompetenz. Dies erfordert die Kompetenz, die Verhältnisse, aber auch die eigenen handlungsleitenden Annahmen auszuwerten und ggf. auch zu verändern, um dadurch neue Handlungsmöglichkeiten zu eröffnen. Letztlich bedeutet dies, kritische Reflexion als Metakompetenz der Führung zu fördern und eröffnet einen Bezug zur Anwendung von Critical Action Learning, wie es in diesem Buch auch vorgestellt wird.

Eigenständiges Denken und Handeln als Metakompetenz

Fallbeispiel: Ein studentisches Action-Learning-Projekt

Beispiel

Rahmen: Kurs Virtual Action Learning im Rahmen eines Bachelor-Programms
Action-Learning-Aufgabe: Gemeinsames Projekt des Sets, Projekt aus einer für den einzelnen Teilnehmer fremden Aufgabe in einer anderen Organisation
Herausforderung: Anwendung von Coaching-Elementen, um Arbeitssuchende im Bewerbungsprozess zu unterstützen
Zusammensetzung des Sets: Fünf Studierende der Wirtschaftspsychologie
Auftraggeber: Standortleiter der Bundesagentur für Arbeit
Facilitator: Dozent des Kurses Virtual Action Learning
Dauer des Action Learning: Vier Monate
Vernetzung: Mehrere Sets mit völlig unabhängigen Aufgaben in der Kohorte
Lernen und Reflexion: Erfahrungslernen

Eine Gruppe Studierender mit dem Schwerpunkt Training und Coaching wollte praktische Erfahrungen dazu sammeln, wie Coaching als Unterstützungs- und Entwicklungsmaßnahme wirksam eingesetzt werden kann und auf diesem Wege das theoretisch Gelernte praktisch anwenden. Als Zielgruppe dafür wurden Arbeitssuchende gewählt. Die Idee war folgende: Das Set bietet der Bundesagentur für Arbeit ein Konzept für das Coaching von Arbeitssuchenden an und führt es bei Akzeptanz auch mindestens einmal durch.

Das Set hatte jetzt eine schlüssige Umsetzungsidee, die es ermöglichte, praktische Erfahrungen zu sammeln. Bei einem nächsten Setmeeting, stellte sich jedoch Folgendes heraus: Das Set hatte sehr viel Energie in die Ausarbeitung eines Konzepts gesteckt, welches dadurch immer detaillierter wurde und zahlreiche Annahmen über den Bedarf der Zielgruppe enthielt. Bis dahin unterschied sich die Arbeit des Sets aber noch nicht von den theoretischen Übungsaufgaben, wie sie auch sonst im Studium üblich sind. Den wesentlichen Schritt, Kontakt mit der Bundesagentur aufzunehmen hatte das Set dagegen noch nicht vollzogen.

An dieser Stelle kommt dem Dozenten in der Rolle des Facilitators eine entscheidende Bedeutung zu. Um Lernen in Gang zu setzen, ist es erforderlich, in die Auswertung zu gehen, in diesem Fall also einen Klärungsprozess darüber in Gang zu setzen, wie zielführend das gewählte Vorgehen ist und was ggf. den nächsten Schritt verhindert. Die Rückmeldung des Facilitators an das Set war: „Sie arbeiten sehr engagiert an Ihrem Thema, auffallend ist aber, dass die Aktion in Form einer Umsetzung in der Praxis, die ein Kernmerkmal von Action Learning ist, bislang fehlt. Woran liegt es, dass Sie bislang nicht auf die Bundesagentur zugegangen sind?"

Die Frage zeigt, dass es jetzt nicht mehr ausschließlich darum ging, wie ein sinnvolles Coaching-Konzept aufgebaut ist, sondern darum, wie die Voraussetzungen für eine Erprobung geschaffen werden können und welche expliziten oder impliziten Annahmen das Verhalten der Studierenden diesbezüglich beeinflussten.

Die Klärung ergab Folgendes: Unter den Studierenden kursierte die Annahme, sie könnten nur einmal auf die Bundesagentur zugehen. Bei diesem Kontakt müssten sie ein perfektes Konzept vorlegen und in der Lage sein, alle Fragen kompetent und richtig zu beantworten. Nichts dürfte offen bleiben. Aufgrund dieser Annahme feilten die Studierenden zwar an ihrem Konzept, vermieden gleichzeitig aber den Realitätstest.

Die nächste Facilitator-Frage zielte auf die Überprüfung dieser Annahme: „Woher wissen Sie, dass Ihre Annahme stimmt?" Dies setzte einen mehrstufigen Prozess in Gang, in welchem die Studierenden gegenseitig ihre Annahme hinterfragten, zunächst verteidigten und schließlich dekonstruierten.

Im Anschluss an das Setmeeting nahm das Set Kontakt zu mehreren lokalen Arbeitsagenturen auf. Der Schritt der Studierenden in die Realität führte umgehend zu einem positiven Ergebnis: Zwei Agenturen luden das Set ein, in einem begrenzten Rahmen ihr Konzept zu erproben. Die Studierenden erhielten so in der Folge Einblick in die Arbeitsweise der Agentur. Ein Auftraggeber stand ihnen als Ansprechpartner zur Verfügung, um das Projekt zu steuern. Gleichzeitig definierte die Agentur den Anspruch, die Coachings sorgfältig auszuwerten, um im Anschluss an das Projekt entscheiden zu können, inwiefern eine weitere Verfolgung dieses Konzepts sinnvoll sei.

Erinnern wir uns: der Ausgangspunkt für das Projekt war, persönliche Erfahrungen zu sammeln, wie Coaching als wirksame Unterstützungs- und Entwicklungsmaßnahme eingesetzt werden kann. Die Umsetzung brachte jedoch viele zusätzliche Herausforderungen mit sich, die unmittelbar den Ausbau der Handlungskompetenz förderten, wertvolle einmalige Erfahrung lieferten und praxisgetriebenes Lernen angestoßen hatten. Dazu gehörte als auslösendes Schlüsselelement die kritische Überprüfung der kollektiven Setannahme, dass nur eine perfekt ausgearbeitete Idee kommuniziert und präsentiert werden dürfe. Die praktische Erfahrung brachte demgegenüber den Setteilnehmern die Erkenntnis, dass die Arbeitsagentur bereit war, als Partner bzw. Auftraggeber dabei zu sein, um mit unterschiedlichen Rollen zum Erfolg beizutragen. Der zunächst relativ unspezifische Begriff des „Arbeitssuchenden" wurde jetzt systematisch nach unterschiedlichen Zielgruppen differenziert, mit denen die Studierenden ihr Konzept in einem zuvor genau abgesteckten Rahmen erproben durften. Neben dem praktischen Einüben und Ausprobieren bestimmter Coaching-Elemente war nun auch eine systematische persönliche Auswertung gefragt, die im Set neue intensive Lernschleifen in Gang setzte, bei denen der Dozent als Facilitator unterstützend eingriff. Schließlich gehörte es zu den Lernerlebnissen, konkrete Erfahrungen mit der Arbeitsweise einer Großorganisation zu machen und daran zu arbeiten, wie ein selbst erarbeitetes Konzept für einen systematischen Einsatz aufbereitet und geprüft wurde.

Ein wichtiger Aspekt muss in diesem Zusammenhang erwähnt werden, nämlich inwieweit sich Action Learning an der Hochschule von theoretischen Übungen unterscheidet: Aktion birgt immer Risiko und die Gefahr des Scheiterns. Die Befürchtung der Studierenden, mit ihrem Konzept von der Agentur abgelehnt zu werden, führte lange zur Vermeidung der Aktion. Es existiert aber auch exakt das entgegengesetzte Risiko: Eine Aktion, die man in Gang setzt, zeigt Erfolg und das, was zuvor kühne Gedankenspiele *Ideen rasch testen* waren, nimmt urplötzlich Realität an und verlangt nach sorgsamer Umsetzung in derselben. In der vom Facilitator begleiteten Reflexion ist es dann möglich, verschiedene Ebenen zu differenzieren und Bezüge zwischen ihnen aufzuzeigen: Die individuelle Ebene des Erlebens und Wachsens, welche manchmal rasch zwischen Größenfantasien und Ohnmachtsgefühlen pendelt, bis hin zur gemeinsamen Entwicklung im Set, welches von theoretischer Ausarbeitung in praktisches Erproben gegangen ist und dadurch an Kompetenz gewonnen hat. In dem aufgeführten Beispiel hatte das Set zahlreiche spannende Herausforderungen und Lernerfahrungen, die aus dem Elfenbeinturm des reinen Theorielernens herausführten und auf eigenständiges Handeln in der Unternehmenspraxis vorbereiteten.

Im Rahmen einer Hochschule können mit Action Learning eine Vielzahl von Themen aufgegriffen und als Projekte bearbeitet werden. Wesentlich für eine lernträchtige Situation ist, dass sie für die Lernenden ein echtes Problem im Sinne von Reg Revans als Herausforderung beinhaltet, d.h., wie im vorliegen Fall, mehr ist als nur die routinierte Anwendung einer bekannten Lösung.

Action Learning kann an der Hochschule in beiden Grundformen durchgeführt werden, d.h. sowohl mit einem gemeinsamen Projekt für das Set als auch mit getrennten Projekten für jedes Setmitglied. Der Hauptunterschied ist der, dass im ersten Fall eine gemeinsame Arbeitserfahrung vorliegt, die dann intensiv ausgewertet werden kann, während im zweiten Fall jeder seine eigenen Praxiserfahrungen außerhalb des Sets macht und anstelle der gemeinsamen Erfahrung eine größere Bandbreite an Fällen für die Auswertung im Set zur Verfügung steht.

Eine Themenauswahl Im Folgenden eine kleine Auswahl von Themen, die von Studierenden mit Action-Learning-Projekten erfolgreich bearbeitet wurden:

- ▶ Aufbau einer internet-basierten studentischen Unternehmensberatung
- ▶ Entwicklung einer interaktiven App zum Wissensmanagement für ein Consulting-Unternehmen
- ▶ Entwicklung eines Mitarbeitergesprächs für ein Dienstleistungsunternehmen
- ▶ Gewaltprävention in der S-Bahn

▶ Interkulturelle Sensibilisierung an der Grundschule
▶ Entwicklung und Pilotierung eines Leadership-Programms mit Action
   Learning
▶ Ein Praktikanten-Guide mit Tipps zahlreicher Unternehmen
▶ Trimodale Ausbildung für ein Großunternehmen
▶ Stilberatung für Geschäftsleute
▶ ...

Nicht alle Projekte gelingen so, wie dies ursprünglich von den Teilnehmern geplant war – genau daran zeigt sich der feine und erfahrungsträchtige Unterschied zwischen Theorie und Praxis. Die allermeisten Projekte führen aber zu nachhaltigen Lernprozessen. Oft entstehen Vertrauensbeziehungen und manchmal sogar über Jahre weiterbestehende fruchtbare Netzwerke.

Nachhaltige
Lernprozesse

Im nachfolgenden Beitrag erläutert Christian Werner, selbst ein Pionier für Virtual Action Learning im Hochschulbereich, warum aus Sicht einer Hochschulleitung die Integration von Action Learning in das Angebot einer kompetenzorientierten Hochschule sinnvoll ist.

Christian H. Werner: Action Learning – ein praxisorientierter Zugang im Hochschulbereich

Prof. Christian Werner, Präsident der Fachhochschule für angewandtes Management, Erding

Nach dem Motto „Wissen ist nicht Macht. Erst Können macht den Unterschied" versteht sich die Fachhochschule für angewandtes Management als Handlungs-Kompetenz-Zentrum, in dem Wissen mit praktischer Bedeutung auf akademischem Niveau vermittelt wird. Lernen wird dabei als ein aktiver und konstruktiver Prozess interpretiert.

Ziel ist es in diesem Zusammenhang, den Studierenden Lehr-Lern-Settings anzubieten, in denen berufsrelevante Schlüsselqualifikationen erworben und personale, soziale sowie fachliche und methodische Kompetenzen zu einem persönlichen Kompetenzprofil entwickelt werden können. Studierende sollen bereits während, aber vor allem nach ihrem Studium die erworbenen Kompetenzen im beruflichen Umfeld einsetzen können.

Das didaktische Konzept der Fachhochschule für angewandtes Management ist demzufolge geprägt von Lehr- und Lernmethoden, die diesem Anspruch gerecht werden und somit sämtlich den handlungsorientierten Ansätzen zuzuordnen sind. Der gemeinsame Kern dieser handlungsorientierten Ansätze „ist die eigentätige, viele Sinne umfassende Auseinandersetzung und aktive Aneignung eines Lerngegenstandes" (Gudjons, 2008, S. 8).

Action Learning als eine Methode des reflektierten, auf Erfahrungen basierenden Lernens wird den methodisch-didaktischen Anforderungen an die Lehrveranstaltungen einer kompetenzorientierten Hochschule besonders gut gerecht. Aus diesem Grund hat die Fachhochschule für angewandtes Management bereits 2003 bei der Konzeption der Studiengänge verpflichtende Action-Learning-Module in alle Studienrichtungen integriert. Die Lernarrangements in den Action-Learning-Modulen orientieren sich dabei an den Gegebenheiten und Bedürfnissen in der Praxis. Ausgangspunkt in den Modulen sind reale Arbeitsaufträge aus der Praxis, die von den Studierenden im Sinne der Selbststeuerung akquiriert werden. Ansprechpartner sind beispielsweise Kooperationspartner der Hochschule oder auch Unternehmen aus dem Umfeld der Studierenden. Der Auftraggeber ist im Projektverlauf fachlicher Ansprechpartner für die Lernenden. Die Projekte werden durch die Studierenden im Team in Eigenregie und Selbstorganisation bearbeitet. Die jeweiligen Dozentinnen und Dozenten, die selbst Experten für Action Learning sind, begleiten den Prozess und nehmen gegebenenfalls die Rolle eines Facilitators ein.

Charakteristische Elemente für Action Learning an der Hochschule sind das Erreichen der von den Studierenden individuell definierten Lernziele sowie die Vermittlung der Methodik des Action Learning. Zum anderen – und das ist an der Hochschule besonders bedeutsam – ist die Reflexion der prozessualen Projektbearbeitung an sich sowie die Reflexion der Gruppendynamik und sozialen Interaktionen im Team im Projektverlauf ein bedeutendes Lernfeld.

Dabei unterscheidet sich Action Learning an der Hochschule nur wenig von Action Learning in anderen Settings. Ziel ist es, durch sogenanntes Learning by Doing und die im Projektverlauf gewonnenen Erfahrungen fachliche Kompetenzen im Themengebiet zu entwickeln. Unterstützt wird dies mit prozessbezogenem Input seitens der Dozentinnen und Dozenten sowie durch (moderierte) Diskussionen im Team seitens der Kommilitoninnen und Kommilitonen. Das an sich geschlossene Lernarrangement an der Hochschule wird durch methodische Variation des Einsatzes von Action Learning der Praxistransfer zugleich Teil und Ziel des Lernprozesses.

Gleichzeitig wird durch den Einsatz von Action Learning neben den durch Erfahrungslernen geförderten fachlichen Kompetenzen ein weiterer Aspekt des Kompetenzprofils angesprochen: Die Förderung sozialer Kompetenzen. Die Bearbeitung der Aufgaben im Team von Kommilitonen und der starke Fokus auf selbstständiges und selbstgesteuertes Arbeiten in der Gruppe tragen zur Stärkung des Kompetenzprofils in ebendiesem Bereich bei. Verstärkt wird dieser Effekt dadurch, dass das Lernsetting diese Reflexion nicht nur unterstützt, sondern den Dozentinnen und Dozenten in der Rolle von Facilitators die Aufgabe zukommt, die Reflexion der Einzelpersonen wie der Gruppen anzuregen. Die angestrebte Reflexionsleistung beinhaltet mehrere Aspekte: den Erreichungsgrad der von den Studierenden selbst definierten Lernziele, die Interaktion der Einzelnen in der Gruppe, die Gruppendynamik vor dem Hintergrund verschiedener Projektphasen, Einzel- und Gruppenstrategien zur Bewältigung kritischer Situationen sowie das Erkennen individueller Entwicklungspotenziale.

Zusammenfassend lässt sich sagen, dass Action Learning für die Hochschule als Methode sehr gut geeignet ist, um bei den Studierenden Handlungskompetenz nachhaltig aufzubauen. Action Learning bietet für die Studierenden ein attraktives und herausforderndes Lehr-Lern-Arrangement, das ihnen die Möglichkeiten bietet, ihr persönliches Kompetenzprofil im fachlichen wie im sozialen Bereich zu entwickeln. Für die Fachhochschule für angewandtes Management ist dies der Grund dafür, Action Learning als Teil der akademischen Lehre weiterzuentwickeln und den Einsatz schrittweise auszuweiten.

Literatur:
Gudjons, H. (2008). Handlungsorientiert lehren und lernen. Bad Heilbrunn: Klinkhardt.

Passt Action Learning auch an die Schule?

Auch im schulischen Bereich ist es sehr gut möglich, Action Learning erfolgreich einzusetzen. Dabei gilt Vieles analog, was oben für den Hochschulbereich besprochen wurde. Dennoch gibt es auch einige Besonderheiten an Schulen, die berücksichtigt werden sollten.

Ein wichtiges Argument für Action Learning ist die Tendenz, Schulen nicht mehr vorwiegend als Lehranstalten, sondern zunehmend als lernende Organisationen zu begreifen. Dies beinhaltet einen Perspektivwechsel weg von der reinen Wissensvermittlung und hin zu selbstgesteuertem Lernen und Aufbau von Handlungskompetenz (z.B. Fauser, Prenzel & Schratz, 2010). Action Learning bietet sich an für vernetztes und projektorientiertes Lernen und wird zum Beispiel in Bayern in einem Beitrag der Zeitschrift des Verbands der Wirtschaftsphilologen (Vonderau, 2011) als Lehrmethode empfohlen.

Im englischsprachigen Bereich wird Action Learning auch von Lehrergruppen praktiziert, um die Lehre fortzuentwickeln und Schulprobleme zu lösen (Aubusson, Ewing & Hoban, 2009). In dem Maße wie Schulen sich als „Lernende Organisationen" verstehen, die eigenständiges und selbstverantwortliches Lernen der Schüler fördern, kann Action Learning ein sehr sinnvoller Ansatz sein.

Bürgerliches Engagement mit Action Learning

Bürgerliches Engagement, Gestaltung der eigenen Lebenswelt in der Zivilgesellschaft, soziale Verantwortung, Entwicklungshilfe und Community-Arbeit waren von Beginn an wichtige Auslöser und Anliegen handlungsorientierter Ansätze wie dem des Action Learning. Überall, wo es darum geht, dass Betroffene Dinge selbst in die Hand nehmen und mitgestalten wollen, kann Action Learning dabei unterstützen, die schöpferischen Kräfte in einem gemeinsamen Prozess zu entfalten und zu bündeln, um Veränderungen in Gang zu setzen.

Action Learning in der Zivilgesellschaft – ein Gespräch mit Otmar Donnenberg

Otmar Donnenberg ist Organisationsberater und einer der Pioniere für Action Learning im deutschsprachigen Raum, aber auch in den Niederlanden. Er beschäftigt sich heute intensiv mit der Anwendung von Action Learning für Initiativen des bürgerschaftlichen Engagements.

Frage: Welchen Nutzen kann Action Learning konkret im Bereich bürgerlicher Initiativen haben?

Donnenberg: Action Learning kann in mehrfacher Hinsicht seinen Nutzen beweisen für das gemeinsame Lernen in und aus der Initiativarbeit:

1. Für das Umdenken
Wie sollen die Beteiligten ihr Umdenken zustande bringen? Die faktische Teilnahme an einer Erneuerungsinitiative bedeutet noch nicht, dass man das nicht mehr zeitgemäße Denken und Tun abgelegt hat, häufig wirkt es als unbewusst wirkende Bremse und Blockade für die Praxis der nach Erneuerung Strebenden. Engagierte tun sich schwer, in der ohnehin knappen Zeit, die sie für die Extra-Arbeiten der Initiative haben, auch noch die Muße für gründliche Reflexionen aufzubringen.

Die Problematik des Lernens und die Möglichkeiten der Steigerung des Lernens in Bürger-Initiativen habe ich ausgearbeitet im Hinblick auf den Lernbedarf in der Regiogeld-Bewegung.[6]

2. Für die Vernetzung
Es ist immer wieder überraschend, festzustellen, wie viele Reforminitiativen heute unterwegs sind, viel zu oft leider ohne einander zu kennen, mit starken Gefühlen der Einsamkeit und des Unverstandenseins. Vernetzung und Bündelung von Kräften ist ein Gebot der Stunde, um aus den marginalen Wirkungsbereichen jedes Einzelnen herauszukommen, um die Initiative zu etwas zu entwickeln, was nachhaltig ist und in größerem Maßstab Wirkungen erzielt. Mit alten Organisationsformen Neues zustandebringen zu wollen, ist eine fragwürdige Sache. Alte Organisationsformen konditionieren für alte Vorgehensweisen. Im Hinblick auf das an vielen Orten festzustellende Versagen von Institutionen fordert das ein Erproben anderer Vorgehensweisen und Organisationsformen heraus. Wie ist ein Netzwerk zu gestalten, sodass es die Initiativkraft der Einzelpersonen und einzelner Gruppierungen anregt und gewährleistet? Auch für die Organisation der heute vielfach propagierten Social Entrepreneurship gilt diese Frage. Um die damit verbundenen sozialen, nicht nur wirtschaftlichen Ziele zu erreichen brauchen sie andere Organisationsformen. Ansonsten ist die Gefahr groß, dass sie zu bedeutungslosen Alibi-Organisationen des kommerziellen Mainstreams geraten, die einem Etikettenschwindel gleichkommen.

3. Für die Bürgerbeteiligung
Der Streit um den Bau des neuen Stuttgarter Bahnhofs hat deutlich gemacht, wie sehr es an Möglichkeiten der Bürgerbeteiligung mangelt. Aber wie soll die Beteiligung aussehen? Welche Art von Facilitation ist dafür erforderlich? Was muss da erlernt und erübt werden? Beiträge der Zivilgesellschaft zum Wandel sind gefragt, vor allem dort, wo Politik und Wirtschaft nicht weiterkommen. Wie werden größere Teile der Bevölkerung wach für diese Aufgabe?

4. Für die „Unerschütterlichkeit"
Leider zu oft scheitern zivilgesellschaftliche Initiativen. Auch wenn es nicht direkt zu einem Scheitern kommt, geraten Mitglieder in das Spannungsfeld zwischen zunehmendem Bewusstsein über fundamentale Schieflagen in unserer Gesellschaft und Unverständnis darüber sowie Ablehnung bei vielen ihrer Mitbürger. Das kann auf Dauer bei den Engagierten zu Abstumpfung, Apathie, Verzweiflung, Zynismus und ohnmächtiger Wut führen. Welche innerliche Entwicklungsarbeit hilft da hindurch? Erfreulicherweise wissen sich Engagierte z.B. mit sogenannter „Verzweiflungsarbeit" im Sinne von Joanna Macy[7] zu helfen: Annahme des Schmerzes um die Welt und Würdigung dieses Schmerzes.

---

[6] Otmar Donnenberg: Lernen für Bürgergeld und Regionalentwicklung, S. 160-199. In: Peter Krause (Hrsg.): Anders. Band I: Komplementärwährungen. Die eigne Welt mit neuem Geld. Coinstatt-Kooperationsring, Herdecke, 2010.

[7] Joanna Macy, Molly Young Brown: Die Reise ins lebendige Leben. Strategien zum Aufbau einer zukunftsfähigen Welt – ein Handbuch. Junfermann Verlag, Paderborn, 2007.

5. Für das Vertrauen in die Problemlösungsfähigkeit der Bürger vor Ort

Die Professionalisierung und Bürokratisierung und die Entwicklung der politischen Parteien haben eine Tendenz gefördert, Entscheidungen über Planungen und Problemlösungen weit oben in die Hierarchie, hinein in hochrangig besetzte Fachgremien, weit weg vom Schauplatz des Geschehens, hinter verschlossene Türen in kleine zentrale Organe und Instanzen zu verlegen. Damit liegt viel zu viel Kapazität brach, eine Verschwendung gesellschaftlicher Kräfte. Initiativkraft der direkt Beteiligten und deren Beobachtungen und Erfahrungen aus der Situation selbst werden auf diese Weise leicht verwahrlost.

Wie erlangen diese wieder das Selbstvertrauen und die Übung zur Selbsthilfe? Wenn neuerdings versucht wird, mehr Bürgerbeteiligung zu realisieren, gibt es viel zu lernen: Experten und Top-Entscheider müssen ihre Angst vor Macht- und Kontrollverlust überwinden und Raum- und Rahmenbedingungen schaffen lernen für lokales Engagement; Leute vor Ort müssen lernen, auf Augenhöhe mit Experten und Top-Entscheidern zu arbeiten, was alles andere als leicht ist, wenn diese versuchen, alles wie gewohnt an sich zu nehmen. Sie müssen lernen, das Miteinander der verschiedenen Beiträge selbst zu organisieren und zu einem guten Ergebnis zu bringen. Eine Trendwende erster Klasse!

Im Rahmen des Netzwerks „Freiburg im Wandel (FiW)" gibt es ein „LERNHAUS". Es handelt sich um regelmäßige Zusammenkünfte, an jedem vierten Donnerstag im Monat, immer am selben Ort, wo Mitglieder von FiW-Initiativen sich zur Reflexion von Erfahrungen und aktuellen Fragen aus ihrer jeweiligen Arbeit treffen. Eine beständige Kerngruppe sorgt für Organisation und Moderation, ansonsten ist jeder Interessierte willkommen, manchmal sind es 30 Teilnehmer die kommen – dann wird zum Teil in Kleingruppen gearbeitet –, manchmal nur zehn – dann bleiben alle den Abend über in einer Gruppe zusammen. Die Teilnehmer sind einander behilflich, bestehendes fragwürdiges Wissen und Wissenslücken zu erkennen und neue Erkenntnisse durch Reflexion zu gewinnen.

Ziel ist es, im Bewusstsein mit Irrtümern und überholtem Wissen aufzuräumen. Es wird viel Wert gelegt auf das Einüben der Dialogführung und eines Sprechens miteinander im Sinne der gewaltfreien Kommunikation. Besondere Beachtung finden auch Wege der Entscheidungsfindung, zum Beispiel im Vertrautwerden mit den Möglichkeiten der soziokratischen Entscheidungsfindung. Hier ist Raum für die Bewusstseinsbildung zu den genannten fünf Entwicklungsbereichen in der zivilgesellschaftlichen Arbeit und für die Gewinnung von Ansatzpunkten für systematische Schulungsarbeit.

Dieses Kapitel hat einen Einblick in bedeutende Anwendungsfelder für Action Learning gegeben, die zeigen für welche große Bandbreite an Einsatzmöglichkeiten sich dieser Ansatz eignet. Im Vordergrund steht dabei immer selbstgesteuertes Lernen in einem realen Umfeld um zielführende Aktionen in Gang zu setzen. Im nächsten Kapitel wird nun die Organisation des Lernens im Action Learning thematisiert.

Lernen

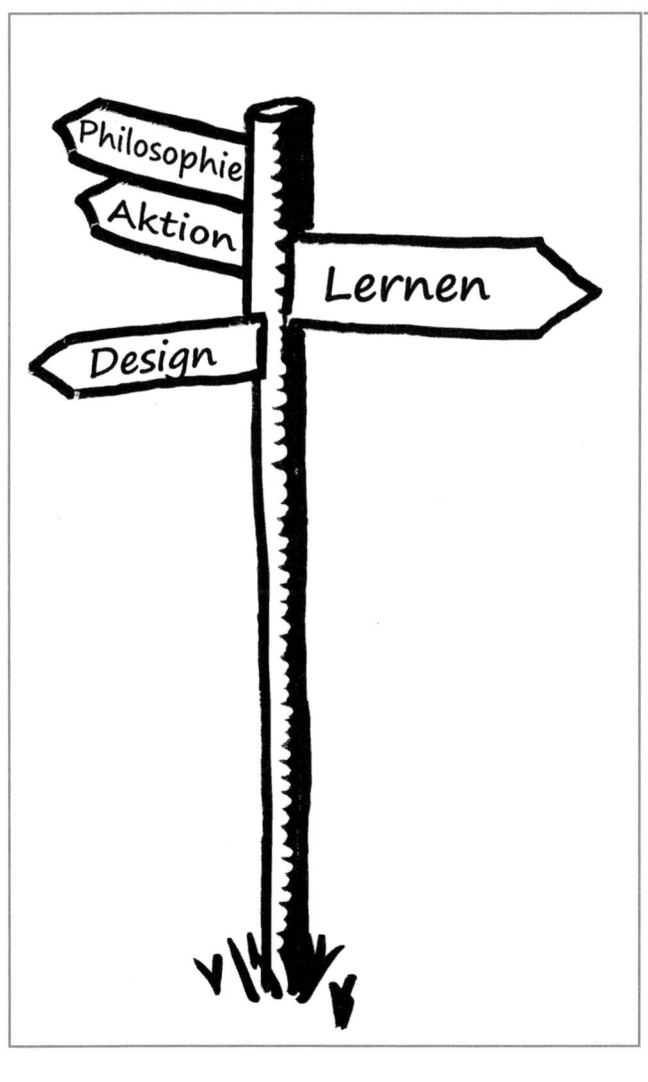

Schnellfinder

Die wichtigste Ressource zur Orientierung in unserem Leben ist unsere Fähigkeit zu lernen. Durch Lernen begreifen wir unsere Umgebung und haben gleichzeitig auch Möglichkeiten, sie zu gestalten. Unsere Wirksamkeit hängt dabei in einem hohen Maße von der Kooperation mit anderen ab, d.h. von Beziehungen und Interaktionen, die soziale Lernprozesse ermöglichen. Action Learning ist ein Weg, soziale Lernprozesse intensiv und hochwirksam zu gestalten, um nachhaltig agieren zu können.

Zum Einstieg wird die *Arbeitsweise in einem Set* beschrieben und mit einer Checkliste unterstützt, um dann die *zentrale Rolle des Facilitators* zu thematisieren mit den Werthaltungen, die diese Rolle impliziert, sowie seinen Aufgaben und den Fähigkeiten, die er dafür benötigt.

Anschließend wird das *methodische Rüstzeug der Setarbeit* thematisiert. Im Zentrum dieser Arbeit stehen Reflexion und Lernen, ausgelöst durch die *Kraft klärender und Erkenntnisse auslösender Fragen*. Das *SAGA-Modell* erleichtert es, die verschiedenen Dimensionen des Wissens für das Hinterfragen zu nutzen. Der Prozessablauf zur Einstimmung auf Action Learning und für die spätere Arbeit im Set wird mit der Methode der *Problembefragung* als Grundlage eingeführt. Als Beispiel für eine weitere Methode, die bei Bedarf verwendet werden kann, wird ergänzend das *Reflecting Team* vorgestellt.

Durch die Bearbeitung von Problemen und Projekten kann es immer wieder zu *Krisen im Set* kommen. Sie stellen eine Herausforderung, aber auch eine Chance für das Lernen dar. Einige Krisensituationen werden beispielhaft besprochen. Zum Abschluss dieses Kapitels wird schließlich thematisiert, wie der *Erfolg von Action Learning evaluiert* werden kann.

Setmeetings

Manchmal startet der Action-Learning-Prozess mit einem einzigen Set, das dann gemeinsam den Arbeitsprozess festlegt. Oft findet der Auftakt aber als Kick-off, etwa im Rahmen eines Leadership-Programms oder eines Veränderungsprojekts statt. Der Prozess der Setbildung, der ja für eine spätere produktive Arbeit im Set durchaus wichtig ist, ist dann Teil des Programms. Um einen möglichst umfassenden Eindruck zu geben, soll hier von letzterem Fall ausgegangen werden.

Der Kick-off für Action Learning

Natürlich kann so ein Kick-off-Workshop ganz individuell gestaltet werden und jede Veranstaltung ist anders. *Im Folgenden wird daher als Orientierung ein möglicher Ablauf geschildert*, wie er sich in der Praxis bewährt hat.

Kick-off-Workshop

Für den Auftakt sollte ein halber Tag bis ein Tag eingeplant werden. Zur Begrüßung gibt der Sponsor (mehr zu den Rollen auf Seite 221 ff.) einen Überblick und erläutert, warum die Entscheidung für Action Learning gefallen ist, was sich die Organisation davon verspricht und welche Randbedingungen es ggf. gibt. Sinnvoll ist ein Hinweis darauf, dass jeder selbst entscheiden kann, ob er am Action Learning teilnimmt, sofern dies nicht schon im Vorfeld Bedingung für die Anmeldung war.

Anschließend stellt der Facilitator den Action-Learning-Ansatz vor, gibt einige Hintergründe dazu, informiert über die verschiedenen Schritte und beantwortet Fragen. Dies ist sinnvoll und notwendig zur Orientierung. Wirklich verstanden wird der Ansatz aber meist erst richtig, wenn man anfängt, damit zu arbeiten. Die theoretische Einführung sollte daher nicht zu lange dauern, um die Teilnehmer möglichst schnell mit der praktischen Kraft von Action Learning in Berührung zu bringen.

Wenn in den Sets die Bearbeitung individueller Thematiken im Vordergrund steht, ist es eine gute Möglichkeit, mit der *Methode der Problembefragung* (siehe S. 174) zu starten, da diese auch mit einer größeren Gruppe durchgeführt werden kann und gleichzeitig die Bedeutung eines fragenden Vorgehens sehr nachhaltig verdeutlicht.

In allen Fällen, in denen die gemeinsame Bearbeitung von Projekten bzw. Problemen im Vordergrund steht, müssen Themen für die Projekte vorab vom Sponsor oder Auftraggeber benannt oder von den Teilnehmern im Prozess selbst gesammelt werden.

Pedler (2008) schlägt vor, für eine erste Bearbeitung von Projektvorschlägen die Teilnehmer in willkürlich gewählte Gruppen von ca. sechs bis acht Personen zusammenzusetzen und ihnen eines der Themen mit der Bitte zu geben, rasch umsetzbare Vorschläge zur Problemlösung zu sammeln. Die Vorschläge der verschiedenen Gruppen werden im Plenum vorgestellt und vom Sponsor zur Prüfung aufgenommen.

Zum Abschluss des Workshops bedankt sich der Sponsor für das Engagement und klärt, wer bereit ist, weiter an den benannten, meist drängenden Projekten mitzuarbeiten und sich dafür auf einen Action-Learning-Prozess einzulassen. Oft wird eine Bedenkzeit für die Rückmeldung von einigen Tagen eingeräumt und die Sets werden erst anschließend zusammengestellt.

Ein alternatives Vorgehen ist es, die Setbildung gleich vor Ort vorzunehmen. Dies kann in einem selbstgesteuerten Prozess geschehen, bei dem die Teilnehmer sowohl über die auszuwählenden Projektthemen als auch über die Zusammensetzung der Sets entscheiden.

Das erste Setmeeting

Im ersten Setmeeting geht es darum, gemeinsam die Grundlagen für eine vertrauensvolle und fördernde Zusammenarbeit im Set und mit dem Facilitator zu schaffen. Zu Beginn ist eine kurze Reflexion der Startbedingungen und der mit dem Set verknüpften Erwartungen hilfreich. Dazu einige Leitfragen:

Leitfragen im ersten Setmeeting
- ▶ Wie haben wir uns gefunden?
- ▶ Nach welchen Gesichtspunkten hat jeder Einzelne gewählt?
- ▶ Welche Wünsche und Erwartungen hat der Einzelne ans Set?
- ▶ Welche Probleme und Herausforderungen bewegen die einzelnen Setmitglieder derzeit? Welche Absprachen wurden dazu ggf. schon getroffen (z.B. mit Chef, Auftraggeber, Kollegen etc.)?

Absprachen zur Arbeit im Set (Spielregeln)

Ein wesentlicher Inhalt des ersten Setmeetings ist die Vereinbarung grundlegender Regeln zur Zusammenarbeit, die sogenannten *„Ground Rules"*. *Die Bedeutung der Spielregeln wird besonders von unerfahrenen Action Learnern leider häufig unterschätzt.* Die Aufgabe wird dann schnell abgetan („Höflichkeitsregeln verstehen sich ja von selbst." etc.) oder sie werden zu weich oder zu allgemein formuliert und sind daher nicht wirksam, wenn es zu Unstimmigkeiten kommt oder wenn bei jemandem ein Unbehagen auftritt, wie dies in intensiven Entwicklungsprozessen ja durchaus gelegentlich geschehen kann.

Das Potenzial guter Spielregeln besteht darin, ein gemeinsames Verständnis zu schaffen, welches den Teilnehmern aufgrund des vorausgehenden gemeinsamen Klärungsprozesses im Set Sicherheit gibt. Dabei gilt die Faustregel, dass mit der Klarheit und Eindeutigkeit der Regeln ihre Wirkung steigt. Außerdem bieten sie die Möglichkeit, auftretende Probleme zur Weiterentwicklung des Sets zu nutzen. Bei Bedarf (z.B. aufgrund neuer Erfahrungen) können die Regeln jederzeit vom Set abgeändert oder ergänzt werden.

Die wichtigsten Regeln betreffen Vertraulichkeit, Verbindlichkeit und Pünktlichkeit. Diese und weitere wichtige Regeln sind nachfolgend aufgeführt:

Vertraulichkeit

Ein Set braucht klare Grenzen nach außen, damit die Teilnehmer Offenheit nach innen praktizieren können, ohne das Risiko einzugehen, dass daraus Nachteile im Verhältnis zu Dritten entstehen.

Verbindlichkeit

Jeder Teilnehmer sollte relativ frei entscheiden können, ob er Mitglied in einem bestimmten Set sein möchte oder nicht. Wenn diese Entscheidung aber einmal gefallen ist, muss sie verbindlich sein, damit jeder im Set weiß, wer wirklich dabei ist und wer nicht. Verbindlichkeit bezieht sich auf Absprachen des Sets und insbesondere auch auf die vereinbarten Termine der Setmeetings.

Pünktlichkeit

Die Arbeit im Set ist sehr intensiv und meist zeitlich begrenzt. Um diese Zeit tatsächlich effektiv nutzen zu können, ist es notwendig, dass alle so rechtzeitig da sind, dass pünktlich gestartet werden kann. Manche

Klare Absprachen treffen

Die wichtigsten Vereinbarungen

Sets vereinbaren, sich vor dem eigentlichen Beginn zu Kaffee oder einem gemeinsamen Mittagessen zu treffen. Dies ermöglicht ein informelles Einschwingen auf die anderen Setmitglieder und schafft außerdem einen kleinen Puffer, falls sich doch jemand verspäten sollte.

Zeiteinteilung

Jedes Setmitglied hat in jedem Setmeeting prinzipiell dasselbe Anrecht auf Zeit für seine Themen („Air Time"). Unabhängig davon kann zu Beginn eines Setmeetings nach den Bedürfnissen der Teilnehmer eine andere Zeiteinteilung vereinbart werden.

Offenheit

Jeder im Set ist bereit, seine eigenen Probleme einzubringen und diese offen zu präsentieren. Im Set wird konstruktives, aber auch ehrliches Feedback praktiziert. Die Teilnehmer hinterfragen einander mit fördernden und die Reflexion anregenden Fragen.

Grenzen

Jeder Teilnehmer ist berechtigt, Grenzen zu ziehen, was er besprechen möchte und wie tief. Solange er keine Grenzen gezogen hat, ist eine weitere Vertiefung durch das Set willkommen.

Fordern und Fördern

Die Teilnehmer stellen kritische Fragen mit der Einstellung, den anderen zu *fordern*, das eigene Verhalten und die eigene Sicht zu überprüfen und zu *unterstützen*, indem Entwicklungsimpulse gesetzt werden.

Weitere Vereinbarungen können organisatorische Fragen betreffen, wie die Dokumentation der Ergebnisse, die Verantwortlichkeiten der Teilnehmer und die Zusammenarbeit mit dem Facilitator.

Beispiele weiterer Vereinbarungen

In einem Set mit einem gemeinsamen Projekt wurden beispielsweise noch folgende Regeln zusätzlich vereinbart:

▶ Tauchen während der Zusammenarbeit Schwierigkeiten oder Probleme innerhalb des Sets auf, sprechen sich die Setmitglieder gegenseitig offen darauf an.
▶ Nach jedem einzelnen Schritt zur Erreichung des Projektziels geben alle Mitglieder innerhalb des Sets konstruktives und ehrliches Feedback

bezüglich der Vorgehensweise und Umsetzung des jeweiligen Projektschrittes.

▶ Jeder Setteilnehmer nimmt sich nach jeder Feedback-Runde mindestens zehn Minuten Zeit, um sich mit dem ausgesprochenen Feedback auseinanderzusetzen, dieses zu reflektieren und Ziele zur Verbesserung zu setzen.

▶ Nach jeder Teambesprechung erledigt jeder Teilnehmer seinen Arbeitsauftrag innerhalb einer Woche.

Die Spielregeln sind das Ergebnis eines Klärungsprozesses im Set und stellen ein gemeinsames Grundverständnis dar, welches die Zusammenarbeit bei den zukünftigen Setmeetings prägt. Sie können daher genutzt werden, um auftretende Meinungsverschiedenheiten und Unterschiedlichkeiten produktiv zu klären. Der Prozess, in welchem die Spielregeln gemeinsam definiert worden sind, kann dafür ein Modell sein, wenn das Set diesen Punkt tatsächlich ernst genommen und nicht nur abgehakt hat. Manchmal wird die Bedeutung guter Regeln aber auch erst bewusst, wenn es Klärungsbedarf gibt. Der Facilitator sollte dann die Gelegenheit nutzen, die Regeln anzuwenden und ggf. gemeinsam im Set weiterzuentwickeln.

Setmeetings als Kern von Action Learning – das Grundmuster

Setmeetings sind der Kern von Action Learning, um Lernprozesse in Gang zu setzen und aufrechtzuerhalten. *Über alle Variationen im Detail hinweg gibt es gemeinsame Grundmuster, die auftreten, wenn Action Learning praktiziert wird.* Das erste Setmeeting dient dem Aufsetzen des Action-Learning-Prozesses und ist mit ersten Erfahrungen verknüpft. Ab dem zweiten Setmeeting kann auf diese Erfahrungen und Festlegungen aufgebaut werden, wodurch zunehmend eine Routine entsteht, die jedes Set auf seine Weise ausprägt.

Kernelemente eines Setmeetings

Kernelemente

▶ Willkommenskaffee
Um sich zu begrüßen und informell in Kontakt zu kommen, sind Kaffee und Snacks gut geeignet. Anschließend eröffnet der Facilitator die Sitzung.

▶ Organisatorisches
Der zeitliche Rahmen für die Sitzung wird noch einmal genannt, die Teilnehmer treffen Absprachen für Mahlzeiten und sonstige organisatorische Wünsche.

▶ Wo steht jeder aktuell?

Jedes Setmitglied berichtet kurz, was seit dem letzten Mal passiert ist, welche Aktionen von ihm umgesetzt wurden und was dies bewirkt hat. Interessant ist auch, wenn geplante Aktionen nicht umgesetzt wurden oder sich ganz neue Entwicklungen ergeben haben. Häufig ergeben sich aus dem Bericht neue Fragestellungen. Oder es gibt ein neues, jetzt wichtigeres Problem, welches das Setmitglied in dieser Sitzung bearbeiten möchte.

▶ Absprache für das Setmeeting

Anschließend wird im Set gemeinsam besprochen, wie die Zeit aufgeteilt werden soll. Grundsätzlich gilt, dass jedes Setmitglied denselben Anspruch auf Zeit hat (siehe *Spielregeln*). Das Set kann sich aber darauf einigen, manchen Teilnehmern mehr Zeit einzuräumen, wenn ein anderer Teilnehmer die ihm zustehende Zeit nicht oder nicht ganz benötigt. Vorrang sollten immer die aktuellen Probleme der Setmitglieder haben. Manchmal besteht auch das Bedürfnis, ein alle interessierendes Thema zu besprechen oder einen Teilnehmer als Experten zu nutzen. Am Ende der Absprache stehen das Arbeitsprogramm, die Reihenfolge der einzelnen Fallbearbeitungen und Themen sowie die Zeitstruktur für dieses Setmeeting.

▶ Arbeit an den Themen (Projekten, Herausforderungen, Problemen) der Teilnehmer

Der erste Teilnehmer startet mit seiner Frage und gibt dazu Erläuterungen aus seiner Sicht. Anschließend erfolgt die Befragung durch das Set. Der Facilitator übernimmt dafür die Prozesssteuerung. Für die Fallbearbeitung können unterschiedliche Methoden verwendet werden. Manchmal ist eine gewisse Abwechslung sinnvoll, wenn dies für das Anliegen passt, es ist aber nicht unbedingt notwendig. Wichtig ist, auf das zu achten, was der Fallbringer benötigt und nicht, sich den Zwängen einer Methode zu unterwerfen. Der Fokus der Fallbearbeitung ist immer einerseits das Problem/ Projekt und andererseits die handelnde Person mit ihren Annahmen und ihrem Verhalten in Wechselwirkung mit ihrem Umfeld.

Da bei dieser Form der Arbeit jeder Teilnehmer grundsätzlich in jeder Sitzung Raum für eine Besprechung seiner Thematik hat, besteht nicht der Anspruch, eine umfassende Fallbearbeitung durchzuführen. *Vielmehr geht es darum, in einer begrenzten Zeit den für das Setmitglied jetzt wichtigsten Aspekt zu bearbeiten, damit er mit Unterstützung des Sets etwas für sich klären kann.*

Die Frage nach den nächsten Schritten

Am Ende der Arbeit mit einem Setmitglied steht immer die Frage nach den nächsten Schritten (den Aktionen). Das Setmitglied gibt Auskunft, was er nach jetzigem Stand vorhat. In der Regel ist dies eine Aktion, die er unternehmen wird, es kann sich aber auch um ein Überdenken oder einen

Prüfvorgang handeln, um dann eine Entscheidung treffen zu können. Diese Vorhaben werden schriftlich festgehalten und sind ein guter Einstieg in den Start des nächsten Setmeetings.

Wenn alle Setmitglieder ihre Anliegen bearbeitet haben und auch alle zu Beginn der Sitzung abgesprochenen weiteren Themen geklärt sind, dient der letzte Abschnitt der Sitzung der Auswertung des Setmeetings. Ziel ist es, das eigene Lernen festzuhalten und die Entwicklung des Sets zu reflektieren. Anregung dazu bietet der Setmeeting-Auswertungsbogen auf Seite 198. Anschließend werden ggf. noch organisatorische Vereinbarungen getroffen und das Setmeeting geschlossen.

Auswertung des Setmeetings

(Download-Link in der Umschlagklappe)

Checkliste 1: Ablauf eines Setmeetings	
Thema	**Zeit**
Willkommenskaffee	30 Minuten
Begrüßung und Organisatorisches	10 Minuten
Runde Wo stehe ich? ▶ Was bringe ich heute ein? ▶ Was brauche ich heute vom Set?	30 Minuten
Absprache für den Tag	10 Minuten
Problembearbeitung	30-60 Minuten je Setmitglied
Auswertung (Einzelarbeit) ▶ Welche Aktionen nehme ich mit? ▶ Was habe ich über mich gelernt? ▶ Was über die anderen und das Set?	10 Minuten
Austausch im Set	10 Minuten
Absprachen für das nächste Setmeeting Verabschiedung	10 Minuten

Setmeeting zum Abschluss

Die letzte gemeinsame Sitzung

Action-Learning-Prozesse umfassen ganz unterschiedlich lange Zeitspannen, manche dauern einige Monate bis zu einem Jahr, andere arbeiten über viele Jahre hinweg. Wenn Action Learning im Rahmen eines Programmes (z.B. für Führungskräfte) oder eines Veränderungsprojektes angeboten wird, gibt es aber oft zumindest ein offiziell festgesetztes Ende.

Auch die letzte gemeinsame Sitzung des Sets stellt noch ein reguläres Setmeeting dar. Allerdings wird es zu den Aktionen der einzelnen Setmitglieder im Anschluss an das Treffen keine Rückmeldung an das Set mehr geben. Die Verantwortung für Auswertung und Reflexion liegt damit beim Lernenden alleine.

(Download-Link in der Umschlagklappe)

Der letzte Abschnitt des Setmeetings heißt daher *Rückblick und Ausblick*. Dafür sollte ausreichend Zeit eingeräumt werden (60-180 Minuten). Folgende Punkte können dabei thematisiert werden:

Checkliste 2: Rückblick und Ausblick zum Abschluss	
Rückblick	✓
Wie haben wir uns als Set entwickelt seit Beginn? Tipp: Visualisieren mit dem Setfluss, S. 205	
Wie hat sich jeder Einzelne entwickelt? Selbstbeobachtungen und Feedback	
Wie war die Zusammenarbeit mit dem Facilitator?	
Inwieweit hat das Set und jeder Einzelne seine Fähigkeit zur Selbst-Facilitation ausgebaut?	
Ausblick	✓
In welcher Form will jeder Einzelne Lernen und Reflexion weiterführen?	
Wie soll der Kontakt zwischen den Setmitgliedern in Zukunft gestaltet werden?	
Was nehmen wir mit ins nächste Set?	

Der Action-Learning-Facilitator

Der Facilitator hat im Action Learning eine spannende und bedeutsame Rolle inne und es ist im Laufe der langen Entwicklung immer klarer geworden, wie wichtig sie für das Gelingen ist. Wegen ihrer besonderen Bedeutung wird diese Rolle im Folgenden ausführlich thematisiert.

Der Begriff „Facilitator" kommt ursprünglich aus dem Lateinischen. „Facilis" heißt „leicht" im Sinne von „ erleichtern", es heißt aber auch „beweglich" „geschmeidig" und schließlich „freundlich" und „gütig" sowie „sicher" und „bereit". Damit sind schon einige Hinweise auf die Rolle gegeben.

Ein Facilitator ist also jemand, der es dem Set und der Organisation leichter macht, produktive Lernprozesse zuzulassen, der geschmeidig mit unterschiedlichen Kräften umgeht und der seine Rolle als wohlwollender Unterstützer und Förderer sieht, der Sicherheit vermittelt. Vor diesem Hintergrund ist er aber auch bereit, zu intervenieren und zu konfrontieren, um Reflexionsprozesse anzustoßen.

Beschreibung Facilitator

Was ist die Rolle des Facilitators?

Die Rolle des Facilitators hat sich über die Zeit entwickelt und hat daher unterschiedliche Ausprägungen erfahren. Angeregt durch Pedler & Abbott (2008) möchte ich *drei Interpretationen der Rolle* darstellen:

Der Facilitator setzt den Action-Learning-Prozess auf

Er ist der „Geburtshelfer", der hilft, den Prozess aufzusetzen und die dafür notwendigen Bedingungen für das Set und in der Organisation schafft. Er zieht sich zurück, sobald das Set zu arbeiten beginnt. Dieses Rollen-

Der „Geburtshelfer"

konzept geht auf Reg Revans (2011) zurück, der die Rolle eng begrenzen wollte, weil er befürchtete, dass unprofessionell agierende, mehrdeutige Facilitators versuchen könnten, die Kontrolle über das Set an sich zu ziehen. Außerdem vertrat er die Ansicht, dass das Set Quell und Zentrum der Energie im Action Learning sein sollte, nicht ein professioneller Experte oder Berater. Inzwischen wird eine Begrenzung auf diese Rolle allgemein nicht mehr als ausreichend eingeschätzt. Dennoch bleibt bestehen, dass der Facilitator als „Geburtshelfer" oder Initiator von Action Learning zwar eine wesentliche Aufgabe hat, das Set aber lediglich unterstützen soll, ohne es zu dominieren.

Der Facilitator dient als Rollenmodell für die Lernprozesse im Set

Der Facilitator als Rollenmodell

Er erklärt, wie das Lernen im Action Learning abläuft und steuert als Rollenmodell den Prozess. Dadurch hilft er dem Set, Abläufe und Verhaltensweisen auszuformen und mit Leben zu füllen, die ein produktives Action Learning ermöglichen. Dazu setzt er auch Methoden zur Problembearbeitung und Fragetechniken ein. In dieser Rollendefinition ist der Facilitator deutlich stärker in den Arbeitsprozess des Sets involviert. Das Ausfüllen dieser Rolle stellt bereits einen deutlich höheren fachlichen und persönlichen Anspruch an den Facilitator als in frühen Rolleninterpretationen von Revans vorgesehen. Er befindet sich dadurch auf einer Gratwanderung, einerseits das Set gut zu unterstützen und gleichzeitig die Mahnung von Reg Revans ernst zu nehmen, es nicht zu dominieren oder gar von ihm abhängig zu machen.

Der Facilitator führt das Set zur Reife und unterstützt Organisationslernen

Unterstützer für Organisationslernen und kritische Reflexion

Die dritte Rollendefinition betrachtet das Set im Rahmen seiner Funktion für das Lernen der Organisation. Die Sicht auf die Lösung individueller Probleme der Setteilnehmer wird erweitert durch den Blick auf kollektive Phänomene, z.B. handlungsleitende Annahmen und mentale Konstruktionen, aber auch Machtdynamiken und Emotionen im Set und in der weiteren Organisation. Der Facilitator macht Wechselwirkungen der verschiedenen Systemebenen auswertbar und unterstützt das Set dabei, auch in diesem Bereich Hebel zu identifizieren. Er begleitet das Set von der Bildung bis zu einem Stadium der Reife, in dem es die Kompetenz entwickelt hat, eigenständig kritische Reflexion anzuwenden. Dies stellt noch einmal höhere Anforderungen an den Facilitator, der neben einer profunden Selbstreflexion auch in der Lage sein muss, in der Reflexionsarbeit mit dem Set den Wechsel zwischen verschiedenen Systemebenen zu nutzen, um dem Set zu ermöglichen, Entwicklungsprozesse in der Organisation in Gang zu setzen.

Diese drei Rollendefinitionen sind keine einander ausschließende Alternativen, sondern stellen sinnvolle Ergänzungen und Erweiterungen dar, wie es sich schon aus dem oben erwähnten Argument ergibt, dass die ursprüngliche Auffassung von Revans heute immer noch allgemein als durchaus sinnvolle Grundlage, aber als zu begrenzt für die Erfordernisse der Praxis eingeschätzt wird und daher im Zuge der Weiterentwicklung von Action Learning deutlich ausgeweitet wurde. Recht geben muss man Pedler & Abbott außerdem wohl in dem Argument, dass sich für den Facilitator bei einer Kombination dieser Rollen eine Wahlmöglichkeit ergibt, auf welche Rollenaspekte er den Schwerpunkt legen will.

Was der Facilitator nicht ist

Da viele Facilitators auch in anderen beruflichen Rollen Erfahrung haben, soll zunächst eine Abgrenzung vorgenommen werden, was der Facilitator *nicht* ist. Dies ist von Bedeutung, um für sich selbst eine klare Rollendifferenzierung vornehmen zu können und der Gefahr vorzubeugen, in andere Rollen (z.B. als Führungskraft, Berater, Trainer, Lehrer, fachlicher oder projektbezogener Experte, Ratgeber etc.) hineinzugleiten.

Gerade bei Sets, die noch wenig Erfahrung mit Action Learning haben, kann es für den Facilitator verführerisch sein, von der Rolle des Facilitators in eine andere vertraute Rolle zu wechseln, weil das Set mangels Alternativen zunächst dankbar darauf reagiert, wenn das Risiko und die Mühe, die mit selbstverantwortlichem Lernen und Handeln verknüpft sind, so gemeinsam vermieden werden. Wenn der Facilitator z.B. Lösungen vorschlägt, die sich woanders (aber eben auch in einer ganz anderen Situation, die immer nur eingeschränkt vergleichbar ist) bewährt haben, beeinträchtigt dies das Lernen des Sets, weil damit die Notwendigkeit, eigene Erfahrungen zu sammeln, entfällt.

Kein Anbieter von Lösungen

Er ist *kein projektbezogener Experte*. Ein Facilitator versucht nicht, das Set über seine Fach- und Projektexpertise in eine bestimmte inhaltliche Richtung zu lenken. Gerade für erfolgreiche Fachexperten ist dies manchmal eine große Versuchung und führt dann leicht dazu, dass die Rolle des Facilitators nicht mehr angemessen ausgefüllt wird.

Kein Fachexperte

Er ist *nicht der Leiter des Sets*. Action Learning hat den Anspruch, einen Raum zu schaffen, in dem jeder beiträgt und gemeinsam gesteuert wird. Dies entspricht aber nicht unbedingt der beruflichen Alltagserfahrung der Setmitglieder. *Die Herausforderung für den Facilitator ist, das Set prozessori-*

Kein Leiter des Sets

entiert zu steuern, aber nicht zu bestimmen, sondern Strömungen aufzunehmen und Entscheidungen der Setmitglieder herbeizuführen.

<table>
<tr><td>Die Verantwortung liegt beim Set</td><td>Eine gute Checkfrage in diesem Zusammenhang ist: Wer hat die Verantwortung für den eingeschlagenen Weg oder das Ergebnis?
Im Action Learning liegt diese Verantwortung beim Set und nicht beim Facilitator.</td></tr>
</table>

Er ist *kein Lehrer*, der Wissen vermittelt und überprüft oder benotet, was gelernt wurde. *Allenfalls ist er Fachmann und Lehrer darin, Lernen zu lernen* (Casey, 2011).

Er ist *kein Trainer*. Action Learning ist vor allem ein offener Lernprozess, in dem es zu Überraschungen und jeweils einzigartigen, komplexen Konstellationen und Interaktionen kommt. Action Learning hat immer mit der Realität, in der der Teilnehmer sich bewegt, zu tun und diese ist geprägt durch Komplexität und Mühen. Gerade bei „boshaften" Problemen ist es manchmal nicht leicht, Lösungsschritte zu finden.

Im Training stehen dagegen viele Übungen und Kunstsituationen zur Verfügung, mit denen komplexitätsreduzierte Verhaltensbeispiele bearbeitbar gemacht werden. Trainer haben daher im Laufe der Zeit oft ein Repertoire an bewährten Methoden gesammelt und wissen aus Erfahrung, was wann und wie passiert, wenn es gut läuft. Methoden geben dem Trainer Sicherheit und er weiß daher, wie er gewünschte Ergebnisse und „Aha-Effekte" erzielt. Auch im Action Learning können bestimmte Methoden durchaus hilfreich sein. Sie spielen aber für den Facilitator eine untergeordnete Rolle, da das Lernen aus dem Prozess kommt.

<table>
<tr><td>Unsicherheit aushalten</td><td>Für den Facilitator ist vor allem wichtig, dass er in der Lage ist, Unsicherheit auszuhalten und damit zu arbeiten, anstatt sie durch Methoden aufzufangen und dadurch möglicherweise zu überdecken.</td></tr>
</table>

Solange die Priorität des Prozesses beachtet wird, können manche Elemente aus dem Repertoire eines Trainers aber durchaus hilfreich sein, z.B. darauf zu achten, wie viel für den Fallbringer in einer gegebenen Situation verarbeitbar ist und ob es am Schluss zur Festlegung konkreter Aktionen kommt.

Werthaltungen eines Facilitators

Action Learning ist vor allem eine Denkhaltung, die Spielräume schafft, um rasches Lernen und mutige Aktionen aller Beteiligten zu ermöglichen (siehe Kapitel *Philosophie*). Es ist daher nur natürlich, dass auch ein Facilitator nur aufgrund klarer Überzeugungen und Werthaltungen erfolgreich agieren kann:

Innere Klarheit und Unbestechlichkeit

Wie schon erwähnt, war Revans besonders skeptisch gegenüber unprofessionellen, mehrdeutigen Facilitators. Tatsächlich ist es ein wichtiger Anspruch für einen Facilitator, sich nicht vereinnahmen zu lassen, um nicht den ganzen Action-Learning-Prozess in Schieflage zu bringen. Ein Set hat genauso wie eine Organisation immer etwas mit Macht und Einfluss zu tun. Der Facilitator benötigt dafür ein gutes Gespür sowie die Bereitschaft, *zu intervenieren, wenn z.B. jemand versucht, das Set zu dominieren und Meinungen dadurch unterdrückt werden.*

Neben einem klaren Blick verlangt diese Grundhaltung den Mut, auch die Dinge offen anzusprechen, die vielleicht nicht sofort Akzeptanz finden. Die Aufgabe des Facilitators ist daher mit Risiken verbunden. Er kann mit dem Set in Harmonie verschmelzen und dadurch unwirksam werden. Unbequem kann es hingegen werden, wenn er seine *Wahrnehmungen* klar und unbestechlich zurückmeldet. Ein weiteres Risiko ist, wenn er seine Wahrnehmung mit einer quasi-objektiven Wahrheit verwechselt und dann womöglich darum kämpft, wer Recht hat. Denn natürlich bleibt seine Wahrnehmung subjektive Beobachtung und ist gerade als solche wertvoll, um Unterschiede der Sichtweisen zu identifizieren. Es ist daher hilfreich, wenn der Facilitator seine eigenen Ängste und Verführbarkeiten, die auftreten können, wenn er das Risiko der Klarheit eingeht, bewusst wahrnimmt (Hirschhorn, 1990).

Mut, Dinge offen anzusprechen

Wahrnehmung nicht mit „Wahrheit" verwechseln

Eine hinterfragende und suchende Haltung

Der Facilitator zeichnet sich durch eine Haltung des Fragens und Suchens aus, welche Perspektivenvielfalt ausdrücklich willkommen heißt. Er vermeidet vorschnelle Schlüsse und unterstützt das Set dabei, unterschiedliche Erklärungen für möglich zu halten und darüber in einen Dialog zu treten. *Er ist auch bereit, sein eigenes Denken und Handeln kritisch zu hinterfragen.*

Auch eigenes Denken und Handeln hinterfragen

Ein bewusster Umgang mit Macht und Einfluss

Behutsamkeit Der Facilitator nimmt dem Set gegenüber eine Vertrauensposition ein. Diese gibt ihm einen nicht unbeträchtlichen Einfluss. Erforderlich ist daher eine Grundhaltung, diese Macht behutsam zu nutzen und nicht zu missbrauchen. Häufig ist dies eine Gratwanderung zwischen Wirkungslosigkeit und unangemessener Beeinflussung. Der Facilitator benötigt daher die Bereitschaft, einerseits die Entstehung eines abgerundeten Bildes zu unterstützen, andererseits aber auch ohne Manipulation zuzulassen, dass ein Set sich auf seine eigene Weise und in seine eigene Richtung entwickelt.

Respekt vor den Werten und Meinungen anderer Menschen

Diversity Andersartigkeit („Diversity") ist ein Reichtum, der neuartige Sichten ermöglicht. *Erforderlich sind daher Respekt und Toleranz gegenüber anderen Menschen mit ihren jeweiligen Erfahrungen und ihrem unterschiedlichen Handeln, sowie den Schlüssen, die sie aus ihren Erlebnissen ziehen*, denn in vielen Wertfragen gibt es kein Falsch und Richtig.

Ein Facilitator muss daher einen Umgang mit den Setmitgliedern praktizieren, der diese in ihren Werten und Überzeugungen respektiert, gleichzeitig aber eine Überprüfung und ggf. Weiterentwicklung ermöglicht. Häufig hilft eine Frage wie diese: „Was hat Sie zu dieser Meinung gebracht?" Eine solche Frage bewirkt zweierlei: Für die Zuhörenden wird plötzlich die Werthaltung des Betroffenen verstehbar. Gleichzeitig wird dem Befragten die Einsicht ermöglicht, dass seine Werte in bestimmten Situationen entstanden und in anderen bestätigt und vertieft wurden. Eine andere persönliche Geschichte hätte vermutlich zu etwas anderen Überzeugungen geführt. Von da aus ist es manchmal nur ein weiterer Schritt zur Frage, inwieweit die Situation heute überhaupt vergleichbar ist mit der Situation, in der die Frage entstanden ist. Dies kann ein Anstoß sein, eigene Überzeugungen kritisch zu beleuchten oder sogar zu verändern.

> Ein Facilitator würde gegen die Philosophie von Action Learning verstoßen, wenn er seine eigene Überzeugung über die der Setmitglieder stellt und statt eines Dialogs versucht, diese zu überreden.

Welche Aufgaben hat ein Facilitator?

Aus der Rolle des Facilitators ergeben sich zahlreiche Aufgaben. Zu den wichtigsten gehören folgende:

Sinn und Ziel von Action Learning vermitteln

Da vielen Teilnehmern zunächst nicht ganz greifbar und klar ist, was
Action Learning beabsichtigt, wie es funktioniert und warum es gemacht
wird, ist es notwendig, dass der Facilitator hier geduldig und kontinuierlich aufklärt und Sicherheit vermittelt. Zahlreiche eigene Erfahrungen
bestätigen mir, dass sich der Sinn von Action Learning den Teilnehmern oft
erst allmählich durch die Anwendung erschließt.

Aufklären

Erwartungen, Verantwortlichkeiten und Prozesse abstimmen

*(Download-Link in
der Umschlagklappe)*

Checkliste 3: Erwartungen, Verantwortlichkeiten, Prozesse	
Abstimmung mit der Organisation	✓
Was genau ist Anlass und Ziel für das Action Learning?	
Welche Erwartungen verknüpfen wichtige Stakeholder mit dem Action-Learning-Prozess?	
Wer hat welche Verantwortlichkeiten?	
Welche regelmäßigen Abstimmungsprozesse werden festgelegt?	
Welcher Weg wird bei ungeplantem oder spontanem Abstimmungsbedarf gewählt? Wer ist ggf. einzubeziehen/zu informieren?	
Wie wird über Action Learning in der Organisation informiert? Ansatz, Projekte, Ergebnisse Ziele der Kommunikation: Rückendeckung, Vernetzung und Transfer in die Organisation	
Abstimmung mit dem Set	✓
Welche Erwartungen haben die Setmitglieder?	
Welche Erwartungen hat der Facilitator?	
Sind die Erwartungen im Set kompatibel?	
Sind die Erwartungen wichtiger Stakeholder mit denen des Sets kompatibel?	
Welcher Handlungsbedarf ergibt sich daraus?	
Wer ist wofür verantwortlich?	
Welche Grundregeln werden vereinbart?	
Wie erfolgt die Kommunikation?	
Ggf. terminliche Abstimmungen	

Abstimmen mit der Organisation und dem Set

Diese Aufgabe betrifft beide Hauptrollen des Facilitators, also die Abstimmung mit der Organisation, aber auch die Abstimmung mit dem Set. Daraus ergeben sich die in der Checkliste der vorangegangenen Seite aufgeführten Fragen. Aus den Klärungen erhält der Facilitator wesentliche Hinweise für das Design des Programms. Genauere Hinweise dazu finden Sie im Kapitel *Design*.

Sichere und vertrauensfördernde Bedingungen schaffen

Wertschätzendes Klima schaffen

Offenheit entwickelt sich dort, wo es Schutz, Sicherheit und Vertrauen gibt. Solche Bedingungen zu schaffen und aufrechtzuerhalten, sind eine fortwährende Aufgabe des Facilitators. Besonders wichtig ist es jedoch gerade in der Anfangsphase, ein vertrauensvolles und wertschätzendes Klima zu schaffen, damit sich die Teilnehmer auf das Risiko der Öffnung einlassen können. Denn nur in einem offenen, sicheren und vertrauensvollen Setklima entwickelt sich jene Dynamik im Set, in der sich die Setmitglieder gegenseitig unterstützen, aber auch konstruktiv herausfordern. Zu diesen Bedingungen gehören auch die Vereinbarung lernfördernder Grundregeln und die Gestaltung des räumlichen Umfelds.

Reflexion in Gang setzen und begleiten

Auswerten

Es gehört zu den wichtigsten Aufgaben des Facilitators, Lern- und Reflexionsprozesse in Gang zu setzen. Je nach Situation und gewähltem Ansatz stehen die Erfahrungen mit einem konkreten Action-Learning-Projekt im Vordergrund (siehe den Abschnitt Erfahrungslernen, S. 67 ff.) oder aber es geht um die Reflexion kollektiver Dynamiken, z.B. im Rahmen einer Veränderung (Siehe Abschnitt Critical Action Learning, S. 75 ff.).

Unterstützung des Entwicklungspotenzials aller Setmitglieder

Begleiten

Oft gibt es in Sets unterschiedliche Entwicklungsstände, Kompetenzen und Intentionen. Dem Facilitator ist es ein Anliegen, alle darin zu begleiten, einen ihnen gemäßen Entwicklungspfad zu wählen und zu verfolgen.

Blockaden und Lernhindernisse bearbeiten

Hinterfragen

In Sets kann es vorkommen, dass Blockaden auftreten, die das Lernen behindern und daher bearbeitet werden müssen. Die Ursache einer Blockade kann zum Beispiel im unangemessenen Verhalten oder einem unangemessenen Kommunikationsstil eines Setteilnehmers bestehen. Für den Facilitator ist es dann eine wichtige Herausforderung, aber auch ein Risiko, dies zu adressieren und zu hinterfragen. Oft geht es dabei um mehr oder minder

subtile Formen der Machtausübung. In einem Set übte ein sehr dominanter Teilnehmer Druck auf die anderen Setteilnehmer aus, indem er kategorisch erklärte, „Reflexion sei Zeitverschwendung, weil sowieso allen klar sei, wie der Hase laufe" (er sprach über einen sehr kontrollierenden Chef). Im Set entstand dadurch ein Klima, welches Auswertungen kaum zuließ. Erst durch beharrliches Nachfragen des Facilitators (z.B. „Woher wissen Sie, dass das allen klar ist?") und einer Auswertung des Setklimas wurde eine Veränderung möglich.

Dokumentieren von Vereinbarungen, Arbeitsergebnissen und Lernprozess

Sets treffen während des Prozesses Vereinbarungen, die organisatorische Fragen betreffen, aber auch beispielsweise, welche Grundregeln für die Setarbeit gelten sollen. Dazu kommen Arbeitsergebnisse und Einschätzungen des Sets zum eigenen Lernprozess. Soweit diese Ergebnisse visualisiert wurden (z.B. auf Flipchart), gehört es zu den Aufgaben des Facilitators, in Absprache mit den Teilnehmern nach jedem Setmeeting eine Dokumentation zu erstellen und sie den Teilnehmern zugänglich zu machen.

Unabhängig davon sollte ein Facilitator aber auch fortlaufend seine eigenen Notizen zum Setverlauf führen, um später Besonderheiten im Set, eigene Interventionen, Reflexionen und Lernfortschritte nachvollziehen zu können.

Eigene Notizen führen

Das Set darin unterstützen, selbstständig zu werden und alle benötigten Kompetenzen selbst zu entwickeln

Nach Auffassung von Reg Revans verfügt ein Set von gleichberechtigten Mitgliedern über alles, was benötigt wird, um selbstgesteuert zu lernen. Auch wenn sich heute die Auffassung über die Rolle des Facilitators erweitert hat und kaum mehr jemand am Wert eines aktiv prozessbegleitenden Facilitators für den Erfolg von Action Learning zweifelt, wird Revans Einstellung, die Selbstständigkeit des Sets zu respektieren und zu fördern, bis heute von vielen geteilt. Der Facilitator sollte den Aufbau von Kompetenzen, inklusive Metakompetenzen, zur Selbsttransformation im Set fördern.

Metakompetenzen fördern

Welche Fähigkeiten benötigt der Facilitator dazu?

Trainer, Berater und auch immer mehr Führungskräfte verfügen über eine Vielzahl von Fähigkeiten und ein breites Repertoire an Methoden, die auch für einen Action-Learning-Facilitator hilfreich sein können. So ist die gesamte Bandbreite der *prozess- und teilnehmerorientierten und vor allem nicht manipulativen Moderation* in einem Action-Learning-Prozess eine wichtige Grundlage. *Erfahrungen aus Anwendungsfeldern wie z.B. Verhaltenstraining, Systemische Beratung, Appreciative Inquiry, Kollegiale Beratung, Supervision und Coaching sind ebenfalls nützliche Ressourcen für einen Action-Learning-Facilitator.*

Fähigkeiten

Ein Facilitator benötigt gut ausgeprägte analysierende, kommunikative und empathische Fähigkeiten, ein Verständnis für den Ablauf von Lernprozessen sowie die Kompetenz, Interventionen geschickt und wirksam einzusetzen.

Die folgende Checkliste eignet sich, um einen geeigneten Facilitator für ein Action-Learning-Programm oder ein Set auszuwählen. Als Facilitator kann man den Bogen anwenden, um sein eigenes Profil zu überprüfen und ggf. Entwicklungsfelder zu identifizieren. Es kann aber auch eingesetzt werden, um das eigene Handeln als Facilitator in einer (kritischen) Situation im Set auszuwerten.

(Download-Link in der Umschlagklappe)

Checkliste 4: Aufgaben/Fähigkeiten eines Facilitators				
Selbst-/Fremdeinschätzung durch:				
	--	-	+	++
Aktiv zuhören				
Hinterfragen				
Unterstützen				
Herausfordern				
Lösungsfähigkeiten der Teilnehmer fördern				
Auswertungen und Reflexionen vornehmen				
Den Prozess steuern				
Teilnehmer einbeziehen				
Fokussieren				
Intervenieren				
Klärungen herbeiführen				
Ambiguitätstoleranz				
Beobachtungen rückmelden				
Empfänglichkeit für Signale aus dem Set				

	--	-	+	++
Stimmungen wahrnehmen				
Feedback einfordern und geben				
Mit unterschiedlichen Temperamenten umgehen				
Einfühlungsvermögen (Empathie)				
Kontakt herstellen und professionelle Distanz halten				
Überblick geben				
Theoretische Bezüge herstellen, wenn erforderlich				
Zusammenfassen				
Ermutigung zu Aktion				
Meaning – Bedeutung von Erlebtem herausarbeiten				
Zeitmanagement				
Kreatives Problemlösen				
Lernprozesse unterstützen (Lernen lernen)				
Strukturelle Hilfen geben				
Widerstände aufnehmen				
Selbstwahrnehmung der Teilnehmer fördern				
Aufzeichnungen (Lerntagebuch) anregen/einfordern				

Die Anforderungen an die Rolle des Action-Learning-Facilitators sind sowohl in fachlicher als auch in persönlicher Hinsicht sehr anspruchsvoll. Neben einem soliden fachlichen Fundament und eigener Erfahrung als teilnehmendes Setmitglied eines Action-Learning-Prozesses ist es empfehlenswert, das eigene Handeln als Facilitator begleitend auszuwerten, z.B. in einer fortlaufenden Supervision oder in einem Set, das ausschließlich aus Facilitators besteht.

Das wichtigste Mittel der Setarbeit sind *Fragen*. Diesem Thema ist der nächste Abschnitt gewidmet.

Die Kraft der Fragen

Nach der Action-Learning-Formel ist der Ausgangspunkt für Lernen das Hinterfragen eines Problems das „Questioning Insight", das dem Problembringer aus vielfältigen Blickwinkeln heraus frische Einsichten gewährt und scheinbar selbstverständliche Annahmen kritisch überprüft. Daraus können neue und bessere Aktionen abgeleitet werden (oder manchmal auch bereits geplante bestätigt werden). Ein wesentliches und durchgängiges Merkmal von Action Learning ist *das systematische Einbeziehen von Personen, die aus einer anderen Perspektive auf das Problem blicken als die unmittelbar verantwortlichen Experten.*

Es ist daher ein zentraler Bestandteil im Action Learning, anregende und erkenntnisfördernde Fragen zu stellen. Dazu werden folgende Punkte thematisiert:

- ▶ Was sind die *Voraussetzungen* dafür, dass das Hinterfragen funktioniert?
- ▶ Wann sind Fragen eigentlich *erkenntnisfördernd, energetisierend und anregend*?
- ▶ *Wie* kann man fragen? Also welche Fragearten können helfen?
- ▶ Nach *was* wird im Action Learning eigentlich gefragt? Gibt es dafür eine *Systematik*?
- ▶ Welche Fragen stellt man im *Critical* Action Learning?
- ▶ Wie kann man die Problembearbeitung in den *Ablauf im Set* konkret einbauen und welche *methodischen Hilfen* gibt es dafür?

Was sind die Voraussetzungen dafür, dass Hinterfragen einen Lernprozess anstößt?

Fragen stellen   Diese scheinbar triviale Frage beantwortet sich sozusagen von selbst. Hinterfragen funktioniert, wenn tatsächlich Fragen gestellt werden, das ist die wichtigste Voraussetzung. *Warum diese einfache Frage in der Praxis keineswegs einfach ist*, kann jeder einschätzen, der einmal erlebt hat, wie Menschen in unterschiedlichsten Alltagssituationen meist versuchen, zu helfen, wenn ihnen jemand ein Problem schildert.

Mitarbeiter (empört): *„Der Lieferant xy hat trotz mehrmaliger Reklamation schon wieder eine Charge geschickt, die nicht der Spezifikation entspricht, 3 mm zu breit. Der zuständige Sachbearbeiter ist im Urlaub, die Vertretung weiß von nichts. Unser vertraglicher Liefertermin ist gefährdet."*

Chef (erregt): *„Das können wir uns keinesfalls bieten lassen. Haken Sie nach und machen Sie deutlich, wie wichtig das ist. Die müssen das unbedingt korrigieren."*

Ein Beispiel

Mitarbeiter (achselzuckend): *„Hab ich schon versucht, ich glaube das bringt nichts. Die können nicht."*

Chef (drängend): *„Dann versuchen Sie es noch mal und machen Sie klar, dass wir das nicht akzeptieren. Gehen Sie mit Engagement und Nachdruck dran!"*

Mitarbeiter (kurz): *„O.K."*

Die meisten Menschen fangen an, Lösungen vorzuschlagen oder von eigenen Erfahrungen zu berichten, wenn sie von einem Problem hören. Führungskräfte sind darin oft besonders routiniert. Auf Problemschilderungen von Mitarbeitern antworten sie mit Lösungen, Vorschlägen, Anordnungen, aber häufig nicht mit Gegenfragen. *Fragen zu stellen scheint also für viele gar nicht so selbstverständlich zu sein.* Woran könnte das liegen? Die Antwort darauf verdeutlicht, warum Fragen zu stellen so wichtig ist.

Warum Fragen stellen so wichtig ist

Zurück zur Ausgangssituation: Eine Problemschilderung stellt für unser Gehirn eine ungelöste Situation dar, die Handlung verlangt. Die Folge: Unser Lösungsmodus wird aktiviert und dabei kommen uns Vorschläge in den Sinn. Da unsere Lösungen meist auf Erfahrungen und persönlichen Denk- und Handlungsmustern aus der Vergangenheit beruhen, fallen uns außerdem manchmal eigene Erfahrungen ein, je genauer wir die Situation kennen, desto mehr. Am Ende einer solchen Diskussion ist der Zuhörer häufig sogar noch mehr aktiviert und handlungsorientiert als der Problembringer. Wie kommt es dazu?

▶ *Offene Probleme wirken auf uns wie Fragen, auch wenn gar kein Fragezeichen hörbar ist.* Die unausgesprochene Frage, die wir mithören ist: Was soll ich tun? Oder: Kannst Du mir helfen? Oder: Was würdest Du tun? Oder so ähnlich. Auf diese Fragen reagieren wir dann mit Ideen, Vorschlägen, Erfahrungen etc. Wenn das so ist, wo ist dann die Schwierigkeit?

▶ *Genau genommen, gibt es zwei Schwierigkeiten, aber auch eine gute Nachricht.* Der erste Fallstrick ist: Manchmal sind die Lösungen, die jemand anderer vorschlägt hilfreich, oft aber auch nicht. Sei es, weil der Betroffene genau das schon erfolglos ausprobiert hat, sei es, weil die Situation doch ein bisschen anders ist, als das, was der hilfreiche Zuhörer erlebt oder verstanden hat. Schließlich kann auch eine Rolle

Lösungsvorschläge helfen oft nicht

spielen, dass der Problembringer einfach nicht an diese Lösung glaubt. Vielleicht passt sie nicht zu seinem Handlungsrepertoire, vielleicht widerspricht sie seinen Überzeugungen oder auch nur seinem derzeitigen Problemverständnis. Wenn die Überzeugung nicht da ist, hilft auch kein Überreden. Im Unternehmensalltag gibt es einen nicht unüblichen Weg für solche Fälle: *Die Anordnung.* Ober sticht Unter. Ob solche Lösungen, die über den Fallbringer, wenn auch vielleicht in bester Absicht, hinweggehen, wirklich nachhaltig helfen und für persönliche und organisationale Entwicklung stehen? Dies darf man sicher infrage stellen. Die zweite Schwierigkeit, die mit dieser Art anordnender Reaktion auf Probleme verknüpft ist, ist die Aktionsorientierung. Häufig ist nach solchen gutgemeinten, aber im wahrsten Sinne „hilflosen" Hilfsaktionen nämlich die falsche Person energetisiert. *Während der Gesprächspartner sich engagiert und Energien entwickelt, wird der Problembringer immer passiver, da er am Lösungsweg nicht wirklich beteiligt ist.*

Der Problembringer wird immer passiver

Was ist dann aber die gute Nachricht?

Fragen energetisieren mehr als Lösungen

Die gute Nachricht ist, dass es möglich ist, durch die Reaktion auf Problemdarstellungen Energie freizusetzen. Denn was beim Zuhörer möglich ist, müsste eigentlich auch beim Problembringer möglich sein, wenn man dieselbe Methode anwendet. *Die Methode ist aber, ganz einfach ausgedrückt, nicht Lösungen zu präsentieren, sondern Fragen zu stellen, die zum Nachdenken und Handeln anregen.* Dieser Abschnitt dient der Beschäftigung mit hilfreichen und fördernden Fragen, die Energien freisetzen.

Wann sind Fragen erkenntnisfördernd und energetisierend?

Die Frage ist nach den obigen Ausführungen fast schon beantwortet. *Gemeint ist natürlich erkenntnisfördernd, hilfreich und dadurch energetisierend für denjenigen, der gefragt wird und nicht in erster Linie für den, der fragt.* Festmachen kann man es daran, ob es den Befragten zum Nachdenken anregt, ihm neue Einsichten und Gedanken bringt oder neue Sichtweisen ermöglicht. Eine Überprüfung eigener Sichtweisen ist auch dann hilfreich, wenn sie letztlich zu einer Bestätigung führt.

Wie fragt man? – Einige bewährte Fragearten

Es kommt nicht nur darauf an, nach was man fragt, sondern auch wie man das tut. Die folgenden Fragearten sind bewährte Hilfen, um die Situation zu erkunden und den Lösungsraum zu erweitern.

Bernhard Hauser: Action Learning

Grundlegende und weit verbreitete Fragearten sind sogenannte *offene und geschlossene Fragen*. Diese helfen, Informationen zu gewinnen und Entscheidungen zu treffen. Zusätzlich werden hier aber zwei weitere Fragearten eingeführt, um zu zeigen, wie man jemanden mit Fragen dabei unterstützen kann, seine Probleme aus einer anderen Perspektive zu betrachten, nämlich mit der *hypothetischen Frage und der zirkulären Frage*.

Fragearten

Geschlossene Fragen werden zur Überprüfung von Fakten („Hast Du das Gespräch überhaupt geführt?") oder zum Herbeiführen von Entscheidungen („Wird es ein weiteres Gespräch geben?") gestellt. *Sie werden auch als Ja/ Nein-Fragen bezeichnet.*

Abchecken und entscheiden

Offene Fragen dienen dem Verstehen einer Situation und seiner Umstände („Wie hat sie sich im Gespräch verhalten?"). Diese Fragen beginnen mit Fragewörtern, wie: Wer? Was? Wie? Wann? Warum? Weshalb? Womit? Wodurch? Wozu? Diese sogenannten W-Fragen kann man nicht mit „Ja" oder „Nein" beantworten, sondern muss etwas weiter ausholen. *Mit solchen Fragen erlangt man daher viel Information.*

Erkunden

Nun zu den zwei weiteren Fragearten, die genau genommen zum Nachdenken anregende *Sonderformen der offenen Frage* sind:

Die **hypothetische Frage** erkundet Bewertungen des Fallbringers anhand nicht oder noch nicht eingetretener Ereignisse. Dies kann in die Vergangenheit gerichtet sein („Wie hättest Du reagiert, wenn er seinen Fehler eingestanden hätte?") oder auch in die Zukunft („Wenn du völlig freie Hand hättest, was würdest Du tun?"). Dem Adressaten der Frage hilft dies, sein eigenes Denken zu reflektieren.

Lösungsraum erweitern

Die **zirkuläre Frage** erweitert die Perspektive von der Person des Befragten zu weiteren Beteiligten, obwohl diese gar nicht im Raum sind und daher auch nicht befragt oder gehört werden können. Man nennt dies daher auch eine *systemische Frage*. In der Grundform kann sie heißen: „Was glaubst Du, was Dein Gesprächspartner über Dich denkt?" Eine weitergehende Form kann lauten: „Was glaubst Du, was Dein Gesprächspartner denkt, was Du über ihn denkst?" Beide Fragen führen vermutlich zu unterschiedlichen Antworten, die wiederum anders sind als die auf eine nichtzirkuläre offene Frage („Was denkst Du über Deinen Gesprächspartner?"). *Systemische Fragen wechseln gezielt die Perspektive, um das Geschehen besser zu verstehen und verdeckte, aber möglicherweise handlungsleitende Annahmen besprechbar zu machen.*

Perspektive wechseln

Ein Beispiel   Ein Beispiel aus einem Action-Learning-Meeting mit Führungskräften.
Ein Setmitglied, kaufmännischer Teamleiter in einem Industriebetrieb, brachte folgendes Problem ein: Die kaufmännische Abteilung habe regelmäßig bestimmte Stoßzeiten, wenn ein Quartals- oder Jahresabschluss fertiggestellt werden müsse. In Ausnahmefällen könne dies auch einen Einsatz am Samstag erforderlich machen. Alle Mitarbeiter seien dazu bereit, bis auf eine Dame, die dies konsequent ablehne. Im Team führe dies bereits zu Unruhe, es gebe daher dringenden Handlungsbedarf. Möglicherweise müsse er sich sogar von der Dame trennen, um Spannungen zu beenden.

In der Fragerunde wurde ihm folgende zirkuläre Frage gestellt:
„Was vermuten Sie, wie diese Frau das Problem sieht?"

Der Setteilnehmer vermutete, dass seine Mitarbeiterin sich auf eine Rechtsposition verlassen würde und ansonsten unmotiviert sei, stellte aber fest, dass er keine wirklich klare Vorstellung hatte, wie ihre Sicht war. Er nahm für sich als wichtige Aktion mit, seine Vermutung zu überprüfen.

Im nächsten Setmeeting berichtete er bereits in der Startrunde vom Ergebnis seiner Exploration. Er hatte mit seiner Mitarbeiterin gesprochen und gefragt, warum sie nicht bereit sei, am Samstag zu arbeiten. Die Antwort war für ihn völlig überraschend: Die Frau erklärte, dass sie einer östlichen Religionsgemeinschaft angehöre, in der der Samstag heilig sei und sie daher an diesem Tag nicht arbeiten dürfe. Auf seine Nachfrage, ob sie denn eventuell bereit wäre, in begründeten Ausnahmefällen am Sonntag auszuhelfen, willigte sie sofort ein. Dies konnte er auch seinem Team vermitteln, der Konflikt war gelöst.

Dieses Beispiel macht deutlich, wie groß die Wirkung von Fragen sein kann. Die ursprüngliche Annahme des Vorgesetzten, die Mitarbeiterin sei nicht engagiert und unsolidarisch, führte auf eine Eskalation zu, die fast mit einer Trennung geendet hätte. Die zirkuläre Frage aus dem Set hat dann einen Reflexionsprozess in Gang gesetzt, in dem der Vorgesetzte seine Annahme hinterfragt und auf der Handlungsebene durch ein Gespräch mit der Mitarbeiterin überprüft hatte. Mit dem veränderten Blick auf die Situation war noch in diesem Gespräch eine Lösung der Konfliktsituation möglich.

Nach was wird im Action Learning gefragt?   In diesem Abschnitt wurde thematisiert, mit welchen grundlegenden Fragearten – also *wie* – man jemanden zum Nachdenken anregen kann. Im Folgenden wird besprochen, nach *was* im Action Learning gefragt wird, um den Akt des Hinterfragens produktiv und konkret zu gestalten.

Das *SAGA-Modell* hilft als Grundsystematik, die verschiedenen Dimensionen des Wissens und Handelns im Action Learning zu berücksichtigen. Diese

Dimensionen sind der Sachverhalt (Fakten), Annahmen über die Situation (Vermutungen), Gefühle (Emotionen) sowie Aktionen (Handlungsimpulse). *Kritische Reflexion* hilft, den Spannungsbogen von individuellen und kollektiven Phänomenen aufrechtzuerhalten und nicht aus dem Auge zu verlieren, dass das persönliche Empfinden auch ein Zugang zum Verstehen des Umfelds (z.B. im Set, in einer Abteilung oder einer Organisation etc.) ist. *Das SAGA-Modell eignet sich als Systematik auch für Critical Action Learning.*

SAGA auch für Critical Action Learning

SAGA – Fragen zu Wissen und Handeln

Wissen setzt sich aus ganz unterschiedlichen Bestandteilen der Informationsverarbeitung zusammen – Fakten, Analysen, Erleben – aber erst durch konkretes Handeln wird es zu praktischem Wissen. Der Begriff SAGA kommt aus dem Isländischen, hat mit Sagen und Erzählen zu tun, ist also ein Bericht eines Geschehens und damit eine Geschichte im weitesten Sinne. Es handelt sich um eine Literaturform mit unterschiedlichen Charakteren und Thematiken, in denen verschiedene Ebenen kunstvoll verwoben werden. Der Faktengehalt macht viele Sagas noch heute zu wichtigen geschichtlichen Quellen, gleichwohl lässt sich manchmal nicht leicht entscheiden, was historische Tatsache und was Interpretation und Erleben der meist unbekannten Autoren ist.

Der Begriff der Saga kann das Management, das immer noch stark geprägt ist von einem scheinbar rationalen, sachlogisch ingenieurmäßigen Herangehen an Themen wie Veränderung, Konfliktbewältigung, Motivation, Mobilisierung und Entwicklung, dazu anregen, den rationalen Anteil seiner Einschätzungen und Überzeugungen nicht zu überschätzen und den Einfluss seiner Intuition, seines „Riechers" und seiner Überzeugungen ernstzunehmen. Tatsächlich sind Problemschilderungen von Führungskräften oft sehr spannende und fesselnde Berichte, in denen neben der objektiven Situation, die Persönlichkeit des Fallbringers auf faszinierende Weise durchscheint. *Ohne die Analogie zu weit zu treiben, dient SAGA im Folgenden aber vor allem als Akronym für eine Systematik der verschiedene Dimensionen, mit denen ein Problem in der Setarbeit hinterfragt werden kann.*

Die Arbeit im Action Learning startet immer mit der Darstellung einer persönlichen oder geschäftlichen Herausforderung bzw. eines Problems, an dem ein Setmitglied im eigenen Umfeld oder im Rahmen eines gemeinsamen Setprojektes arbeiten möchte. Dieser Problembericht hat mit der Situation zu tun, in der das Problem auftritt, aber auch mit den Einschätzungen und Anliegen des Setmitglieds, im übertragenen Sinne also seiner „Problemsaga".

Die „Problemsaga"

S	**Sachverhalt, Situation, Sinnesorgane**
	Aber auch: Fakten, Informationen, Systemischer Kontext, Hard Facts.
	Unter „S" werden alle Informationen und Fakten abgefragt, die den Sachverhalt betreffen. Da sich diese außerhalb der eigenen Person befinden, kann der Fallbringer nur über seine Sinnesorgane Kenntnis davon erlangt haben, sei es, dass er etwas gesehen, gehört oder gespürt hat. Sachverhalte müssen allerdings nicht unbedingt selbst erlebt werden, sondern können auch über Berichte, Zahlen und Erzählungen vermittelt werden. Solche Informationen stellen gewissermaßen die sachliche Basis für die persönliche Verarbeitung dar. Diese Dimension knüpft an die Alltagserfahrung vieler Manager und Mitarbeiter an, die es gewohnt sind, sich mit Sachverhalten zu befassen.
A	**Annahmen**
	Aber auch: Einschätzungen, Vermutungen, Hypothesen, mentale Konstruktionen, innere Theorien.
	Fragen in diesem Abschnitt beschäftigen sich mit der mentalen Verarbeitung der Informationen, der Bedeutung, die bestimmten Sachverhalten zugemessen wird und den Vermutungen oder inneren Theorien, die über Zusammenhänge aufgestellt werden. Annahmen helfen zur Orientierung in einer komplexen Umwelt, können aber auch sehr schnell Teil eines Problems werden und Lösungen behindern.
G	**Gefühle**
	Aber auch: Emotionen, Erleben, Eindrücke, Empfindungen, Intuition, Bauchgefühl, Ahnungen, der „siebte Sinn".
	Die intuitive, „gefühlte", Dimension ist der schnellste und vermutlich auch älteste Teil der menschlichen Informationsverarbeitung. Unsere emotionalen Antennen reagieren oft in Echtzeit und dienen daher der raschen Orientierung. Sie sind damit deutlich schneller als rationale Erklärungen. Im Managementalltag werden sie allerdings manchmal zu wenig beachtet. „Ich habe ein komisches Gefühl bei dieser Sache" gilt nicht überall als „hoffähig". Und doch spielen Gefühle eine maßgebliche Rolle bei Entscheidungen.
A	**Aktion**
	Aber auch: Handlungen, Entscheidungen, Optionen, Motivation, Antrieb, Ziele.
	Action Learning zielt immer auf Aktion, um Veränderungen in Gang zu setzen, dadurch neue Erfahrungen zu machen und somit sich selbst zu entwickeln und gleichzeitig Veränderungsimpulse im Umfeld zu setzen. Es geht nicht nur darum zu verstehen, sondern eben auch zu handeln. Außerdem gehören zu dieser Dimension der Exploration Antriebe und Motivationen sowie Handlungsoptionen, um bei Bedarf neu entscheiden zu können. Schließlich gehört dazu, welchem Ziel die Aktionen dienen sollen und welcher Wille dahintersteht.

Fragen mit SAGA

Die nachfolgenden Fragen sind Beispiele, wie die verschiedenen Dimensionen von SAGA systematisch genutzt werden kann.

Sachverhalt

- ▶ Was wurde vereinbart?
- ▶ Was genau ist passiert?
- ▶ Was hast Du gesehen/gehört?
- ▶ Wer hat mit wem gesprochen?
- ▶ Wie war der exakte Wortlaut?
- ▶ Wie war die Reaktion?
- ▶ In welchem Dokument wurde das veröffentlicht?
- ▶ Gibt es noch andere Quellen?
- ▶ Wie genau hat xy reagiert?
- ▶ Wer war alles beteiligt?
- ▶ Wurde das Ergebnis schriftlich festgehalten?
- ▶ Wer weiß mehr darüber?

Annahmen

- ▶ Was vermutest Du, warum das passiert ist?
- ▶ Wie erklärst Du Dir das Verhalten?
- ▶ Inwiefern macht das Sinn für Dich?
- ▶ Was glaubst Du, was als Nächstes passiert?
- ▶ Was sagt Dir das über die Kommunikation in der Abteilung?
- ▶ Was lernst Du aus der Situation?
- ▶ Was glaubst Du, was x über Dich denkt?
- ▶ Was macht Dich so sicher, dass ...?
- ▶ Wie könnte man sich das noch erklären?
- ▶ Wenn dieses Problem gelöst wäre, was wäre Dein nächstes Problem?
- ▶ Woran würdest Du merken, dass y seine Einstellung ändert?
- ▶ Wer versteht Dich?
- ▶ Was ist Dein Part in dieser Angelegenheit?
- ▶ Was wäre Dein persönlicher „Worst Case" in dieser Angelegenheit?

Gefühle/Eindrücke

- ▶ Wie ist es Dir in der Situation gegangen?
- ▶ Was war dein spontaner Eindruck?
- ▶ Was läuft emotional bei Dir ab, wenn du so behandelt wirst?
- ▶ Fühlst Du Dich ausreichend eingebunden?
- ▶ Was machst Du mit Deinem Ärger?
- ▶ Wie hast Du die Stimmung im Raum empfunden?
- ▶ Fühlst Du Dich mit verantwortlich für das Verhalten von xy?
- ▶ Wo hast Du so etwas schon mal erlebt?

- ► Fühlst Du Dich verstanden?
- ► Wie reagierst Du innerlich, wenn die Spannung steigt?
- ► Was ist Deine größte Angst in diesem Zusammenhang?
- ► Was brauchst Du, um Dich wohlzufühlen in diesem Gespräch?
- ► Was sagt Dir Deine Intuition, worauf es jetzt ankommt?

Aktion

- ► Was genau willst Du erreichen?
- ► Was ist Dein stärkster Antrieb in dieser Sache?
- ► Bis wann willst Du das Problem gelöst haben?
- ► Welche Handlungsalternativen stehen Dir zur Verfügung?
- ► Was würde xy tun?
- ► Was wäre für Dich etwas ganz anderes zu tun?
- ► Was wäre ein guter erster Schritt?
- ► Wen kannst Du fragen? Wer kann Dir helfen?
- ► Wen musst Du informieren?
- ► Was musst Du vermeiden?
- ► Was ist Dein nächster Schritt?
- ► Wie belohnst Du Dich für erste Erfolge?
- ► Wie wichtig ist das Ergebnis für Dich?
- ► Wie entschieden bist Du?

(Download-Link in der Umschlagklappe)

Checkliste 5: Fragen mit SAGA – Übersicht	
Werden alle Dimensionen genutzt?	✓
Sachverhalt, Situation, Sinnesorgane ► Was genau ist passiert? ► Wer ist beteiligt? ► ...	
Annahmen ► Was vermutest Du, warum das passiert ist? ► Wie erklärst Du Dir das Verhalten? ► ...	
Gefühle und Eindrücke ► Wie ist es Dir in der Situation gegangen? ► Was war Dein spontaner Eindruck? ► ...	
Aktion ► Was genau willst Du erreichen? ► Was wirst Du tun? ► ...	

Fragen aus der Perspektive des Critical Action Learning

Critical Action Learning (CAL) stellt einen Zusammenhang zwischen dem persönlichen Erleben und den Bedingungen im Set, in einer Organisation oder der weiteren Umwelt her. Da jeder Einzelne mit seinem Erleben Teil eines Sets ist, das wiederum eine oder mehrere Organisationen repräsentiert, kann jede dieser Ebenen genutzt werden, um mehr über das Ganze zu verstehen und um bei Bedarf Veränderungen in Gang zu setzen. Individuelle Befindlichkeiten sagen also nicht nur etwas über die Person aus, sondern sind auch Spiegel ihrer aktuellen Interaktionsmuster, des Gruppenprozesses und der Einflüsse im Set sowie möglicherweise der Organisation oder des Unternehmens. *Im CAL werden daher Spannungen, Widersprüche, Emotionen und Machtdynamiken in die Reflexion mit einbezogen.*

Spannungen, Emotionen, Machtdynamiken hinterfragen

Dies kann auf unterschiedliche Weise geschehen. Trehan (*Philosophie*, S. 78 ff.) schlägt vor, z.B. folgende Fragen zu stellen, um herauszufinden, ob sich systemische Muster der Organisation im Set widerspiegeln:

Systemische Muster identifizieren

▶ Was passiert gerade im Set?
▶ Was wird gesagt?
▶ Was wird nicht gesagt?
▶ Was nehme ich (als Facilitator) wahr, was gerade *wirklich* los ist?

Anlass dafür kann der Bericht eines Teilnehmers sein. Statt ausschließlich nach seinen Gefühlen zu fragen, ist es auch möglich, in der Rolle des Facilitators die Ebene zu wechseln und stattdessen die Setmitglieder zu fragen, was sie als Resonanz auf den Bericht oder das Verhalten des Problembringers gerade empfinden (Vince, 2008). Diese konkret anwendbare Intervention ermöglicht es, die individuelle Exploration mit der kollektiven Sicht zu verknüpfen und dann je nach Situation mit Unterschieden zwischen beiden weiterzuarbeiten.

Das Vorgehen ist in bedeutsamen Augenblicken mit hoher Intensität hilfreich. Man kann es aber auch nutzen, wenn eine Blockade entsteht und der Prozess nicht weiterzugehen droht. Schließlich ist es möglich, zum Abschluss eines Setmeetings solche Fragen in die Auswertung mit einzubeziehen.

Die Dimensionen des SAGA-Modells eignen sich gut für kritisches Hinterfragen. Dazu einige Beispiele:

Beispiele für
kritisches Fragen

S – für die Beschreibung und Benennung von Sachverhalten

▶ Was passiert gerade?

▶ Wie läuft die Kommunikation in der Abteilung?

▶ Wie laufen Besprechungen ab?

▶ Wer sagt was zu wem?

▶ Wer reagiert auf wen?

▶ Was wurde offiziell kommuniziert und was über Gerüchte?

A – für die Annahmen über die Situation

▶ Was könnte das über die Organisation aussagen?

▶ Wer nimmt in dieser Situation Einfluss und auf welche Weise?

▶ Welche Wahrheiten werden hier ungern gehört?

▶ Welche Tabus gibt es hier?

▶ Welche Spielregeln scheinen hier zu gelten?

▶ Was könnte das Unternehmen vom Set lernen?

▶ Was ist jetzt notwendig?

G – für die Emotionen und Gefühle im Raum und im weiteren Kontext

▶ Wie ist die Stimmung im Raum jetzt?

▶ Was hat diese Stimmung erzeugt?

▶ Welche Gemeinsamkeiten spüren Sie?

▶ Was haben Ihre Gefühle mit den Gefühlen im Klientensystem zu tun?

▶ Welche Emotionen erzeugt der Sachverhalt xy?

▶ Wie fühlt sich Hilflosigkeit für Sie an?

▶ Wessen Verhalten löst diese Emotion aus und wie geht es Ihnen jetzt damit?

A – für Aktionen, Handlungsimpulse und Bedürfnisse

▶ Welche Handlungsimpulse löst dies aus?

▶ Was würden Sie gerne besser verstehen?

▶ Was muss stärker berücksichtigt werden?

▶ Wie können Sie sich wechselseitig unterstützen?

▶ Was oder wen braucht das Set, um nach außen zu wirken?

▶ Was oder wen benötigen Sie, um sich sicherer zu fühlen in der Situation?

▶ Wie könnte ein erster Schritt sein, um Druck abzubauen?

Mit den verschiedenen Aspekten eines erkenntnisanregenden und energetisierenden Fragens steht dem Facilitator für die Arbeit mit dem Set ein zentrales methodisches Handwerkszeug zur Verfügung. Dieses umfasst z.B. verschiedene Fragearten und insbesondere die Dimensionen von SAGA, die speziell auf die Anforderungen des Hinterfragens im Action Learning und Critical Action Learning ausgerichtet sind. SAGA hilft den Teilnehmern, zu unterscheiden zwischen Sachverhalten und Annahmen oder Vermutungen

über Sachverhalte und bezieht die wichtige Dimension der Gefühle oder Emotionen ein, die unser Handeln besonders stark beeinflussen. Schließlich wird dadurch unterstrichen, dass es im Action Learning immer darum geht, dass Reflexion und Lernen zu neuem verbessertem Handeln führen.

Im folgenden Abschnitt wird gezeigt, auf welche Weise *der Prozess des Hinterfragens* in der Setarbeit gelebt wird und welche Methoden dabei zum Einsatz kommen.

Anwendung der Fragen im Arbeitsprozess eines Sets

Fragen stellen ist der Kern des „Questioning Insight", es steht also im Mittelpunkt jeder Setarbeit und ist gleichzeitig der Hauptbestandteil, um Entwicklungs- und Problemlöseprozesse in Gang zu setzen. In erfahrenen Sets, in denen die Teilnehmer schon ein gutes Gespür für wirksame Fragen haben, werden diese vielleicht auch ohne weitere Strukturierung des Prozesses gestellt. Gleichwohl haben sich verschiedene Vorgehensweisen herausgebildet, um den Prozess des Fragens einzuführen und zu unterstützen.

Mike Pedler (2008 und Pedler, Burgoyne & Boydell, 2010) entwickelte mit der „Problembefragung" ein solches *Vorgehen, das besonders für Situationen geeignet ist, in denen Action Learning vorgestellt wird und Teilnehmer erstmalig mit der Kraft der Fragen in Berührung kommen sollen*.[8] In der Praxis gibt es verschiedene Varianten der Methode, bei der ein Fallbringer ein Problem schildert und sich jeder Teilnehmer in der Runde Fragen dazu ausdenkt, die dann reihum gestellt werden. Gerade bei der erstmaligen Durchführung ist es wichtig, diesen Phasen genügend Zeit einzuräumen. Dieser „Premiere" wohnt eine Art Zauber inne und als Facilitator hat man manchmal das Vergnügen, dabei die schon gedachten, aber noch nicht geäußerten Frageformulierungen förmlich ungeduldig im Raum zu „hören".

Der Problembringer kann direkt auf die Fragen antworten, muss aber nicht. *Eine sehr effektive Art, gerade zum Einstieg, ist* nämlich, zunächst Fragen zu sammeln, eine nach der anderen in Ruhe auf den Problembringer wirken zu lassen und ihn erst anschließend diejenigen Fragen kommentieren zu lassen, die am meisten bei ihm ausgelöst haben. Der Facilitator macht die

„Problembefragung"

---

[8] Mike Pedler hat diese Methode meines Wissens nur in kurzen Fallskizzen dargestellt. Die nachfolgend detaillierte Beschreibung entstammt daher vor allem der Beobachtung von Mikes Arbeit mit Sets und der Anwendung in unserer eigenen Praxis. Der Rahmen und die einzelnen Schritte wurden von Helga Lanz systematisch aufbereitet.

Problembefragung

Art: Gruppenübung – auch in größeren Gruppen – bis ca. 20 oder auch 25 Teilnehmer – energetisierend durchführbar.

Zweck: Einführung in die Arbeitsweise eines Sets. Die Bedeutung und Kraft der Fragen wird schnell und eindringlich klar, erste Lösungskräfte werden freigesetzt.

Wann einsetzen: Kann während des Kick-off-Workshops schon vor Aufteilung in Sets, also setübergreifend im Plenum mit einer etwas größeren Gruppe durchgeführt werden. Die Methode eignet sich aber auch in der Anfangsphase einer internen Setbildung gut, da sie den Problembringer schützt und behutsam auf eine tieferführende Arbeit und Reflexion vorbereitet.

Darstellung: Fragen sind der wichtigste Weg im Action Learning, um die Situation und das Problem zu erkunden, Blockierungen zu überwinden, Gefühle zu erforschen und Lösungen beim Problembringer zu generieren. Diese Art der Erkundung und des Ausleuchtens aus den unterschiedlichen Perspektiven der Teilnehmer führt oft schon während der Fragerunde zu neuen Einsichten und einer veränderten Sichtweise auf das Problem. Der Problembringer gelangt vielleicht zu einem Kern des Problems, aus dem sich neue Fragestellungen ergeben können. Manche Fragen wirken aber auch erst einige Zeit nach, bevor sich dem Problembringer ihre Bedeutung, bezogen auf seine Herausforderung, voll erschließt.

Die Problembefragung stellt eine gute Übung dar, um den Wert von Fragen zu verdeutlichen und gleichzeitig zu demonstrieren, wie viele unterschiedliche Ideen für hilfreiche Fragen eine Gruppe in kürzester Zeit produzieren kann. Schließlich stellt die Übung eine energetisierende Aktivität dar, zu der alle Teilnehmer einen Beitrag leisten – und nebenbei hilft sie, dieses wichtige Element, hilfreiche Fragen zu stellen, zu trainieren und schätzen zu lernen. Oft macht das dann schon „Lust auf mehr"!

Ablauf/Instruktion:

Schritt 1: Der Facilitator klärt ab, ob die Bereitschaft besteht, sich auf eine Übung einzulassen, um sich an die Arbeitsweise und Wirkung von Action Learning heranzutasten.

Schritt 2: Anschließend bittet er alle Teilnehmer, sich jeweils ein eigenes dringendes Anliegen bzw. eine Herausforderung vorzustellen, die einen momentan stark beschäftigt und zu der man gerne eine Veränderung herbeiführen möchte. Dabei teilt er reihum Moderationskarten aus, und bittet darum, das Ergebnis der Überlegungen auf einer Seite der Karte zu notieren und *mit einer Frage zu verbinden*, die typischerweise beginnt mit *„Wie kann ich…?"*. Dazu der Hinweis: Veröffentlichung des Anliegens im Anschluss ist absolut freiwillig.

Schritt 3: Wenn alle ihr Anliegen notiert haben (ca. fünf Minuten – bitte in diesem Stadium nicht zu sehr auf Zeiteinhaltung drängen) stellt der Facilitator drei Checkfragen, die jeder privat für sich selbst beantworten soll:

1. Ist das tatsächlich ein wichtiges Anliegen für Sie oder andere?
2. Ist es eine offene Situation, in der mehrere Lösungen möglich sind?
3. Wenn es Ihnen gelingen würde, Bewegung in diese Angelegenheit zu bringen, würden Sie sich dann besser fühlen?

Der Facilitator weist darauf hin, dass sich jene Anliegen, bzw. Herausforderungen am besten zur Bearbeitung mit Action Learning eignen, bei denen alle drei Checkfragen mit „Ja" beantwortet werden könnten.

Schritt 4: Der Facilitator macht nun einen Freiwilligen aus, der bereit ist, sein Anliegen und seine Frage im Plenum kurz vorzustellen. Er weist ihn zuvor darauf hin, dass er sich darüber hinaus nur dann weiter zu öffnen braucht, wenn er es ausdrücklich möchte. Der Freiwillige erklärt nun sein Anliegen mit wenigen Worten und stellt seine persönliche Frage an die Runde.

Schritt 5: Der Facilitator bittet alle Anwesenden, die Aufmerksamkeit und Energie auf den Problembringer und sein Anliegen zu richten. Dazu fordert er jeden in der Runde auf, nun seine Moderationskarte umzudrehen (und lenkt damit symbolisch die Aufmerksamkeit weg vom eigenen Problem). Auf die bislang unberührte Rückseite der Moderationskarte schreibt jeder in Einzelarbeit Fragen auf, die hilfreich sein könnten, um das Anliegen des Problembringers besser zu verstehen bzw. mit dem Problem weiterzukommen.

Schritt 6: Reihum stellt einer nach dem anderen die aus seiner Sicht wichtigste Frage. Wenn diese – auch sinngemäß – schon gestellt ist, nimmt er die nächste, jeder stellt aber nur eine Frage. (Je nach Zeit, Größe und Energie der Gruppe kann eine zweite Fragerunde angeschlossen werden.) Die Person mit dem Anliegen kommentiert die Fragen zunächst nicht, macht sich aber Notizen (die Fragen selbst oder erste Gedanken). Dem Problembringer wird genügend Zeit zur Aufnahme und Reflexion eingeräumt. Zwischen den Fragen herrscht Stille, der Problembringer gibt jeweils ein Signal, wenn er bereit für die nächste Frage ist.

Schritt 7: Wenn alle ihre Frage gestellt haben, erkundigt sich der Facilitator beim Problembringer: Welche Fragen (maximal drei) haben Sie besonders angeregt? Die Antwort ist natürlich freiwillig, aber die meisten Problembringer brennen nach solch einer Runde darauf, sich kurz mitzuteilen. Meist sind auch die Fragenden noch so in das Problem involviert, dass sie großes Interesse an den Reaktionen auf ihre Fragen zeigen. Nach diesem Raum für Reflexion und Austausch ist die Sequenz zu Ende.

Fragenden zuvor darauf aufmerksam, dass grundsätzlich jede Frage das Potenzial einer „Bingo-Frage" hat. Entscheiden kann dies aber nur der Problembringer selbst in seiner einzigartigen und komplexen Situation, welche Fragen bei ihm wirklich in diesem Moment ins Schwarze treffen oder etwas Wichtiges auslösen.

Wichtigste Befragungsmethode im Set

Die Methode eignet sich zum Einstieg, weil man damit üben kann und gleichzeitig sofort überraschende Lernerfahrungen sammelt. Während sie in der beschriebenen Form (Fragen werden gestellt und vom Problembringer aufgenommen, aber nicht öffentlich beantwortet) ein behutsames und doch intensives erstes Kennenlernen von Action Learning ermöglicht, kann sie mit leichten Variationen zur *wichtigsten Befragungsmethode* im Set abgewandelt werden. Da die Spielregeln im Set Vertraulichkeit vorgeben und diese sich auch auf der Beziehungsebene in hohem Maße bildet, entscheiden sich die allermeisten Sets dazu, Fragen auch direkt zu beantworten, um den Prozess zu intensivieren. Weitere Variationen betreffen z.B. eine freie Reihenfolge der Fragensteller und ob Fragen erst gesammelt und dann gestellt werden oder ob sich Fragen direkt aus dem Arbeitsfluss ergeben. Hilfreich kann es auch sein, die Fragen mit SAGA zu strukturieren oder in der Auswertung zu checken, ob alle Dimensionen von SAGA genutzt wurden bzw. ob es Gründe gibt, dass manche Dimensionen wichtiger waren als andere.

Gegenüber der Arbeit mit dieser Methode im Plenum gibt es in der geschützteren Arbeit im Set allerdings auch eine sehr wichtige Ergänzung für die Problembearbeitung:

Aktionen definieren

Zum Abschluss wird der Problembringer immer gefragt, was er aus der Problembearbeitung mitnimmt und welche Aktionen er aus jetziger Sicht beabsichtigt.

Die folgenden Checklisten können für die Intensivierung des Frageprozesses genutzt werden. Die Checkliste „Stolpersteine" dient der Überprüfung, *welche Faktoren Ablauf und Wirkung der Fragerunden behindern können*. Vielleicht finden Sie weitere Stolpersteine zur Ergänzung der Liste.

Checkliste 6: Stolpersteine bei Fragen im Set		
Beobachtung	**Hemmnis**	✓
Frage wird ausführlich begründet.	Kostbare Zeit geht verloren – Der Frager beeinflusst die Antwort.	
Frage ohne Fragezeichen.	Die Frage wird nicht gehört, bzw. eher als Tipp empfunden.	
Tipp oder Kommentar statt Frage.	Die Lösungsarbeit des Befragten wird unterbrochen.	
Viele Fragen ohne Pause.	Wichtige Fragen werden evtl. nicht registriert.	
Fragenbatterie von einer Person.	Die Perspektivenvielfalt ist gefährdet.	
Nicht alle stellen Fragen.	Das Setpotenzial kann nicht voll ausgeschöpft werden.	
Diskussion, warum eine Frage wichtig ist für den Fallbringer und daher ausgewählt werden muss.	Der Fallbringer verliert die Freiheit und Unbefangenheit der Auswahl.	

Die „Checkliste: Tipps für Fragen im Set" beinhaltet eine Sammlung praktischer *Anregungen zur Intensivierung des Frageprozesses*.

Checkliste 7: Tipps für Fragen im Set	✓
Fragerunden (jeder kommt dran in fester Reihenfolge).	
Immer nur eine Frage pro Person (evtl. zusätzlich eine Nachfrage erlaubt) – die nächste Frage in der nächsten Runde.	
Jeder stellt seine persönlich wichtigste Frage zu Beginn (usw.).	
Wer keine Frage mehr hat, gibt weiter zum Nächsten.	
Anregung (Facilitator): Aus unterschiedlichen Perspektiven fragen (z.B. SAGA nutzen).	
Nicht zu viele Fragerunden durchführen (aber auch nicht zu wenig).	
Eine ausgewogene Balance von „Wärme" und „Licht" aus Unterstützung und Forderung (Pedler, 2008) motiviert.	
Eine hilfreiche Facilitator-Intervention: „Hat noch jemand eine wirklich wichtige Frage?" oder: „Gibt es etwas Wichtiges, was noch nicht gefragt wurde?"	
Manche Fallbringer finden es hilfreich, Fragen zu notieren, um später noch mal darüber nachdenken zu können. Empfehlung: Der Facilitator weist vor der Befragung auf diese Möglichkeit hin.	

Durchführung der Problembefragung in der Frühphase eines Sets

Der Vorteil von Befragungsmethoden wie der Problembefragung ist, dass mit relativ geringem Aufwand intensive Reflexionsprozesse angestoßen werden können, die zu verändertem Handeln und dadurch schrittweise zu einer nachhaltigen Veränderung führen. Die folgenden Äußerungen einer Setteilnehmerin lassen erahnen, wie groß ihre eigene Überraschung über das war, was ein konstruktives Hinterfragen durch Unbeteiligte zu Beginn ihres Action-Learning-Prozesses bei ihr auslöste. Ihr Problem formulierte sie folgendermaßen:

Beispiel   *„Mein ursprünglich formuliertes Problem besteht in meiner Unfähigkeit, Aufgaben am Arbeitsplatz abzulehnen, auch wenn sie meine Kapazität überlasten bzw. nicht in mein eigenes Aufgabengebiet reichen. Während meiner Tätigkeit im Unternehmen habe ich die Erfahrung gemacht, dass ich Überstunden mache und mich selbst ziemlich unter Druck setze, um ein möglichst hohes Aufgabenpensum erfüllen zu können, auch wenn dieses möglicherweise gar nicht von mir verlangt wird.“*

Zu dieser Problemstellung wurden vom Set zahlreiche Fragen gesammelt, um ihr selbst Anstöße zum Hinterfragen zu geben. Die Fragen des Sets fand sie insgesamt sehr anregend. Einige Fragen beschäftigten sie aber auch später noch sehr:

► *Hast Du dieses Problem schon einmal gelöst?*
► *Was würdest Du jemand anderem raten?*
► *Was willst Du Dir beweisen? Und warum?*
► *Wie lange soll das Problem noch bestehen?*

Ihre Erfahrung mit diesen scheinbar einfachen Fragen war für sie unerwartet positiv:

„Wäre mir im Vorhinein bewusst gewesen, welche Gedankenprozesse diese vermeintlich harmlosen Fragen bei mir bereits während der Fragerunde auslösen, hätte ich mich vielleicht nicht derart schnell freiwillig bereit erklärt, meinen Fall exemplarisch zu bearbeiten. Dennoch hat mich die Sicht von Unbeteiligten auf mein Problem positiv überrascht, da sie Aspekte benannten, die ich in meiner Betriebsblindheit nicht beachtet hatte.“

Diese Erfahrung mit dem Hinterfragen beeinflusste auch ihre Einstellung zu Action Learning:

„Das erste Ergebnis dieses Action-Learning-Prozesses bestand in meiner erreichten Aufgeschlossenheit der Methodik gegenüber sowie ersten Denkanstößen, die ich in der Setarbeit weiterverfolgen wollte."

Welche Fragen bewirken im Einzelfall etwas?

Wüsste man die Antwort auf diese Frage, wäre es einfach, sich auf diese Fragen zu konzentrieren. Tatsächlich weiß man jedoch nie vorher, welche Fragen beim Fallbringer etwas auslösen. *Fragen sind daher lediglich Angebote an den Problembringer, seine Situation kritisch zu überdenken.* Je mehr unterschiedliche Angebote dieser Art zur Verfügung stehen, desto größer ist die Wahrscheinlichkeit, dass etwas dabei ist, was den Fallbringer anregt. Dies ist der Grund, warum es sinnvoll ist, viele Fragen aus vielen Perspektiven und Dimensionen (SAGA) zuzulassen. Manchmal sind Frager überrascht, dass eine Frage, die sie als besonders wichtig erachten, beim Gegenüber nichts auslöst oder umgekehrt ein nebenbei ausgesprochener Einwurf beim Fallbringer eine große Wirkung entfaltet.

Fragen sind Angebote

> Der Grundsatz, Fragen zur weiteren Vertiefung im Set ausschließlich durch den Problembringer selbst auswählen zu lassen, ist ganz wesentlich. Nur er kann entscheiden, welche Aussage bei ihm eine Saite zum Schwingen bringt und seine Sicht der Dinge verändert.

Der Problembringer wählt aus

Bei der Auswahl ist deswegen folgendes Vorgehen hilfreich: Der Problembringer spricht nur über Fragen, die bei ihm etwas ausgelöst haben, das heißt, er nimmt eine Positivauswahl vor. Fragen, die nichts bei ihm ausgelöst haben, werden demgegenüber nicht weiter besprochen. In den allermeisten Fällen bedanken sich Problembringer aber bei allen für die interessanten und anregenden Fragen. Allerdings gehört auch auf der Seite des Problembringers eine Bereitschaft und Offenheit dazu, eigene Sichtweisen zu hinterfragen.

Nur ausgewählte Fragen werden kommentiert

In den seltenen Fällen, in denen ein Problembringer die Fragen nicht als hilfreich empfindet, kann es daran liegen, dass er sich innerlich schon zu sehr auf seine eigene Lösung festgelegt hat und nicht mehr die Bereitschaft hat, sich hinterfragen zu lassen. Oder der Problembringer ist (noch) nicht bereit, sich in diesem neuen Umfeld so weit zu öffnen, dass er über tiefere spontane Einsichten oder Reaktionen sprechen möchte. Gefordert ist dann, das momentane Setklima als Voraussetzung für ein freiwilliges und vertrauensvolles Sich-Öffnen zu überprüfen und ansonsten die Ent-

Fragen wirken nach scheidung des Problembringers zu respektieren. *Die empfundene Qualität der Fragenausbeute kann also sowohl an den dargebotenen Fragen als auch an der Bereitschaft, sie zu hören, liegen. Manchmal brauchen die Dinge aber auch einige Zeit, um zu wirken.*

Mir ist ein Fall vor Augen, in dem ein Manager nach der Problembefragung die Rückmeldung gab, für ihn sei nichts Neues dabei gewesen. Im nächsten Setmeeting korrigierte er allerdings seine Ansicht und sagte, bei weiterem Nachdenken seien ihm Punkte klar geworden, an die er zuvor nicht gedacht hatte. *Schlüssel- oder Aha-Erlebnisse benötigen manchmal auch etwas Zeit.* Dies bedeutet, Fragen können wesentlich wichtiger und wirksamer sein, als dem Problembringer spontan gleich bewusst ist.

Auswertung der Fragen In Beispielen wie dem letztgenannten ist es möglich, die ausgewählten Fragen hinterher auszuwerten. Legt man das **SAGA-Modell** zugrunde, ergibt sich folgende Einschätzung für die vier Fragen:

▶ *„Hast Du dieses Problem schon einmal gelöst?"*
Mit dieser Frage wird zumindest formal eine Informationsfrage gestellt, also ein Sachverhalt angesprochen, sie gehört damit zur **Dimension S (Sachverhalt, Situation, Sinnesorgane)**. Auf einer tieferen Ebene könnte dies aber auch eine Frage nach möglichen Erfolgserlebnissen oder dem Erleben des Scheiterns darstellen und wäre dann stark emotional oder gefühlsgeladen, also **Dimension G (Gefühle und Eindrücke)**.

▶ *„Was würdest Du jemand anderem raten?"*
Ein Ratschlag basiert auf einer inneren Theorie oder Annahme, welches Verhalten erfolgreich sein könnte, also **Dimension A für Annahme**.

▶ *„Was willst Du Dir beweisen? Und warum?"*
Diese Fragen richten sich einerseits an das Selbstkonzept, also **Annahmen** über sich selbst und damit **Dimension A**. In einer tieferen Betrachtung sprechen sie aber vor allem Emotionen, zum Beispiel Ängste oder Befürchtungen, nicht ausreichend gut zu sein, nicht mehr geliebt werden etc. an und gehören damit in **Dimension G (Gefühle und Eindrücke)**.

▶ *„Wie lange soll das Problem noch bestehen?"*
Diese Frage schließlich zielt auf Veränderung, daher **Dimension A2 (Aktion)**.

In der vom Setmitglied vorgenommenen Auswahl besonders wichtiger Fragen sind also alle Dimensionen von SAGA enthalten. Dies ist eine gute Voraussetzung für Veränderung, weil auf allen Ebenen etwas in Bewegung ge-

kommen ist. Es kann allerdings sehr wohl auch Fälle geben, in denen nicht alle Dimensionen – im Extrem sogar nur eine – angesprochen sind und dennoch Veränderung stattfindet. Das SAGA-Modell ermöglicht aber eine erste Einschätzung, welche Dimensionen mit den Fragen erreicht wurden.

Der nachfolgende Kasten beinhaltet eine bewährte Methode zur systematischen Aufbereitung eines Problems für die Präsentation im Set, welche mit freundlicher Genehmigung von Mike Pedler wiedergegeben wird.

Kurzdarstellung eines Action-Learning-Problems

Leitfragen zur Problempräsentation

Diese Fragen sollen Ihnen helfen, ein geeignetes Problem, eine Chance oder eine Herausforderung für Action Learning zu durchdenken:

1. Beschreiben Sie Ihr Problem in einem Satz.

2. Warum ist es wichtig?
▶ Für Sie?
▶ Für Ihr Unternehmen?

3. Woran werden Sie erkennen, dass in Bezug auf das Problem Fortschritte erzielt werden?

4. Wer außer Ihnen ist an Fortschritten in Bezug auf das Problem interessiert?

5. Mit welchen Schwierigkeiten rechnen Sie?

6. Welchen Nutzen hat es, wenn das Problem verringert oder gelöst wird?
▶ Für mich?
▶ Für andere?
▶ Für die Organisation?

Das wichtigste Element zur Bearbeitung von Problemen und Herausforderungen im Set sind Fragen, wie sie bei den bislang dargestellten Methoden im Mittelpunkt stehen. Die ausführlich beschriebene *Problembefragung* (ohne Beantwortung der Fragen) eignet sich zum Kennenlernen der Methodik. Analog wird im Set mit Fragen gearbeitet, die dann in der Regel beantwortet werden. In der Setarbeit können aber nach Bedarf auch weitere Methoden eingesetzt werden. Dabei sollte man auf drei Dinge achten:

Kennzeichen guter Methoden

▶ Sieht die Methode vor, dass der Problembringer durch *Fragen* angeregt wird?

▶ Legt der Problembringer in einem letzten Schritt fest, welche Aktionen er als Nächstes ergreifen wird (zumindest aus jetziger Sicht)?

▶ Eingesetzte Methoden und Techniken sollen den Lern- und Reflexionsprozess im Set unterstützen. Sie sollen die Arbeit im Set aber nicht in ein Korsett zwingen. Die Bedürfnisse des Sets und des betroffenen Setmitglieds haben immer Vorrang vor den Erfordernissen einer Methode.

Die im deutschen Sprachraum bereits seit Langem bewährte Problembearbeitungsmethode „Reflecting Team", die sich auch für die Arbeit im Set eignet, soll als Beispiel für den Einsatz solcher Methoden vorgestellt werden.

Reflecting Team

Reflecting Team

Das Reflecting Team hat seinen Ursprung in der Familientherapie und gelangte über den Sport in die Arbeit mit Führungskräften. Ähnlich wie bei der Problembefragung beinhaltet diese Methode systematische Fragerunden. Im Anschluss daran erfolgt aber ein weiterer Schritt, in dem das Set den Fall und die Fragestellung des Problembringers diskutiert und dazu aus unterschiedlichen Perspektiven Hypothesen aufstellt, während der Problembringer zuhört und seine eigenen Annahmen überprüfen kann. Die Anwendung des Reflecting Team in der Setarbeit benötigt in der Regel etwas mehr Zeit als eine Problembefragung. Die Methode wurde von Tom Anderson (1996) entwickelt. Die folgende Darstellung ist eine Adaptation, die aus unserer praktischen Arbeit mit Führungskräften entstand.

Zweck/Nutzen

Mit dem Reflecting Team ist es möglich, Probleme systematisch zu hinterfragen. Dabei hat der Problembringer die Chance, eingefahrenen Denkmustern auf die Spur zu kommen und sie bei Bedarf zu unterbrechen, um einen Raum für neue und produktivere Lösungen zu schaffen.

Für die Auswahl des Problems sind folgende Merkmale günstig:

▶ Das Problem ist aktuell noch offen bzw. bleibt trotz wiederholter Lösungsversuche hartnäckig bestehen; das heißt, es handelt sich um ein echtes bzw. *boshaftes* Problem im Sinne des Action Learning.

▶ Mehrere Personen sind am Problem beteiligt. Es geht also in der Regel nicht um eine reine Sachfrage, obwohl das Reflecting Team auch dafür als Grenzfall eingesetzt werden kann. In der Arbeit mit Führungskräf-

ten sind Beteiligte z.B. Führungskräfte (unterschiedlicher Ebenen), Mitarbeiter, Kollegen, Prozesspartner, Kunden, Lieferanten etc.

▶ Der Problembringer ist in irgendeiner Form direkt beteiligt. Das bedeutet, dass er auf das weitere Geschehen Einfluss nehmen kann. Er kann jede der oben aufgeführten Rollen innehaben, also z.B. selbst die Führungskraft sein, der Mitarbeiter, der Kollege – und als solcher auch aus anderen Bereichen, oder ganz von außen kommen.

Reflecting Team – Phasen

▶ Darstellung
Der Problembringer hat zunächst Gelegenheit, seine Sicht der Problemsituation zu schildern, ohne dass er unterbrochen wird.

▶ Verständnisfragen
Anschließend werden vom *Reflecting Team* Fragen an den Problembringer gestellt, um die Situation zu erkunden und besser zu verstehen. Achtung: Suggestivfragen und versteckte Lösungen vermeiden. Die Fragen werden vom Problembringer sorgfältig, aber nicht ausschweifend beantwortet.

▶ Hypothesen
Das Reflecting Team tauscht sich aus zu Leitfragen wie diesen: „Woran könnte es liegen?", „Was könnte dabei eine Rolle spielen?" Der Problembringer sitzt außerhalb und hört zu. Diese Phase zeigt dem Problembringer, wie unterschiedlich seine Situation gesehen werden kann und regt ihn an, seine eigene Sicht zu überdenken. Das Reflecting Team soll sich nicht auf eine Hypothese einigen, sondern vielmehr möglichst viele und auch durchaus konträre Sichtweisen produzieren. Je mehr unterschiedliche Hypothesen vom Reflecting Team gebildet werden, desto anregender für den Problembringer.

▶ Auswahl
Der Problembringer kommt zurück in den Kreis und berichtet, welche Hypothesen bei ihm etwas ausgelöst haben, in der Regel 1-3. Hypothesen, die nichts ausgelöst haben oder vom Problembringer abgelehnt werden, werden nicht mehr erwähnt.

▶ Nächste Schritte/Lösungsansätze
In der letzten Phase legt der Problembringer aufgrund der von ihm akzeptierten Hypothesen für sich Aktionen fest. Das Set und der Facilitator unterstützen dabei nach dem Bedarf des Problembringers, z.B. mit Tipps, Probehandeln im Rollenspiel usw. Die Entscheidung darüber trifft der Problembringer allein.

Keine Angst vor Krisen

Große und kleine Krisen, Ungereimtheiten, Überraschungen, Widerstände, Barrieren, Blockaden und Emotionen gehören zum Alltag im Unternehmen und daher auch in Action-Learning-Projekten. Sie sind Ausdruck der Tatsache, dass im Action Learning die praktischen Erfahrungen regelmäßig ausgewertet werden. *Wenn jedes Setmitglied sein eigenes Projekt hat*, wird das Set in solchen Situationen fast immer zu einem hilfreichen Korrektiv, weil die anderen Setmitglieder verständnisvoll unterstützen, aber gleichzeitig eine ausreichend große mentale und emotionale Distanz zur Thematik des Problembringers haben, um eine kritische Aufarbeitung zu ermöglichen, sobald diese vom Facilitator angestoßen wird.

Krisen im Set als Widerhall des Alltags

Anders ist die Dynamik in Sets mit einem gemeinsamen Projekt. In diesen Fällen werden Herausforderungen oder Krisen nicht mehr nur berichtet, sondern unmittelbar von allen Beteiligten miterlebt. Da alle gemeinsam betroffen sind, kann es zu Krisen im Set kommen. Anders ausgedrückt: *Krisen im Set sind meist ein Widerhall dessen, was die Teilnehmer in ihrer Arbeit erleben und auch ein Ausdruck dessen, welche Bewältigungsstrategien ihnen zur Verfügung stehen.* Der große Vorteil: Man kann unmittelbar damit arbeiten und Lernprozesse in Gang setzen. Im Sinne von Critical Action Learning sind Emotionen und auch Machtdynamiken manchmal direkt greifbar.

Krisen bieten Chancen für die Entwicklung

Also: Keine Angst vor Krisen, sie bieten – richtig genutzt – zahlreiche Chancen für Lernen und Entwicklung.

Wegen der größeren Betroffenheit aller Setmitglieder werden in diesem Abschnitt vor allem Sets mit *gemeinsamen Projekten* betrachtet.

Eine wesentliche Rolle kommt dabei dem Facilitator zu, der in diesen Fällen als Einziger nicht Teil der Projektdynamik ist. Von ihm ist Aufmerksamkeit und Sensibilität gefordert, um Prozesse und Dynamiken wahrzunehmen.

Bernhard Hauser: Action Learning

Dazu benötigt er die Sicherheit, Klarheit und innere Unabhängigkeit, seine Wahrnehmungen zu sortieren und so zu thematisieren, dass eine konstruktive Verarbeitung in Gang kommen kann.

Im Folgenden werden Beispiele für große und kleine Krisen gegeben. Tatsächlich können sich verschiedene Krisen verknüpfen oder weitere Krisensymptome auftreten, wenn die Ausgangssituation nicht bearbeitet wird. Verschiedene Krisensituationen werden kurz geschildert, meist mit einem kurzen Fallbeispiel und einigen Fragen, die vielleicht hilfreich sein können. Der Philosophie von Action Learning entspricht es, dass es nicht um mechanische Anwendung geht (dann würden die Fragen in die Irre führen), sondern darum, zu verstehen und fruchtbare Anstöße zu geben. In jedem Einzelfall ist es erforderlich, die Situation genau zu betrachten und zu überlegen, welche Fragen weiterführen könnten, damit das Set Blockaden bearbeiten und neue Handlungsmöglichkeiten entdecken kann. Und – als kleiner Nebeneffekt – nimmt mit jeder gelungenen Interaktion auch die Bewusstheit der Setmitglieder, sowie auch des Facilitators, ein wenig zu.

Fallbeispiele für große und kleine Krisen

Das Scheitern eines Action-Learning-Vorhabens

Scheitern ist für die meisten ein ungeliebtes Thema, das gerne vermieden wird, weil es irgendwie ein bisschen peinlich ist und leicht mit persönlichem Versagen assoziiert wird... Trotzdem ist natürlich klar, dass überall Dinge schiefgehen und scheitern können. Und je weniger Verlass in sich schnell wandelnden Umwelten auf die Erfahrungen von gestern ist, und Menschen daher eingefahrene Wege verlassen, um etwas auszuprobieren, desto höher ist die Wahrscheinlichkeit des Scheiterns.

Scheitern ist jedoch auch eine wunderbare Lernmöglichkeit, weil wir durch das Erproben konkrete Grenzen von Lösungsansätzen erfahren und aufgrund dieser Erfahrung passendere entwickeln können. Voraussetzung für Lernen ist allerdings, dass wir uns damit auseinandersetzen, was (schief-)gelaufen ist, und aufgrund dieser Erfahrung unser Vorgehen überdenken und neue Wege entwickeln.

Scheitern als Lernmöglichkeit

Im Alltag wird aus der Kombination von Zeitdruck und Nicht-Hinschauen ein Problem häufig eher vertieft oder chronifiziert statt verringert. Hier bietet Action Learning eine hervorragende Chance des Aufarbeitens, Verstehens und nachhaltigen Veränderns, weil es einen konstruktiven und lernträchtigen Rahmen für die Aufarbeitung bietet.

Mögliche Fragen im Set sind:

Reflexionsfragen
- ▶ Was ist geschehen?
- ▶ Wie leicht fällt es Ihnen, darüber zu reden?
- ▶ Wann hatten Sie die ersten Hinweise entdeckt, dass es scheitern könnte?
- ▶ Wie sind Sie im Set damit umgegangen?
- ▶ Was haben Sie dann unternommen?
- ▶ Was haben Sie vermieden?
- ▶ Wenn Sie das Rad zurückdrehen könnten, was würden sie anders machen?
- ▶ Was können Sie jetzt anders machen?

Die Anfangseuphorie verhindert die kritische Einschätzung von Risiken

Aus der Teamentwicklung ist bekannt, dass bei einem geglückten Start eine Anfangseuphorie auftritt, die es erleichtert, sich mit dem Thema und dem Team zu identifizieren und die den Schwung erzeugt, kraftvoll zu starten und sich den kommenden Herausforderungen zu stellen.

Ideengenerierung und Machbarkeitsprüfung trennen

Dies kann allerdings in manchen Fällen auch dazu führen, Risiken zu unterschätzen und sich lange Zeit in falscher Sicherheit zu wiegen. Dazu kommt manchmal der Effekt, im Schwung der Ideenvielfalt des Anfangs das Aufgabenpaket zu groß zu schnüren und nicht auf die Machbarkeit angesichts begrenzter finanzieller, persönlicher und zeitlicher Ressourcen zu achten. Häufig ist es daher ein sinnvoller Weg, Ideengenerierung und Prüfung der Machbarkeit als zwei getrennte Schritte hintereinander anzugehen.

Das Festhalten an einer Idee, obwohl sie schon gescheitert ist

Ein Phänomen, welches immer wieder auftaucht, ist das Festhalten an einer (fixen) setinternen Idee, obwohl ein Praxistest bereits ergeben hat, dass sie nicht sinnvoll durchführbar ist, da im Klientensystem keine Nachfrage und auch kein Interesse an einer Problemlösung besteht. In diesem Fall kann eine Lernblockade innerhalb des Action-Learning-Sets das „eigentliche" Problem sein.

So hatte sich ein Set mit engagierten jungen Mitgliedern der Aufgabe verschrieben, für Senioren eine zielgruppengerechte Einführung in die Nutzung von PCs anzubieten. Sie entwickelten ein Konzept und entschieden sich, Tutorials für eine gängige Office Software mit kurzen, leicht verständlichen Texten und Video-Sequenzen zu erstellen.

Aus unterschiedlichen Gründen erhielten sie bei ihren Recherchen jedoch keine positive Resonanz, sei es, dass die Bewohner eines Seniorenheims bereits zu gebrechlich waren, dass andere sagten, es gebe bereits ähnliche Produkte in besserer Qualität oder dass wieder andere Senioren signalisierten, sie hätten keinen Unterstützungsbedarf, sondern wären selbst in der Lage, anderen zu helfen. Trotz dieser Erfahrungen und ohne Zugang zu einer interessierten Zielgruppe hielt das Set an der Erstellung eines Tutorials wie ursprünglich geplant fest, da „Selbstverpflichtungen, die man einmal eingegangen sei, auch eingehalten werden müssten".

Für den Facilitator geht es in solch einem Fall darum, eine Exploration darüber anzuregen, was Lernen aus praktischer Erfahrung im Set verhindert.

Herausfinden, was das Lernen im Set verhindert hat

Einige unterstützende Fragen zur Reflexion darüber:

▶ Was lernen Sie aus den unterschiedlichen Reaktionen der Senioren?
▶ Welche Ihrer zentralen Annahmen erwiesen sich als nicht zutreffend?
▶ Wie wichtig sind diese Annahmen für Ihr Projekt?
▶ Welchen Anspruch haben Sie an sich selbst?
▶ Wie realistisch ist Ihre Forderung bezüglich Selbstverpflichtungen in diesem Fall?
▶ Wie würden Sie sie ggf. umformulieren, damit sie realistisch ist?
▶ Was versprechen Sie sich davon, ein Projekt zu realisieren, für das es derzeit keine Interessenten gibt?
▶ Wie viel Anerkennung können Sie sich für den Versuch geben, dies zu realisieren?
▶ Wenn Sie völlig freie Hand hätten, was würden Sie tun?
▶ …

Reflexionsfragen

In dem beschriebenen Beispiel war die Blockierung der hohe Stellenwert, den ein einflussreiches Setmitglied der schriftlich fixierten internen Projektvereinbarung beimaß. Dieses fast reflexhafte Festhalten an dem einmal gegebenen Wort bedarf als hohe Zuverlässigkeit durchaus der Würdigung. Im nächsten Schritt ist es dann aber wichtig, im Set zu reflektieren, welche Alternativen sich jetzt eröffnen.

Der Rückzug eines Setmitglieds

Konflikte in Sets können ein Hinweis auf Differenzen bezüglich der Aufgabenverteilung oder auch des Aufgabenverständnisses sein. Wenn diese Unterschiede nicht offen und lösungsorientiert diskutiert werden, kann es – ähnlich wie manchmal im Arbeitskontext – zu stillschweigender Verweigerung bis zum kompletten Rückzug kommen.

Rückzug als Botschaft

In dem zuvor genannten Beispiel gab es ein Setmitglied, welches seine Beiträge zum Tutorial reduzierte, schließlich einstellte und zeitliche Vereinbarungen nicht mehr beachtete. Bei den verbleibenden Setmitgliedern führte dies zu Verärgerung und schließlich zur Androhung des Ausschlusses aus dem Set.

Reflexionsfragen

Einige unterstützende Fragen zur Reflexion darüber:

- ▶ Was könnte das Verhalten des Setmitglieds bedeuten?
- ▶ Wer von Ihnen hat auch schon mal mit dem Gedanken gespielt, sich auszuklinken?
- ▶ Wie schätzen Sie die Balance aus Unterstützung und Herausforderung im Set ein?
- ▶ Wem geht es vermutlich besser – Ihnen oder ihm?
- ▶ Wie könnten Sie ihn gewinnen?
- ▶ Was versteht er möglicherweise nicht?
- ▶ Was könnte er sagen, wenn er statt Rückzug in die offene Auseinandersetzung gehen würde?
- ▶ Was werden Sie tun?
- ▶ …

Die Reflexion bot die Möglichkeit, die im Set aufgetretene Spaltung zu bearbeiten und statt eines wechselseitigen Ausweichens mit dem Entstehen von Vorurteilen und persönlicher Abwertung einen konstruktiven Lernpfad zu beschreiten. Im Beispiel bekundete das Set sein Interesse, den abgebrochenen Kontakt wieder aufzunehmen.

Das Projekt ist in der Vergangenheit woanders schon bearbeitet worden

Klärungsfrage: Problem oder Puzzle?

Gelegentlich kommt es vor, dass Setmitglieder feststellen, dass sie nicht die Ersten sind, die ein Thema aufgreifen. *Ist die Projektaufgabe im Sinne von Action Learning jetzt immer noch ein Problem oder nur noch ein Puzzle, weil es ja schon eine Lösung gibt?*

Ein Set hat sich nach intensiver Abwägung dazu entschlossen, ein Projektthema zu übernehmen. In der Umfeldanalyse stellt sich aber heraus, dass das anspruchsvolle Projekt bereits von einem anderen Team an einer anderen Stelle der Unternehmensgruppe mit großem Aufwand erfolgreich bearbeitet wurde. Das Set ist frustriert und zweifelt, ob es noch ein sinnvolles Projekt ist, das den Einsatz lohnt.

> Der Zweifel ist ein guter Ausgangspunkt für den Facilitator, um die Reflexion zu unterstützen.

Einige unterstützende Fragen zur Reflexion darüber:

Reflexionsfragen

- ▶ Was bedeutet es für Sie, dass das Thema schon bearbeitet wurde?
- ▶ Ist die vorliegende Lösung für Sie zufriedenstellend?
- ▶ Welche Befürchtungen haben Sie?
- ▶ Was genau wissen Sie über das andere Projekt?
- ▶ Haben Sie Zugang zu den Ergebnissen?
- ▶ Gibt es noch einen Bereich ungelöster Probleme, deren Bearbeitung nützlich sein könnte?
- ▶ Ist das Thema für den Auftraggeber weiterhin interessant?
- ▶ Gibt es alternative Vorgehensweisen, die Erfolg versprechend sein könnten?
- ▶ …

Im konkreten Fall entschied das Set gemeinsam mit dem Auftraggeber, das Projekt dennoch durchzuführen, weil Interesse an einer Lösung bestand, die genau auf die im Vergleich zu dem bereits abgeschlossenen Projekt weniger komplexen Verhältnisse vor Ort abgestimmt war. *Das Set erzielte mit einem eigenen Ansatz eine Implementierung, die extrem ressourcensparend war. Dem Unternehmen stehen jetzt zwei Vorgehensweisen für unterschiedlich komplexe Fälle zur Verfügung.*

Formal richtig und trotzdem falsch

Entscheidungen werden auf der Grundlage von Annahmen darüber getroffen, was in der jeweiligen Situation besonders wichtig ist – für einen selbst, das Set, den Auftraggeber, oder oder … Unreflektierte Annahmen können daher auch leicht in die Irre führen.

Ein Set hatte sich nach intensiver Diskussion zusammengefunden, um ein anspruchsvolles Projekt zu übernehmen. Trotz mündlicher Zusage machte der Auftraggeber noch kurz vor der schriftlichen Vereinbarung einen Rückzieher, das Projekt stand also nicht mehr zur Verfügung. Für das Set ergab sich dadurch ein Dilemma: Die formale Anforderung war ein Projekt mit Umsetzungsanspruch, tatsächlich war das Set aber schon mitten im Action-Learning-Prozess, der potenziell intensive Lernerfahrungen ermöglicht hätte.

Annahmen hinterfragen

Für den Facilitator ergibt sich die Herausforderung, Handlungsimpulse zu hinterfragen, dies kann auch Normen und Überzeugungen der Teilnehmer betreffen, die sonst unreflektiert ausagiert werden. Das Set entschied sich aber sehr schnell für ein alternatives Projekt, das es zuvor wegen Risiken für die Realisierung abgelehnt hatte, sodass ein Klärungsprozess mit dem Facilitator im Set davor nicht mehr möglich war. Das bereits im Vorfeld befürchtete Risiko trat auch tatsächlich ein und so kam es in der Projektlaufzeit nicht zu einer Realisierung. Ein Teilnehmer resümierte „Wir hätten uns doch nicht so leicht abwimmeln lassen sollen und hätten besser um das ursprünglich gewählte Projekt gekämpft."

Einige mögliche Fragen wären gewesen:

Reflexionsfragen

▶ Verstehen Sie, warum das Projekt nicht zustande kommt?
▶ Was ist aus Ihrer Sicht jetzt das Wichtigste?
▶ Welche Alternativen stehen Ihnen jetzt zur Verfügung?
▶ Warum wollen Sie ein Projekt wählen, das Sie zuvor abgelehnt haben?
▶ Welches Risiko gehen Sie diesmal ein?
▶ Wie ist das Muster Ihres Sets im Umgang mit Entscheidungen?
▶ Was hat dieses Muster mit der von ihnen erlebten Realität im Unternehmen zu tun?
▶ Was sollten Sie klären, bevor Sie entscheiden?

Falscher Auftraggeber

Da der Auftraggeber (Rollenerklärung siehe Kapitel *Design*) eine Schlüsselfunktion zur Unterstützung, aber auch zur Herausforderung des Sets innehat, kommt seiner Auswahl besondere Bedeutung zu. Er sollte ein hohes Eigeninteresse an der Bearbeitung des Projekts bzw. der Herausforderung haben, sowie ausreichende Durchsetzungsautorität und Ressourcen.

Ein Beispiel hierzu: Ein Set sollte ein unternehmensweites Personalentwicklungsinstrument entwickeln und durchsetzen und bekam einen Auftraggeber zugewiesen, der neu im Unternehmen war und daher die

informellen Wege noch nicht kannte. Außerdem war er hierarchisch relativ niedrig angesiedelt. Zwischen Set und Auftraggeber entwickelte sich ein angespanntes Verhältnis, da sich bei den Setmitgliedern der Eindruck verfestigte, dass der Auftraggeber es nicht ausreichend unterstützen konnte und vielleicht in dieser frühen Phase seines Beschäftigungsverhältnisses auch nicht wollte.

Einige mögliche Fragen dazu:

- ▶ Was muss ein Auftraggeber für Ihr Projekt leisten? *Reflexionsfragen*
- ▶ Wie fühlen Sie sich im derzeitigen Prozess?
- ▶ Wer käme als Auftraggeber infrage?
- ▶ Inwiefern haben Sie das Thema mit Ihrem Auftraggeber besprochen?
- ▶ Wie konstruktiv und lösungsorientiert ist Ihr derzeitiges Verhalten?
- ▶ Was hindert Sie daran, das Thema anzusprechen?
- ▶ Wie ist Ihr Umgang mit Forderungen?
- ▶ Welche Alternativen zur Ablösung des Auftraggebers können Sie sich vorstellen?

Das Set setzte – unterstützt vom Facilitator – einen offenen Klärungsprozess mit dem Auftraggeber in Gang, in dem eine produktive Zusammenarbeit erreicht werden konnte. Der Auftraggeber klärte in der Folge seine Rolle intern und bekam die notwendige Unterstützung aus seiner Organisation. Dieses Beispiel zeigt auch, welche Multiplikatorwirkung der Action-Learning-Prozess in die Organisation hinein entfalten kann. *Gemeinsamer Klärungsprozess*

Das Set verharrt in der Theorie und vermeidet Aktion

Zum Wesen von Action Learning gehört es, durch eigenes Handeln raschen Kontakt zur Realität zu bekommen. Manche Sets schieben „Q" (Questioning Insight), also das Erkunden von im Set vereinbarten und durchgeführten Aktionen und das Verstehen dessen, was in der Organisation dazu konkret abläuft in der anschließenden Reflexion lange hinaus. Hintergrund ist manchmal die ungeprüfte Annahme, dass man nur mit perfekten Handlungskonzepten nach draußen gehen kann, anstatt schon während der Konzeptentwicklung Kontakt mit den Betroffenen aufzunehmen und sie in das gemeinsame Lernen einzubinden. *Erfahrungslernen erfordert Handeln*

Mögliche Fragen:

- ▶ Was genau hindert Sie daran, Ihre Annahmen in der Praxis zu überprüfen, um daraus zu lernen? *Reflexionsfragen*

▶ Woher wissen Sie, dass von Ihnen schon zu Beginn ein perfektes Konzept erwartet wird?

▶ Welche Gefühle löst Ihre Annahme, dass die Anwender schon zu Beginn ein völlig ausgereiftes Konzept erwarten, bei Ihnen aus?

▶ Was kann schlimmstenfalls passieren?

▶ Was würde sich für Sie ändern, wenn es anders wäre?

▶ Wie würde es Ihnen dann gehen?

▶ Wie können Sie herausfinden, was von Ihnen erwartet wird?

Ungelöste Konflikte im Set

Da in einem Set unterschiedliche Persönlichkeiten mit verschiedenen Interessen und Überzeugungen aufeinandertreffen, um eine intensive Arbeit zu leisten, kann es natürlich auch zu Konflikten kommen. Häufig bietet dies, verknüpft mit einer offenen Reflexion, eine Chance für Lernen und Entwicklung.

Auslöser für Konflikte Die Auslöser für Konflikte sind ganz unterschiedlich. Es können dominante Persönlichkeiten im Set sein, durch die sich andere eingeschränkt fühlen. Es tauchen vielleicht Argumentationsmuster auf, die andere als manipulativ wahrnehmen oder Verständnisprobleme, weil nicht richtig zugehört wird. Höfliche Zurückhaltung eines Teilnehmers wird als Akzeptanz oder gar Zustimmung missverstanden, vielleicht werden aber auch ausgesprochen oder unausgesprochen Koalitionen gebildet, durch die sich jemand anders ausgeschlossen fühlt.

Für den Facilitator ist es eine wichtige Aufgabe, solche Strömungen wahrzunehmen und sie zu spiegeln, wenn sie ihm auffallen. Gleichzeitig sollte er das Set einladen, Unstimmigkeiten und Ungereimtheiten anzusprechen und die Entwicklung einer Atmosphäre im Set fördern, in der solche Dinge gefahrlos von den Teilnehmern angesprochen werden können.

Generell gilt: Mit jeder *konstruktiv bearbeiteten oder gelösten Unstimmigkeit steigt das Vertrauen und die Intensität im Set.* Ungelöste oder schwelende Konflikte hingegen kosten Intensität und führen zu Gereiztheit oder binden die Energie der Setteilnehmer.

Eine mögliche Intervention für den Facilitator ist es, zu reflektieren, ob sich das Set entsprechend seiner eigenen Spielregeln verhält bzw. ob die Regeln das widerspiegeln, was aktuell benötigt wird.

Einige mögliche Fragen hierzu:

▶ Wie schätzen Sie die Stimmung im Set derzeit ein?   *Reflexionsfragen*
▶ Was haben die Konflikte mit der Projektaufgabe zu tun?
▶ Welche Machtdynamik ergibt sich im Set?
▶ Wer kämpft hier und warum?
▶ Welche Emotionen lösen die Konflikte aus?
▶ Wie erklären sich die anderen Setmitglieder das Geschehen?
▶ Haben Sie den Eindruck, alle haben ausreichend Raum?
▶ Werden die Bedürfnisse von jedem ausreichend befriedigt?
▶ Wie produktiv ist das Set derzeit?
▶ Gibt es etwas was verhandelt werden muss?
▶ Was wäre die Lösung, wenn beide Seiten (partiell) recht hätten?
▶ Was könnte jetzt helfen?

Je nachdem, welche Themen auftauchen, kann eine vertiefende Klärung *Vertiefende Klärung* erforderlich sein, die mehr Zeit erfordert. Eine hilfreiche Übung ist es, das *mit Critical Action* Geschehen auf mehreren Ebenen auszuwerten. Was sagt die Krise aus über *Learning* die beteiligten Personen, die Interaktion zwischen ihnen, das Set, das Unternehmen? Krisen bieten oft neben der individuellen Perspektive des klassischen Action Learning eine Möglichkeit, die Perspektive des sozialen Kontexts, die Critical Action Learning eröffnet, in der Setarbeit zu nutzen.

Die Evaluation von Action Learning

Die Evaluation eines Action-Learning-Programms zielt darauf ab, Informationen zu generieren, die verschiedene Interessenten für ihre Entscheidungen nutzen können (Bourgoyne, 2011).

Es stellen sich daher drei Fragen:

Fragen zur Evaluation

▶ Für wen wird evaluiert?
▶ Was wird evaluiert?
▶ Wie wird evaluiert?

Für wen wird evaluiert?

Interessenten an einer Evaluation sind vor allem *Entscheider*, die Ressourcen für ein Action-Learning-Programm zur Verfügung stellen und daher auf Information angewiesen sind, inwieweit die Investition Ergebnisse zeigt und der Einsatz weiterer Ressourcen als sinnvoll erscheint.

Zum zweiten sind es die *Teilnehmer* an einem Action-Learning-Programm, die Auswertungen für ihr eigenes Praxislernen und die Entwicklung von Kompetenzen und Metakompetenzen nutzen.

Nutzen der Evaluation

Schließlich sind *Facilitators* an einer Evaluation interessiert, um zu erfahren,

▶ wie das Programm unterwegs ist,
▶ welche Interventionen in Richtung auf die Teilnehmer oder die Organisation ggf. erforderlich sein könnten und
▶ welche Konsequenzen sich hinsichtlich des Programmdesigns daraus ergeben.

Was wird evaluiert?

Es kann nach mehreren Gesichtspunkten ausgewählt werden, was evaluiert wird. Ein erster Aspekt ist das *Sachergebnis* der Projekte bzw. die Problem-bearbeitung. Das Sachergebnis kann oft sehr konkret benannt werden und stellt einen direkten und belegbaren Nutzen für die Organisation dar.

Sachergebnis

Ein weiterer Aspekt betrifft die Unterscheidung zwischen Individuum, Set, Organisation (Pedler, 2008). Die *Entwicklung des einzelnen Setmitglieds* kann zum Beispiel anhand seines Kompetenzprofils, der Umsetzung von Lernzielen sowie der Entwicklung von Metakompetenz zur Selbsttransformation in neuen Situationen evaluiert werden.

Entwicklung des Setmitglieds

Die *Entwicklung des Sets* kann in Bezug auf Gruppendynamik, Reflexion und gemeinsame Ergebnisse ausgewertet werden.

Setentwicklung

Effekte von Action Learning auf der *Ebene der Organisation* entstehen besonders durch die Außenwirkung der Sets und ihre Vernetzung (siehe dazu auch die Fallbeispiele und Gespräche im Kapitel *Aktion*). Manchmal sind diese Effekte erst nach einiger Zeit feststellbar, ihre positive Wirkung ist dann aber oft nachhaltig. So setzen beispielsweise in einem großen Unternehmensverbund einige Sets ihre Reflexionsarbeit im Anschluss an ein Führungskräfteprogramm noch jahrelang fort und andere Teilnehmer vernetzen sich mit Absolventen früherer Durchführungen des Action-Learning-Programms an ihrem Standort, um gemeinsam vor Ort ein neues Set zu gründen.

Organisationslernen

Schließlich kann auch das *Design eines Action-Learning-Programms* einer Evaluation unterzogen werden (Hauser, 2008). In einer vergleichenden Untersuchung von drei unterschiedlich designten Programmen zur Füh-rungskräfteentwicklung stellte sich heraus, dass ein Programmdesign mit Elementen von Critical Action Learning eine höhere Wirkung entfaltete als Programme mit klassischem Action Learning.

Design

Wie wird evaluiert?

Der große Vorzug von Action Learning ist die Aussicht, damit ungelöste komplexe und daher „boshafte" Probleme in Unternehmen und anderen sozialen Handlungsfeldern durch einen kollektiven Lernprozess zu lösen. *Der Umgang mit der Komplexität und Einzigartigkeit sozialer Prozesse, der Action Learning für die Praxis so attraktiv macht, führt zu einer unüberschaubaren An-zahl von Einflussfaktoren und Wechselwirkungen zwischen ihnen.* Eine exakte

Messbarkeit ist daher, wie bei anderen handlungsorientierten Ansätzen problematisch bzw. stellt sich die Frage, ob das, was exakt messbar ist, die entscheidenden Erfolgskriterien sind. Die Zufriedenheit der Teilnehmer am Ende eines Workshops ist zum Beispiel sehr gut messbar, der Zusammenhang zwischen den sogenannten „Happy Sheets" zur Erfassung der Teilnehmerzufriedenheit am Trainingsende und der Nachhaltigkeit des Lernens aber bekanntermaßen eher gering.

Einen Automobilhersteller veranlasste dies dazu, mit dem Facilitator eine Evaluierung nach dem Modell von Kirkpatrick (Phillips & Schirmer, 2008) mit qualitativen Interviews und mehreren Messpunkten vor, während, zum Abschluss und mehrere Monate danach zu vereinbaren. In allen Fällen wurde dem Action-Learning-Programm eine hohe Wirksamkeit attestiert in den vier abgefragten Evaluationsstufen:

Vier Evaluationsstufen

▶ *Zufriedenheit und geplante Aktion*
▶ *Lernerfolg*
▶ *Anwendung am Arbeitsplatz und schließlich*
▶ *Auswirkung aufs Geschäft*

Empfehlungen

qualitativ

Die Evaluierung im Action Learning sollte vorwiegend *qualitativ* und weniger quantitativ ausgerichtet sein, um die Wirkungen in ihrer Bandbreite adressieren zu können.

fortlaufend

Empfehlenswert ist, eine *fortlaufende Prozessevaluation* anstatt nur eine Ergebnismessung zum Schluss vorzunehmen, um Verbesserungen und Lernen im laufenden Prozess zu erfassen und zu bewirken.

transparent und von den Betroffenen selbst

Evaluationen werden in der Regel *von den Betroffenen selbst* durchgeführt (und nicht von außenstehenden „objektiven" Beobachtern), um einen Bewusstseinsprozess auszulösen, der bei Bedarf Handeln auslöst. In jedem Fall wird sie offengelegt und stellt eine Einladung zum Dialog dar, um eine gemeinsame Sicht und ggf. Entscheidungen zu begünstigen.

einfach und fokussiert

Schließlich ist es sinnvoll, Evaluationen *einfach und fokussiert* zu halten, um den Aufwand für die Beteiligten zu begrenzen und den Einstieg zu erleichtern. Im folgenden Abschnitt findet sich dafür eine Auswahl methodischer Hilfsmittel.

Methoden der Selbstevaluation im Set

Lernen Sie nun einige Methoden und Formulare zur Selbstevaluation kennen, die sich in der praktischen Arbeit mit Action-Learning-Sets bewährt haben.

▶ Drei Testfragen für Action Learning
▶ Setmeeting-Auswertungsbogen
▶ Handlungspräferenzen im Set
▶ Setfluss – panta rhei
▶ Lerntagebuch

Die meisten der aufgeführten Methoden sind selbsterklärend. Nur da, wo es als sinnvolle Ergänzung erschien (bei „Handlungspräferenzen" und „Setfluss – panta rhei") wurden zur Illustration Beispiele eingefügt.

Drei Testfragen für Action Learning

Die drei folgenden Kriterien für Action Learning stammen von Coghlan & Pedler (2006) und können als Testfragen nach jeder Problembearbeitung oder zum Ende eines Setmeetings gestellt werden:

1. Werden echte Probleme angegangen?
2. Werden Ideen durch Ausprobieren getestet?
3. Welche Anzeichen gibt es dafür, dass Lernen stattfindet:
   ▶ als persönliche Entwicklung?
   ▶ gemeinsam im Set?
   ▶ als lernende Organisation?

Abb. 15: Drei Testfragen für Action Learning (Coghlan & Pedler, 2006)

Setmeeting-Auswertungsbogen[9]

Einzelarbeit: Jeder nimmt sich fünf Minuten Zeit, um anhand der folgenden Punkte die Arbeit im Set auszuwerten. Anschließend findet ein Austausch mit den anderen Setmitgliedern statt.

1. Mein Problem

Die drei wichtigsten Dinge, die ich heute über mein Problem gelernt habe, sind:

▶   ...

2. Ich selbst

Das Wichtigste, was ich heute über mich selbst gelernt habe, ist:

▶   ...

3. Aktion

Folgende Aktionen bzw. Schritte werde ich bis zum nächsten Treffen unternehmen:

▶   ...

4. Die anderen Setmitglieder

Das Interessanteste, was ich heute über die Probleme der anderen Setmitglieder gelernt habe:

▶   Name

▶   Name

▶   Name

▶   Name

5. Das Set

Mein vorherrschender Eindruck von der heutigen Arbeit des Sets ist:

▶   ...

[9] Wiedergabe mit freundlicher Genehmigung von Mike Pedler

Setdynamiken bei Aktion und Reflexion – Ein Instrument zur Visualisierung

Action Learning als ein Prozess zur *gleichzeitigen Entwicklung* von *Organisation oder Business* durch zielgerichtete Aktion auf der einen Seite und *Persönlichkeit der Teilnehmer* durch Lernen und Reflexion auf der anderen Seite, stellt an Sets, die ein gemeinsames Projekt bearbeiten, den Anspruch, regelmäßig zwischen Aktion auf Reflexion umzuschalten.

Aktions- und Reflexionsprozesse verlaufen in Sets aber oft mit einer unterschiedlichen Dynamik. Häufig ist die Aktionsorientierung, in einigen Fällen aber auch die Reflexionsneigung, stärker ausgeprägt. *Besonders interessant ist, dass das Rollenverhalten in beiden Prozessen völlig unterschiedlich sein kann*. In der Praxis kann man häufig beobachten, dass *die Zufriedenheit mit und die Nachhaltigkeit von Action Learning bei den Teilnehmern deutlich zunimmt, wenn intensive Reflexions- und Entwicklungsprozesse stattgefunden haben*. Hingegen sind Sets, die die angebotene Reflexion vermeiden, mit ihrem Action-Learning-Prozess oft weniger zufrieden.

Reflexion erhöht die Zufriedenheit der Teilnehmer im Set

Das Instrument

Wenn der Reflexionsprozess in einem Set blockiert ist, kann folgendes Instrument helfen, die Verhaltensmuster im Set zu visualisieren, um sie gemeinsam auszuwerten. Es nutzt David Kantors „System mit vier Spielern", in welchem er die folgenden Handlungspräferenzen bzw. Rollen unterscheidet: *Mover, Opposer, Follower und Bystander* (Kantor & Lehr, 2003 und Kantor & Lonstein, 1996).

Verhaltensmuster visualisieren

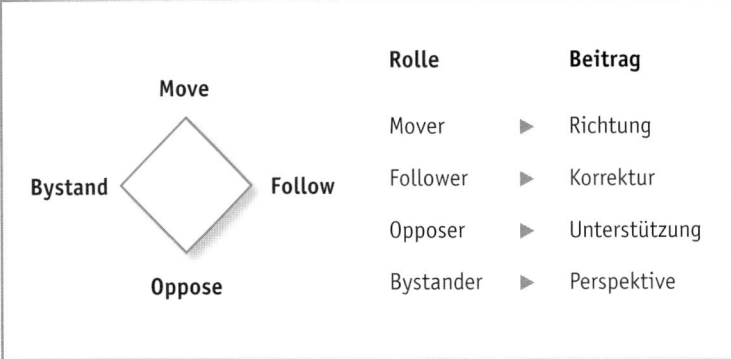

	Rolle		Beitrag
	Mover	▶	Richtung
	Follower	▶	Korrektur
	Opposer	▶	Unterstützung
	Bystander	▶	Perspektive

Abb. 16: Kantors System für vier Spieler – Handlungspräferenzen, Rollen und Beiträge

Diese werden als sogenannte „Kantortypen" auch im deutschsprachigen Raum gelegentlich in Training und Beratung eingesetzt. Da die englischen

Begriffe jedoch markanter und treffender erscheinen und auch leicht verständlich sind, werden sie hier beibehalten.

Alle vier Handlungspräferenzen bzw. Rollen haben positive Intentionen, kommen aber nicht immer positiv bei den anderen Setmitgliedern an. So beabsichtigen ...

▶ *Mover*, dem Set eine Richtung zu geben, werden aber manchmal als dominant oder ungeduldig erlebt.
▶ *Opposer* sind an Korrektur und Verbesserung interessiert, wirken aber manchmal eher konkurrierend, aggressiv oder als Bedenkenträger.
▶ *Follower* wiederum entscheiden, wem sie ihre Unterstützung geben und sorgen für die konkrete Umsetzung, erscheinen aber manchmal als unentschlossen, überangepasst oder leicht beeinflussbar.
▶ *Bystander*: Seine Intention ist der Sinn und die Perspektive des Ganzen, er möchte widerstrebende Kräfte mäßigen und rät zur Geduld. Er wirkt hingegen manchmal als eher unbeteiligt, wenig engagiert und zurückgezogen.

Eine einzelne Person kann mehrere Handlungspräferenzen in unterschiedlicher Ausprägung haben.

Ein Anwendungsbeispiel aus einem Set, das sich eine anspruchsvolle Verbesserung eines Geschäftsprozesses vorgenommen hatte.

Aktionsprozess

Aktionsprozess: Dieses Projekt wurde von einem Mitglied des Sets sehr engagiert und mit großer Überzeugungskraft vorangetrieben, das heißt, er ging in die Position des Movers. Zwei weitere Teilnehmer unterstützten seine

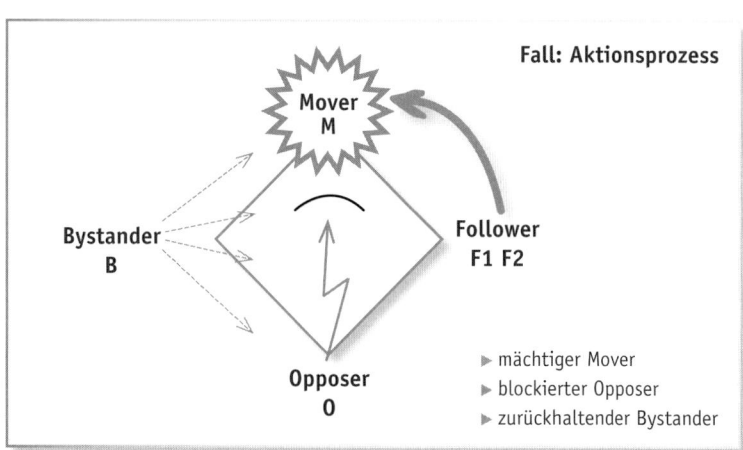

Abb. 17:
Anwendungsbeispiel:
Der Aktionsprozess

Impulse und sorgten für die Umsetzung, übernahmen also die Position des Followers. Ein anderer Teilnehmer setzte sich als Opposer häufig kritisch mit den Ideen des Movers auseinander und machte Verbesserungsvorschläge. Der letzte Teilnehmer schließlich hielt sich aus Details eher zurück und stellte als Bystander Fragen zum Sinn und Nutzen einzelner Schritte oder vermittelte, wenn die Diskussion sich in Einzelheiten zu verlieren drohte, indem er den Zusammenhang herzustellen versuchte.

Der Reflexions- und Lernprozess hatte demgegenüber eine andere Dynamik. Der Opposer übernahm jetzt die Rolle des Movers, der Auswertungen und Feedback-Prozesse in Gang setzte. Der bisherige Mover ging in die Position des Opposers. Achtung: Dieser Rollenwechsel wird in den beiden folgenden Abbildungen dadurch visualisiert, dass die Symbole (der Kreis für den Mover des Aktionsprozesses und der Blitzpfeil für den Opposer des Aktionsprozesses) jetzt mit den beiden Personen mitwandern, die im Reflexionsprozess die Rolle wechseln.

Reflexionsprozess

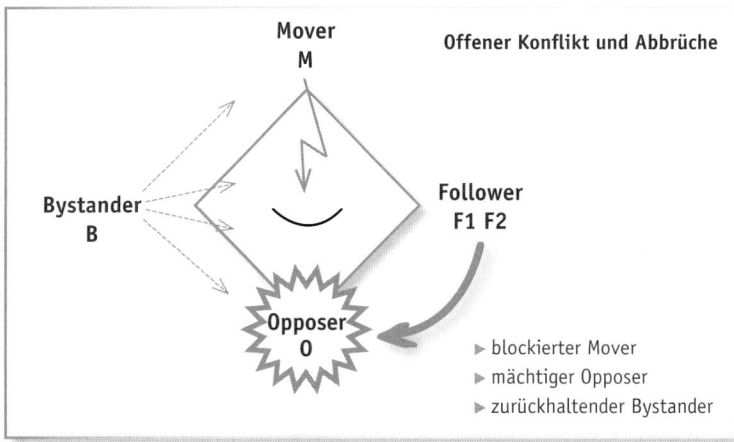

Abb. 18:
Anwendungsbeispiel:
Ein blockierter
Reflexionsprozess

Der frühere Mover kritisierte jetzt als Opposer den Reflexionsprozess sehr intensiv und grundsätzlich. Die Follower waren ihm auch in dieser Rolle loyal verbunden und verstärkten noch seine Bedenken (ausgedrückt durch den jetzt nach unten zum Opposer zeigenden Pfeil).

Dies führte im Set wiederholt zu kritischen Situationen, in denen Reflexionsbemühungen abgebrochen wurden und bisweilen ein offener Konflikt entstand, der nicht auflösbar schien. Das Set befand sich in einer Blockade und begann Reflexion zu vermeiden und sich ausschließlich auf die Projektaufgabe zu konzentrieren. Im weiteren Verlauf kam dem Bystander eine wichtige Funktion zu. Er war als einziger relativ unabhängig von dem

Konflikt geblieben und hatte eine gute Beziehung zu allen anderen Setmitgliedern.

Gleichzeitig hielt er allerdings seine eigene Position für relativ unwichtig
und war sehr im Zweifel, ob er seine Beobachtungen und Eindrücke überhaupt mitteilen sollte, weil er befürchtete, dass dies die Konflikte nur
verstärken würde. Als er es schließlich aufgrund einer Intervention des
Facilitators behutsam tat, erzeugte dies im Set Bewegung.

Es stärkte die Intention des Movers, und stellte gleichzeitig eine Brücke
für den Opposer dar, die dieser begrenzt annahm. Obwohl der Opposer
weiterhin nur sehr eingeschränkt für einen Reflexionsprozess gewonnen
werden konnte, der über die Erkundung operativer Verbesserungen am
Geschäftsprozess hinausging, fanden in diesem Set nun regelmäßig intensive Auswertungen und auch persönliche Feedback-Prozesse statt. Durch
den vom Facilitator unterstützten Reflexionsprozess verringerte sich auch
die enge Loyalitätsbindung zwischen dem Opposer und den Followers und
machte Platz für eine differenziertere Sicht der einzelnen Setteilnehmer.

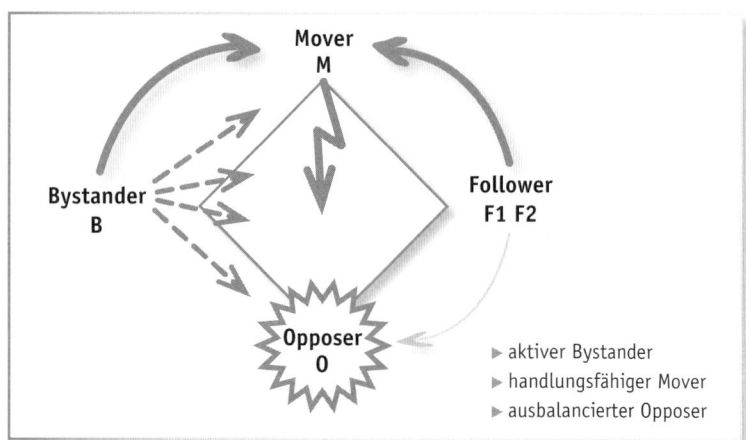

Abb. 19:
Anwendungsbeispiel:
Stärkung der Reflexions-
fähigkeit des Sets durch
Facilitation

Unterschiedlich
verlaufende Prozesse

Beide Prozesse, der Aktions- und der Reflexionsprozess, verliefen also sehr
unterschiedlich und mit einer beträchtlichen Bandbreite in der Rollenver-
teilung im Set. Der engagierteste Treiber des Projekts hatte den höchsten
Widerstand gegen Reflexion. Follower, die die Meilensteine im Projekt mit
Nachdruck realisierten, behinderten gemeinsam mit dem einflussreichen
Projekttreiber über einen beträchtlichen Zeitraum hinweg die Arbeit an
persönlichen Entwicklungspotenzialen. Der Opposer, der mit konstruktiver
Kritik den Projektfortschritt unterstützte, wurde mit seinem Anliegen der
Reflexion zu einem „Disabled Mover" (einem blockierten Mover), der sich
im Set zunehmend isolierte und wenig Wirkung entfaltete.

Bernhard Hauser: Action Learning

Erst durch die vom Facilitator angeleitete Reflexion veränderte sich die Dynamik. Der Bystander nahm seine Rolle allmählich so ein, dass sie für das Set fruchtbar werden konnte. Er äußerte sich deutlicher und stärkte mit der Rückspiegelung seiner Wahrnehmungen den Mover. Dies veranlasste auch die Follower, ihre einseitige Unterstützung für den Opposer graduell zurückzunehmen und den Mover in seinem Bestreben nach Auswertung zu unterstützen.

Als Facilitator ist es daher empfehlenswert, zurückzuspiegeln, wenn der Reflexionsprozess blockiert ist und die unterschiedlichen Muster der Aktions- und Reflexionsstruktur im Set gemeinsam zu analysieren. Die folgende Instruktion kann dazu genutzt werden.

Anmoderation als Setaufgabe

Instruktion

1. Projektdurchführung („Action")
   ▶ Welche Rolle füllen die einzelnen Setmitglieder am besten aus? Wo sind sie besonders überzeugend?
   ▶ *Markieren* Sie Rolle und Ausmaß mit einem *„X" und Name des Setmitglieds.*

2. Reflexion und Lernen („Learning")
   ▶ Welche Rolle füllen die einzelnen Setmitglieder *am besten* aus? Wo sind sie besonders überzeugend?
   ▶ *Markieren* Sie Rolle und Ausmaß mit einem *„0" und Name des Setmitglieds.*

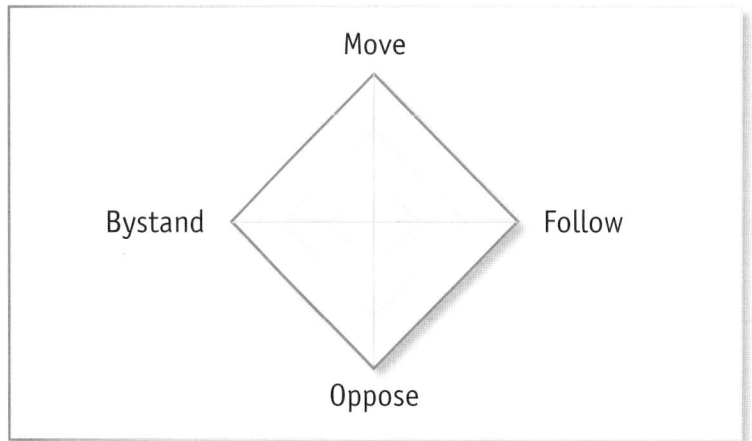

Abb. 20: Vorlage zur Markierung der Positionen der Setmitglieder

Fragen, die zum Einstieg in die Reflexion hilfreich sein können, sind beispielsweise:

- ▶ Was genau hat diese Personen bewogen, gemeinsam ein Set zu bilden?
- ▶ Wie ist die Struktur von Macht und Einfluss im Set?
- ▶ Wodurch bekommt man in diesem Set Status?
- ▶ Wie hängt dies mit dem Status im Unternehmen zusammen?
- ▶ Was ermöglichen dominante Persönlichkeiten für das Set und was verhindern sie?
- ▶ Wie ist der Umgang mit Konkurrenz und Unterstützung?
- ▶ Wer unterstützt wen?
- ▶ Welche „ungeschriebenen Gesetze" (oder Spielregeln) gibt es im Set?
- ▶ Wie ist die Stimmung/die Zufriedenheit (Setklima) im Set?
- ▶ Wer hat eine Idee/einen Wunsch etwas zu ändern?

Setfluss – panta rhei (alles fließt ...)

Art:	Gruppenübung.
Zweck:	Spielerische und kreative Auseinandersetzung mit der Entwicklung des Sets, Einstieg in die Reflexion.
Wann einsetzen:	In gewissen zeitlichen Abständen und zur Abschlussreflexion.

Abb. 21:
Set mit gemeinsamem
Projekt (Beispiel)

Variante 1: Set mit gemeinsamem Projekt

Dieses Bild visualisiert den Weg eines Sets durch gewaltige Stürme und Unwetter der Sonne entgegen. Dargestellt und reflektiert wurden dabei Unsicherheit und Auseinandersetzungen zu Beginn der Setarbeit. Verschärft wurde dies als erkennbar wurde, dass das Umfeld Anforderungen stellte (die Gewitterwolken), die das Set so nicht erwartet hatte. In dieser Phase verließ ein Setmitglied das Set. Die Gallionsfigur ganz links symbolisiert den Facilitator, der dem Set in schwierigen Situationen die Sicherheit vermittelte, sich mit den Themen konstruktiv auseinanderzusetzen. Das Set hatte so seinen Weg gefunden und die Energie wirkungsvoll gebündelt.

*Durch das Unwetter
der Sonne entgegen*

Ablauf/Instruktion: *Gemeinsames Projekt*

Bilden Sie eine Metapher für Ihr Set ...

- ▶ Welche Qualitäten zeichnen Ihr Set aus?
- ▶ Wie war der Verlauf Ihres Projekts? Gab es unvorhergesehene Ereignisse und Überraschungen?
- ▶ Waren Ihre Annahmen über die Realität zu Beginn („innere Landkarten") realistisch und zutreffend?
- ▶ Wie sind Sie mit neuen Entwicklungen und Erkenntnissen umgegangen? Haben sich Ziele und Methoden verändert?
- ▶ Wie war Ihr Setprozess? Welche „Ups" und „Downs" gab es? Haben sich Ihre Spielregeln bewährt? Wurden sie angepasst?
- ▶ Haben Sie Hilfe von außerhalb gesucht (z.B. Personen/Theorien/Experten)?
- ▶ Wenn Sie noch mal von vorne anfangen könnten: Welche 1-3 Dinge würden Sie wieder genauso machen, welche würden Sie verändern?

Zeitaufwand: 30 bis 60 Minuten

Besonderheiten: Kann sehr gut mit dem Setmeeting-Auswertungsbogen verknüpft werden.

Abb. 22:
Jedes Setmitglied hat ein
Projekt (Beispiel)

Variante 2: Jedes Setmitglied hat sein eigenes Projekt

In diesem Fall visualisierte das Set in einem Prozess mit Critical Action Learning seine Entwicklung über drei Stationen und die dabei erreichte zunehmende Tiefe und Öffnung, die Wachstum ermöglichte.

Ablauf/Instruktion: *Jeder hat sein eigenes Projekt*
Bilden Sie eine Metapher für Ihr Set ...
▶ Wie hat sich Ihr Set entwickelt?   ▶ Wichtige Stationen – Wodurch hat sich etwas verändert?   ▶ Wo stehe ich mit meinem Problem?   ▶ Welche Erkenntnisse habe ich durch die Arbeit mit dem Set zu meinem Problem bekommen?   ▶ Wie hat sich mein Erleben und Verhalten durch die Erkenntnisse aus dem Set verändert?   ▶ Wie haben sich die Erlebnis- und Verhaltensänderungen auf mein Problem ausgewirkt?   ▶ ...
Zeitaufwand: 30 bis 60 Minuten

Instruktion

Persönliches Lerntagebuch

_____
Datum

_____

Was habe ich heute ausprobiert?

_____

_____

_____

_____

_____

Was hat es bewirkt?

_____

_____

_____

_____

_____

Welche Erkenntnisse habe ich über mich gewonnen?

_____

_____

_____

_____

_____

Design

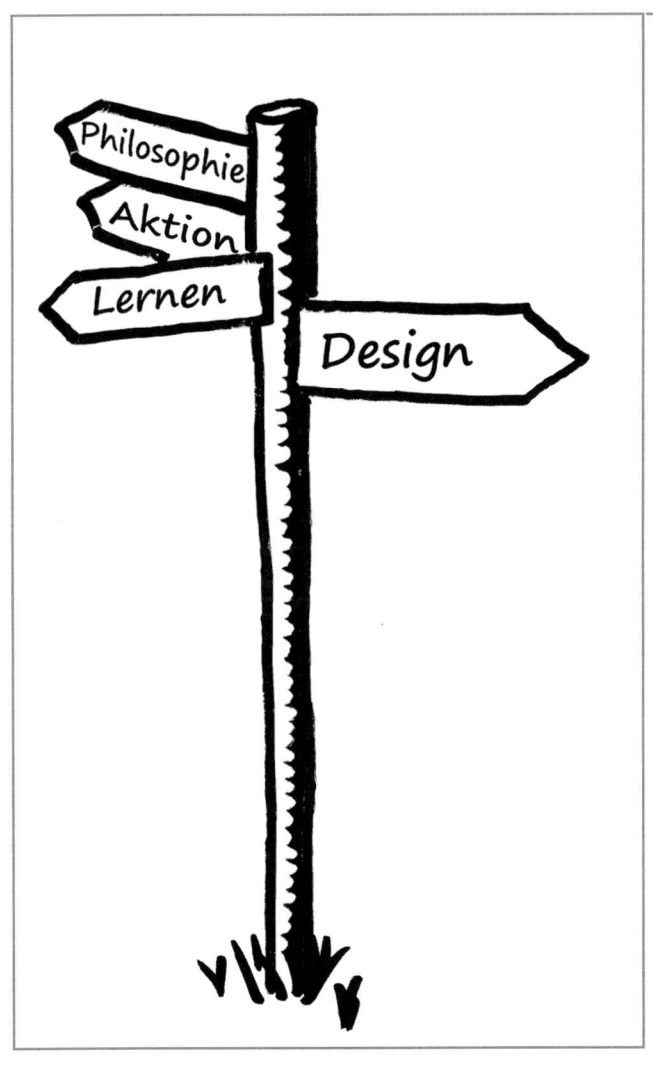

Schnellfinder

Dieser Teil des Buches bietet einen Überblick und praktische Entscheidungshilfen für die Gestaltung eines Action-Learning-Programms. Im Vordergrund stehen Organisation und Strukturalternativen, unterstützt durch eine Reihe von Checklisten. Grundlegende Fragen, die für die Gestaltung des Programmdesigns beantwortet werden müssen sind zum Beispiel:

- Was soll mit dem Action-Learning-Programm erreicht werden?
- Wie werden die Sets zusammengesetzt?
- Welche Aufgaben/Probleme eigenen sich für welche Zielrichtung?
- Welches Rollenkonzept ist geeignet? Wer kann die jeweiligen Rollen gut ausfüllen?
- Wie sollen die verschiedenen Rollenträger in das Programm eingebaut werden?
- Welche Abfolge von Action-Learning-Workshops bzw. Setmeetings ist für den jeweiligen Zweck am besten geeignet?
- Wie wirkt sich Virtual Action Learning auf das Design aus?
- Was verändert sich am Design durch Self Facilitation?

Was soll mit Action Learning erreicht werden?

Eine klare Zielsetzung für das Action-Learning-Programm ist der erste Schritt für die Entwicklung eines Programmdesigns. Beispiele für Zielsetzungen können etwa sein:

- Führungskompetenz und Metakompetenzen zur Selbsttransformation entwickeln
- Die Führungskultur mit „Shared Leadership" entwickeln
- Organisationsentwicklung in Zeiten raschen Wandels
- Veränderungsprozesse gestalten
- Die bereichsübergreifende Zusammenarbeit verbessern
- Netzwerke und produktive Beziehungen in der Organisation aufbauen
- Praktisches Wissensmanagement („Practical Knowing")
- Lösungskompetenz im Umgang mit boshaften Problemen aufbauen
- …

Beispiele für Zielsetzungen

Darüber hinaus ist für das Design von Bedeutung, ob für die Zielgruppe in der Organisation auch andere Programme geplant oder schon vorhanden sind, wie z.B. Fachtraining, Verhaltenstraining für Führungskräfte, Projektmanagementseminare etc., die die Intention von Action Learning flankieren, unterstützen, aber ggf. auch behindern können.

Die Beantwortung dieser Fragen gibt erste Hinweise für das Design des Action-Learning-Programms.

Das Set als zentrale Einheit im Action Learning

Der Raum für Aktion und Lernen ist das Set. Das Set ist eine Gruppe von vier bis sechs, manchmal auch bis acht Personen. Der Begriff „Set" hat sich schon frühzeitig eingebürgert. Man kann sich zu Recht fragen, warum nicht von einem Team die Rede ist. Der Hintergrund ist der, dass Teams in Organisationen bereits seit Langem eingeführt sind und sich daher auch eine bestimmte Vorstellung damit verknüpft, die zwar auf Zusammenarbeit abzielt, aber oft einseitig auf Umsetzung ausgerichtet ist und meist durch das Vorhandensein eines Teamleiters mit Hierarchie und Führung verknüpft wird.

Der Begriff Set ist demgegenüber unbelastet. Zum Ausdruck gebracht wird damit die hierarchiefreie Gleichberechtigung der Teilnehmer, im Sport oder in der Ausbildung wird damit eine Leistungsklasse assoziiert. Die Arbeitsweise in einem Set wird im Kapitel *Lernen* ausführlich erläutert.

Diversity im Set

Auf Unterschiedlichkeit achten

Bei der Zusammensetzung von Sets sollte auf Unterschiedlichkeit in möglichst vielen Aspekten geachtet werden. Es gilt die Faustregel: Je heterogener die Sets zusammengestellt sind, desto größer ist die Vielfalt an Perspektiven, desto höher die Möglichkeit zu lernen, eigene Annahmen auf den Prüfstand zu stellen, den eigenen Blickwinkel zu erweitern und innovative Lösungen zu erarbeiten.

Dimensionen der Unterschiedlichkeit sind beispielsweise die Funktion, Aufgabe und der Erfahrungshintergrund. Unterschiedlichkeit, die bereichert und neue Lern- und Lösungsperspektiven eröffnet, kann auch die Herkunft oder das Geschlecht sein.

Die Checkliste 8 kann genutzt werden, um für die einzelnen Kriterien die erwünschte Unterschiedlichkeit zu planen.

Checkliste 8: Geplante Unterschiedlichkeit der Teilnehmer		
Kriterien	**hoch**	**gering /keine**
Funktion		
Aufgabe		
Jahre Erfahrung in der Aufgabe		
Beruflicher Hintergrund		
Standorte		
Ausbildung		
Geschlechtermischung		
Internationalität (wo?/wie lange?)		

Oft ist es sinnvoll, Mindestanforderungen festzulegen. Diese ergeben sich einerseits aus der Struktur des geplanten Programms (z.B. Englischkenntnisse) oder aus den Zielen, die mit dem Programm und hinsichtlich der Zielgruppe verfolgt werden.

*Mindest-
anforderungen
festlegen*

In manchen Unternehmen gibt es Eingangsvoraussetzungen für die Aufnahme in ein Action-Learning-Programm, wie z.B. die erfolgreiche Teilnahme an einem Assessment Center.

Checkliste 9: Mindestanforderungen an die Teilnehmer	
Kriterien (Auswahl)	**Anforderung**
Sprachkenntnisse (z.B. Englisch)	
Bereitschaft, Freizeit zu investieren	
Potenzialaussage	
...	

Alternative Designs für die Aufgaben oder „Probleme" der Sets

Problemauswahl Aufgaben, die von den Teilnehmern eines Sets bearbeitet werden, werden im Action Learning als *Probleme* bezeichnet. Probleme sind dadurch gekennzeichnet, dass es für sie noch keine Lösungen gibt und diese erst erarbeitet werden müssen. Genau dadurch unterscheiden sie sich von Rätseln (Puzzles), für die ein optimaler Lösungsweg prinzipiell bekannt ist und nur noch recherchiert bzw. angewandt werden muss, ggf. mit fachlicher Unterstützung (siehe auch Kapitel *Ein praktischer Einstieg*).

> Im Action Learning geht es immer um echte, aktuell anliegende, ungelöste Probleme! Pädagogisch aufbereitete „typische" Spiel- oder Vergangenheitsprobleme haben hingegen nichts mit Action Learning zu tun.

Die Problemauswahl ist daher eine wichtige Designfrage.

Auswahl der Aufgaben/Probleme

Action Learning eignet sich besonders für Probleme, die trotz aller Prozesse und sorgfältiger Planung immer wieder auftreten. Solche Probleme kann man durchaus auch als „boshaft" bezeichnen (vgl. dazu Kapitel *Aktion* S. 42 f.). Sie erfordern intensive Zusammenarbeit, Offenheit und Lernen.

Die ursprüngliche Aufteilung stammt von Revans und kombinierte in einer Matrix die Aufgabe und das Umfeld. Daraus ergeben sich vier mögliche Alternativen für Aufgaben im Set (Danke an Mike Pedler, der mir seine Originalmitschrift eines Action-Learning-Seminars mit Reg Revans in Mexico City 1977 überlassen hat, in der die Systematik bereits ersichtlich ist):

Aufgabe		
	eigen	fremd
Umfeld eigen	eigene Aufgabe eigenes Umfeld	fremde Aufgabe eigenes Umfeld
fremd	eigene Aufgabe fremdes Umfeld	fremde Aufgabe fremdes Umfeld

Abb. 23: Die Aufgabe/ Umfeld-Matrix

Die Action-Learning-Aufgabe kann also dem bisherigen Umfeld des Action Learners oder einem anderen Umfeld entstammen. Ebenso kann es sich um eine bekannte oder um eine neue Aufgabe handeln. Das heißt bezogen auf die Entwicklung des Action Learners kann das Ausmaß an Neuartigkeit gesteuert werden.

Die Action-Learning-Aufgabe

Eine weitere Darstellung stammt von Lawlor (1983), der zusätzliche Dimensionen der Programmgestaltung aufzeigt:

Abb. 24: Action-Learning-Projekte – Systematik nach Lawlor (1983)

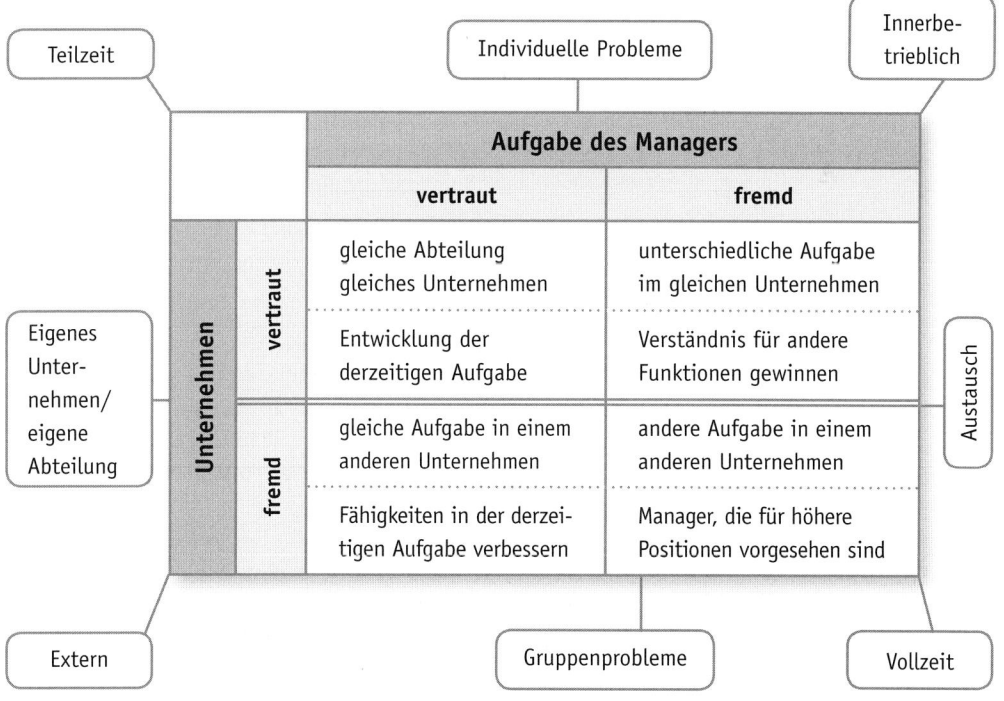

Kombination
unterschiedlicher
Dimensionen

(Download-Link in
der Umschlagklappe)

In dieser Grafik sind unterschiedliche Dimensionen kombiniert. Dabei stellen einander gegenüberliegende Aspekte Alternativen dar, die in der Programmgestaltung entschieden werden sollten. Die in der Grafik angedeutete Verknüpfung der Dimensionen, z.B. in welchen Fällen individuelle Action-Learning-Probleme oder -Aufgaben und in welchen Gruppenprobleme sinnvoll sind, ist eher als Anregung zu sehen und kann im Einzelfall sicher auch anders gehandhabt werden. Gleichwohl ist es möglich, aufgrund der jetzt vorliegenden Informationen eine Checkliste mit wichtigen Eckpunkten für die Designentscheidung zu erstellen:

Checkliste 10: Auswahl Action-Learning-Aufgabe/-Problem			
Bitte jeweils A oder B ankreuzen			
Alternative A	**A**	**B**	**Alternative B**
Aus dem Arbeitsgebiet des Teilnehmers			Aus einem anderen Arbeitsgebiet
Am Standort des Teilnehmers			An einem anderen Standort
Eigene Organisation/eigene Abteilung			Fremde Organisation/fremde Abteilung
Teilzeit Action Learning			Vollzeit Action Learning
Individuelle Aufgabe für jeden Teilnehmer			Gemeinsame Aufgabe im Set

Diese Eckpunkte haben eine etwas unterschiedliche Gewichtung. Für die ersten drei Punkte ist es durchaus möglich, eine Regel festzulegen, in begründeten Fällen für einzelne Teilnehmer aber eine Ausnahme zuzulassen. So ist es bei einem gemeinsamen Projekt für ein Set meist sinnvoll, wenn ein Teilnehmer am Standort vor Ort ist.

Teilzeit oder Vollzeit Action Learning? Action Learning wird überwiegend als Teilzeitaktivität durchgeführt, d.h. der Action Learner bearbeitet die Aufgabe neben seinen üblichen Aufgaben. Für die Budget- und Ressourcenplanung kann es daher durchaus sinnvoll sein, in die Designüberlegungen einzubeziehen, wie viel Arbeitszeit für die Action-Learning-Aufgabe einzuplanen ist. 10 bis 20 Tage sind für ein Projekt, welches sich über ca. sechs Monate hinzieht, ein häufiger Wert.

Schwankungen können allerdings je nach Engagement des einzelnen Action Learners und persönlichen Nutzenvorstellungen beträchtlich sein. Das Unternehmen muss dann entscheiden, ob es eine Faustregel als Anhaltspunkt festlegen möchte, vielleicht mit der Botschaft, dass vom Teilnehmer erwartet wird, für darüber hinausgehende Zeiten keine Arbeitszeit zu verwenden. Den Teilnehmern und ggf. deren Führungskräften ermöglicht dies schon zu Beginn, eine realistische Einschätzung und Planung der erforderlichen Ressourcen vorzunehmen. Darüber hinaus gibt dies dem Teilnehmer auch die Möglichkeit, das eigene Selbstmanagement zu überprüfen.

Der letzte Aspekt der Checkliste betrifft die Frage, ob *jeder Teilnehmer sein eigenes Action-Learning-Vorhaben verfolgt* und das Set dann jeweils jeden einzelnen unterstützt und kritisch begleitet oder *ob das Set gemeinsam an einer Aufgabe arbeitet*. Für ein einzelnes Set ist das in der Regel eine Entweder-oder-Entscheidung. In einem Programm mit mehreren Sets ist es prinzipiell möglich, setweise unterschiedlich zu verfahren. In der Praxis wird jedoch häufig bereits im Vorfeld eine Designentscheidung gefällt, ob ein Set ein gemeinsames Projekt bearbeiten wird oder ob jeder Teilnehmer sein eigenes verfolgt.

Designbeispiel: Jeder Teilnehmer hat ein eigenes Action-Learning-Projekt

Dieses Beispiel stammt aus einem Unternehmensverbund, bei dem die grundlegende Strukturentscheidung gefallen war, dass jeder Teilnehmer ein eigenes Projekt verfolgt. Die dazu notwendigen Festlegungen im Vorfeld betrafen die Projektauswahl, das Rollenkonzept sowie Aufbau und Arbeitsweise der Sets. Die grundlegenden Entscheidungen, aus denen sich die weiteren Schritte ableiteten, waren folgende:

Grundlegende Entscheidungen

▷ Jeder Teilnehmer bearbeitet ein eigenes Action-Learning-Projekt.
▷ Auftraggeber des Projekts ist das eigene Unternehmen.
▷ Jeweils vier Teilnehmer bilden ein Action-Learning-Set.

Die Seminargruppe besteht aus *zwölf Teilnehmern*, die sich in *drei Sets* aufteilen. Jeder dieser Setteilnehmer ist Projektleiter für ein Action-Learning-Projekt in seinem Unternehmen und für jedes dieser Projekte gibt es einen Auftraggeber aus dem eigenen Unternehmen, der an der Bearbeitung und am Ergebnis des Projekts unmittelbar interessiert ist.

Der Auftraggeber kommt aus einer höheren Hierarchieebene als der Setteilnehmer, er kann Geschäftsführer des Unternehmens sein oder auch eine obere Führungskraft. Er kann als Führungskraft aus der eigenen Linie kommen, d.h., mittelbar oder unmittelbar in der Führungsverantwortung für den Setteilnehmer stehen oder – wenn er nicht der Geschäftsführer ist – aus einer anderen Linie kommen und dann keine Führungsverantwortung für den Setteilnehmer haben und ihm dadurch die Möglichkeit eines funktionsübergreifenden Projekts bieten.

Experten bei Bedarf Schließlich stellt jeder Setteilnehmer ein Projektteam vor Ort im eigenen Unternehmen auf, das nach den Anforderungen der jeweiligen Projektaufgabe unterschiedlich groß sein kann. Bei Bedarf können *Experten* hinzugezogen werden, die entweder im Unternehmen selbst, in der übergeordneten Holding oder extern zu finden sind. Die Setteilnehmer treffen sich zu den regelmäßigen Workshops des Programms, um – unterstützt durch den Facilitator – ihre jeweiligen Projektfortschritte im Set zu reflektieren und daraus für neue Aktionen zu lernen. Darüber hinaus können sich die Setteilnehmer zu weiteren Setmeetings verabreden und besuchen auch jedes einzelne Setmitglied vor Ort, um unmittelbare Eindrücke zu sammeln und die Situation zu reflektieren.

Sponsor ist der Vorstand der Holding, der das Programm ins Leben gerufen hat und damit für das Commitment des Unternehmens steht. *Der Facilitator* schließlich unterstützt die Sets bei der Arbeit und deren Vernetzung in den Workshops, klärt aber auch mit den Verantwortlichen im Unternehmen die Rahmenbedingungen.

Rollen im Action Learning

Im Action Learning gibt es verschiedene Rollen, von denen einige einen zentralen Beitrag für das Gelingen eines Action-Learning-Programms leisten und daher bei Designüberlegungen mitbedacht werden müssen, zumal sie je nach den Besonderheiten der jeweiligen Situation unterschiedlich ausgeprägt sein können.

Die folgende Darstellung gibt einen Überblick über die wesentlichen Rollen und markiert deren Einfluss auf die Rahmenbedingungen für Action-Learning-Programme unter den Aspekten *Aktion*, *Lernen* und *Design*.

Wesentliche Rollen

Rolle	Einfluss auf die Rahmenbedingungen für ...		
	Aktion	Lernen	Design
Sponsor	XX	**XXX**	X
Interne Mittler (z.B. Personal- bzw. Unternehmensentwicklung)	X	XX	**XXX**
Facilitator	XX	**XXX**	**XXX**
Setmitglied	**XXX**	**XXX**	XX
Client/Auftraggeber	**XXX**	XX	–
Führungskraft des Teilnehmers	XX	XX	–
Tutor	X	XX	–
Externe Projektmitglieder	XX	X	–
...			

Abb. 25: Einfluss der Rollenträger auf die Rahmenbedingungen eines Action-Learning-Programms

Der Sponsor

Der Sponsor gibt die Rückendeckung für Action Learning

Action Learning bedeutet, bestehende Vorgehensweisen, Prozesse und scheinbar selbstverständliche Logiken auf der Suche nach besseren Lösungen kritisch zu hinterfragen. Dies kann zu Unruhe und Empfindlichkeiten führen, besonders in Organisationen, die ein solches Vorgehen bislang nicht gewohnt sind. Der Erfolg eines Action-Learning-Programms hängt ganz wesentlich von der Unterstützung durch geeignete Sponsoren ab, die die Philosophie und Vorgehensweise von Action Learning mittragen.

Die Rolle des Sponsors beschreibt denjenigen, der in der Organisation die Macht hat, Action Learning Rückendeckung zu geben. Besonders wichtig wird dies, wenn das Set bestehende Routinen im Unternehmen infrage stellt und dadurch Unruhe entsteht. In der Regel hat die Unternehmensleitung die Rolle des Sponsors inne, in großen Unternehmen kann auch die Leitung eines wichtigen Bereichs, einer Niederlassung oder sonst wie eigenständigen Einheit diese Rolle übernehmen. Letztlich ist es der Sponsor, der entscheidet, ob er die Investition, die ein Action-Learning-Programm darstellt, leisten möchte. Es ist daher notwendig, als Facilitator gute Absprachen über die Rahmenbedingungen mit dem Sponsor zu treffen und zu klären, was möglich ist und was nicht.

Einbinden des Sponsors

Im Verlauf eines Action-Learning-Programms, oder bei wiederholten Durchführungen wirkt der Sponsor eher im Hintergrund, in manchen Fällen nimmt er aber auch sehr offensiv auf den Erfolg des Action Learning Einfluss oder lässt sich Zwischenstände und Erfahrungen von unterschiedlichen Beteiligten schildern. Eine gute Möglichkeit, den Sponsor einzubinden, sind *Kaminabende*, um den Dialog zwischen Sponsor und den Teilnehmern am Action Learning, die oft wichtige Macher oder einflussreiche Meinungsbildner sind oder als Nachwuchskräfte als besonders förderungswürdig eingeschätzt werden, zu fördern.

Eine andere gute Möglichkeit ist es, am Ende eines Action-Learning-Programms ein *Abschluss-Event* durchzuführen, zu dem der Sponsor und andere Führungskräfte eingeladen sind. Im Rahmen einer solchen Veranstaltung können sowohl Lernergebnisse als auch Sachergebnisse präsentiert werden.

Der Vorstandsvorsitzende eines bedeutenden Unternehmens, der als Sponsor ein anspruchsvolles Action-Learning-Programm für angehende Führungskräfte genehmigte, bemerkte am Ende des Abschluss-Events der Pilotveranstaltung: „Dieses aufwendige Programm finanziert sich ja über die Sachergebnisse zum

großen Teil selbst – und außerdem lernen die Teilnehmer praxisorientiert worauf es ankommt."

Die Hauptaufgabe des Sponsors ist es, gegebenenfalls auch gegen Widerstände, Bedingungen im Unternehmen zu schaffen, die Lernen möglich machen. Dazu gehört es, Lernen konsequent zu fordern und Widersprüche und Unruhe, die dies auslösen kann, auszuhalten. Eine offene und kritische Reflexion, die es ermöglicht, Potenziale zu nutzen und gemeinsam neue Wege zu gehen, ist im Unternehmen nur in dem Maße möglich, wie die Unternehmensleitung dies einfordert und tatkräftig unterstützt.

Aufgaben des Sponsors

Der Sponsor unterstützt die Aktionsseite, wenn er anspruchsvolle Projektideen und deren Umsetzung fordert und sich Ergebnisse präsentieren lässt. Auf das Design nimmt er eher nur indirekt Einfluss, indem er Ressourcenentscheidungen fällt.

Der interne Mittler (z.B. Personal- oder Unternehmensentwicklung)

Die wichtige Rolle eines Mittlers zwischen Sponsor, verschiedenen Bereichen der Organisation und Experten, die ein Action-Learning-Programm designen und aufsetzen können, übernimmt in den meisten Fällen ein zentraler interner Stab oder eine entsprechende Fachabteilung. Je nach Auslöser für das Action Learning kann es die *Unternehmensentwicklung* sein, wenn es zum Beispiel um die handlungsorientierte Weiterentwicklung der Unternehmenskultur in immer weniger vorhersagbaren Umwelten geht. Es kann die *Organisationsentwicklung*, die *interne Unternehmensberatung* oder eine andere mit Change befasste Einheit sein, wenn die Auslöser konkrete Veränderungs- oder Entwicklungsvorhaben sind. Häufig ist die *Personalentwicklung* beteiligt, wenn es um die Entwicklung von Führungskompetenz geht.

Die Aufgabe dieser Mittler ist es, als Ergebnis eines komplexen Willensbildungsprozesses den Bedarf klar zu formulieren, bei der Auswahl geeigneter Facilitators zu unterstützen und fachliche Rückendeckung nach innen zu geben. Sie sind Wegbereiter, Unterstützer des Neuen und kritische Partner nach allen Seiten.

Aufgabe des Mittlers: den Bedarf klar formulieren

Action Learning zielt auf die Stärkung der eigenen Kräfte im Unternehmen. Für die Steuerung in der Anfangsphase und die spätere Begleitung des Prozesses ist die Einbindung interner Fachabteilungen daher sehr wichtig. Ein Zusammenwirken intern-extern ist oft hilfreich, um Qualitätskontrolle und Glaubwürdigkeit mit Expertise und Unabhängigkeit zu verknüpfen. Besonders in großen Unternehmen sind die Grenzen zwischen intern und extern allerdings fließend und es hängt vom Einzelfall ab, wie unabhängig und quasi-extern die Fachabteilung ist und wie viel Expertise intern aufgebaut oder von extern zugekauft wird.

Die internen Mittler nehmen einen sehr hohen Einfluss auf das Design, sie werten die Fortschritte aus und sie sichern den fachlich-politischen Freiraum für Action Learning, indem sie Fragen aufnehmen und das Vorgehen erklären.

Der Facilitator

Der Facilitator begleitet das Action-Learning-Programm

Die „hautnahe" Begleitung und Durchführung eines Action-Learning-Programms gehört zu den Aufgaben des Facilitators. Revans sah diese Rolle durchaus skeptisch, da es sein Anliegen war, offene, partizipative Lernprozesse in Gang zu setzen und die Eigenverantwortung der Teilnehmer für ihr Lernen zu fördern. Eine zu starke Expertenrolle schien da eher kontraproduktiv. Er sah die Aufgabe des Facilitators daher vor allem darin, den Prozess aufzusetzen, auf Regeleinhaltung zu achten und das Set möglichst selbstgesteuert arbeiten zu lassen.

Mit dem Aufkommen anspruchsvollerer Formen des Action Learning, speziell dem Critical Action Learning, wird die Rolle des Facilitators heute von vielen differenzierter gesehen. Die Erweiterung von der Lösung individueller Probleme auf die Betrachtung kollektiver Prozesse („Organisationslernen") und die nachhaltige Unterstützung einer kritischen Reflexion sind einige der anspruchsvollen Aufgaben, die einer sorgfältigen Prozesssteuerung und Unterstützung bedürfen. Erhalten bleibt allerdings Revans Ziel, die Verantwortung für das Lernen beim Set und dem einzelnen Action Learner zu sehen und zu einer zunehmenden Selbststeuerung im Set zu kommen.

Zu Rolle und Aufgaben des Facilitators gehören:

▶ Die Organisation auf Sinn und Ziel von Action Learning vorzubereiten, die Erwartungen, Verantwortlichkeiten und Prozesse abzuklären sowie die Leitungsebene(n) und anderen Rollenträger fortlaufend einzubinden.
▶ Die Unterstützung in Bezug auf die Entwicklung eines geeigneten Designs des Action-Learning-Programms.

▶ Ein vertrauensvolles, wertschätzendes Klima im Set zu fördern, welches eine ausgewogene Balance aus Herausforderung und Verständnis zulässt.

▶ Die Lern- und Reflexionsprozesse im Set zur Entwicklung aller Setmitglieder zu initiieren, begleiten und auszuwerten.

▶ Blockaden und Lernhindernisse zu bearbeiten.

▶ Vereinbarungen, Arbeitsergebnisse und Lernprozess zu dokumentieren.

▶ Den Blick auf systemische Wechselwirkungen im Unternehmen und die Förderung von Organisationslernen zur richten.

▶ Metakompetenzen zur Selbsttransformation und zunehmender Eigensteuerung im Set zu entwickeln.

Der ureigene Schwerpunkt des Facilitators ist der Prozess des Lernens, des Reflektierens und der Entwicklung. Auf die Aktionen und fachlichen Inhalte nimmt er hingegen keinen direkten Einfluss, er sorgt aber ggf. dafür, dass die Handlungsseite im Set thematisiert wird und eine Auswertung und Reflexion des Handelns stattfindet. Eine systematische Darstellung des Facilitators findet sich im Kapitel *Lernen*.

Prozesse des Lernens, des Reflektierens und der Entwicklung unterstützen

Die Auswahl eines fachlich qualifizierten und persönlich geeigneten Facilitators spielt eine sehr große Rolle für das Gelingen von Action Learning.

Das Setmitglied

Die Rolle des Setmitglieds steht naturgemäß im Zentrum einer Action-Learning-Aktivität. Gefordert ist die *Bereitschaft, Verantwortung zu übernehmen für das eigene Lernen*, aber auch dafür, dass *Verbesserungen in Gang gesetzt* werden. Dazu sollten eine *gewisse Neugier* kommen und die *Offenheit, sich auf Neues einzulassen*, eingefahrene *Routinen zu verlassen* und *gewisse Risiken in Kauf* zu nehmen. Diese Dinge können nicht angeordnet werden. In der Action-Learning-Literatur wird daher häufig eine *freiwillige Teilnahme* an Action Learning als wesentlicher Erfolgsfaktor genannt.

Das Setmitglied steht im Zentrum von Action Learning

In der Unternehmenspraxis gibt es allerdings häufig komplexe Entscheidungsmechanismen, die dazu führen, dass jemand in den Kreis derjenigen kommt, die an einem Action-Learning-Programm teilnehmen können. Die Bandbreite reicht hier von Selbstnominierung bis zu Ansprache durch die Führungskraft oder Teilnahme an einem Förderassessment. In jedem Fall

Persönliche
Entscheidung und
Eigenverantwortung

ist es aber erforderlich, dass der Teilnehmer eine persönliche Entscheidung fällt, ob er sich auf diesen Weg einlassen möchte.

Erfolgreiches Action Learning, das die Eigenverantwortung für Lernen und Entwicklung ernst nimmt, benötigt die Freiheit, dass der potenzielle Teilnehmer *Nein* sagen kann, sowohl grundsätzlich als auch zu einzelnen Schritten im Prozess. Neben der grundlegenden Entscheidung zur Teilnahme kann ein Setmitglied daher zahlreiche Entscheidungen, die ihn betreffen, beeinflussen. Dies kann z.B. die Zusammensetzung des Sets, die konkrete Auswahl der Aufgabe, die Ausgestaltung der eigenen Rolle im Set und die Bereitschaft zu kritischer Reflexion betreffen.

Dass dabei immer eigene Bedürfnisse nach Autonomie und ein Einlassen auf andere und die Abstimmung mit ihnen eine Rolle spielen, ist eine soziale Realität und spiegelt insofern den Spannungsbogen in jeder Organisation wider. Offenheit und Selbstverantwortung sind daher gleichzeitig Voraussetzung und Ergebnis des persönlichen Wachstums in einem Action-Learning-Prozess.

Die Setmitglieder haben naturgemäß selbst den höchsten Einfluss auf das eigene Lernen und das Handeln im Action Learning. Wann immer ihnen die Rahmenbedingungen ungünstig erscheinen, können sie dies thematisieren und – zumindest innerhalb bestimmter Grenzen – neu verhandeln.

Der Client/Auftraggeber

Mit dem
Auftraggeber
wird die
Projektvereinbarung
geschlossen

Der Auftraggeber oder Client ist für das Action-Learning-Set besonders wichtig. Mit ihm wird die Projektvereinbarung geschlossen und er wird später die Leistung abnehmen. Um die Rolle engagiert auszuüben, sollte er ein unmittelbares Interesse und einen direkten Vorteil von dem zu erbringenden Arbeitsergebnis des Sets haben.

Einige Aspekte zur Gestaltung der Rolle sind:

Die Rolle des Client

▶ Er möchte als *Kunde* ein Leistungsergebnis erhalten.
▶ Als *Entscheidungsträger* gesteht er dem Set einen sinnvollen Handlungsspielraum zu und ermöglicht es ihm damit, innerhalb dieses Rahmens selbst Verantwortung zu übernehmen und zu lernen.
▶ Als *Informationsquelle* teilt er seine Einschätzungen mit und öffnet Türen zu weiteren Gesprächspartnern.
▶ Als *Ressource* unterstützt er dort, wo der Einfluss und die Möglichkeiten des Sets begrenzt sind.

Bernhard Hauser: Action Learning

▶ Als *Feedback-Geber* gibt er seine Rückmeldung nicht nur zum Ergebnis sondern auch zum Vorgehen und Auftreten des Sets im Rahmen des zu bearbeiteten Projekts.

Für den Erfolg eines Projektes ist die Wahl eines geeigneten Auftraggebers wesentlich. Er muss hierarchisch hoch genug angesiedelt sein, um Einfluss nehmen zu können und das Team zu unterstützen, darf aber nicht so hoch stehen, dass er zum Projekt keinen unmittelbaren Bezug mehr hat. Das Gleiche gilt, wenn ein Client gewählt wird, der „gerade verfügbar wäre" – aber persönlich nicht für das Thema brennt.

Der Auftraggeber hat einen besonders hohen Einfluss auf die Aktionen des Sets. Je nachdem, wie er die Rolle gestaltet, kann er auch das Lernen positiv beeinflussen, auf das Design des Action-Learning-Programms hingegen nimmt er in der Regel keinen Einfluss.

Andreas Bug über die Rolle des Auftraggebers

Andreas Bug, Geschäftsführer Biothan GmbH

Frage: Sie waren selbst Teilnehmer und mehrfach Auftraggeber für Action-Learning-Projekte. Worauf sollte man achten, wenn man die Funktion eines Auftraggebers für ein Action-Learning-Set übernimmt? Wie kann optimales Lernen und Wissenstransfer in die Organisation aus Ihrer Sicht unterstützt werden?

Bug: Es muss sich um ein Projekt handeln, das der Auftraggeber auch tatsächlich will (kein Projekt fur die Schublade). Ansonsten wird er das Set nicht wirklich unterstützen. Das Set erkennt das auch schnell und wird nicht motiviert sein und keinen Nutzen ziehen.

Ganz konkret sollte er außerdem auf Folgendes achten:

▶ Zeit für Unterstützung und Absprachen einplanen, auch wenn es zeitlich manchmal eng ist.
▶ Dem Set die Freiräume für eigene Ideen lassen. Hilfestellung anbieten, aber sich nicht überall einmischen, vor allem nicht in Details.
▶ Das Set nicht mit zu vielen ausführenden Tätigkeiten auslasten. Sonst stellt sich der Lerneffekt nicht ausreichend ein und man verschenkt zudem die Möglichkeit, die Kreativität der Setmitglieder zu nutzen. Devise: Qualität statt Quantität der Aufgaben. Darauf sollte man schon bei Formulierung des Projektauftrags achten.

Die Führungskraft des Teilnehmers

Für die Führungskraft stellt die Teilnahme eines Mitarbeiters an einem Action-Learning-Programm eine Führungssituation mit speziellen Herausforderungen dar:

Die entsendende Führungskraft des Action Learners spürt die Investition in die Entwicklung des Mitarbeiters ganz unmittelbar. Sie profitiert vom Kompetenzaufbau ihres Mitarbeiters und kann oft schon nach kurzer Zeit erste Veränderungen bemerken. Gleichzeitig steht der Mitarbeiter für die Zeit des Action-Learning-Programms nicht mehr in dem Maße zur Verfügung, wie dies zuvor der Fall war. Dies kann kurzfristig durchaus eine beträchtliche Herausforderung darstellen. Darüber hinaus ist es sinnvoll, dass der Action Learner in seinem Arbeitsumfeld die Gelegenheit erhält, Gelerntes anzuwenden und damit Erfahrungen zu sammeln. Er benötigt dazu einen gewissen Freiraum und Verständnis bzw. Unterstützung vonseiten der Führungskraft.

Checkliste 11: Absprachen zwischen dem Action-Learning-Teilnehmer (TN) und seiner Führungskraft (FK)		
Thema	**Vereinbarung**	
360°-Feedback bzw. Jahresgespräch für TN		
Kompetenzprofil/Lernbedarf aus Sicht des TN		
Kompetenzprofil/Lernbedarf aus Sicht der FK		
Zielvereinbarung für Programmteilnahme		
Zeitkontingent für Action Learning (Wochenstunden oder Tage)		
Reisetätigkeiten für das Programm		
Vertretungsregelung für Abwesenheiten wg. Action Learning		
Rückmeldegespräch nach jedem Workshop/Setmeeting (60 Min.)		
Anwenden und Nutzen des Gelernten vor Ort		
(Regelmäßiger) Bericht über das Action-Learning-Programm, z.B. im Jour fixe der Abteilung		
Absprache über Ressourcen		
Entwicklungsperspektive		

Ein Praxisbeispiel für den Nutzen eines regelmäßigen Berichts:
Die Führungskraft eines Teilnehmers in einem intensiven Action-Learning-Programm, welches mit Verhaltenstraining kombiniert war, ließ sich im Anschluss an jeden Workshop genau berichten, welche Erkenntnisse der Mitarbeiter gewonnen hatte. Bei verschiedenen Themen, wie zum Beispiel vertrauensbildenden Grundregeln für das Set und Verhaltens-Feedback, forderte sie ihn auf, in der Abteilungsbesprechung darüber zu informieren und mit den Kollegen die Umsetzung vor Ort zu besprechen bzw. dies gleich durchzuführen. Für den Action Learner erhöhte dies den Lerneffekt, da er aktiv weitergab, was er gelernt hatte. Gleichzeitig führte dies zu einem selbstgesteuerten Entwicklungsprozess im gesamten Bereich.

(Download-Link in der Umschlagklappe)

Beispiel

Die Führungskraft ist verantwortlich dafür, dem Mitarbeiter Rückmeldung zu seinem Lernbedarf und zu seiner Entwicklung zu geben. Sie nimmt damit gezielt Einfluss auf das Lernen des Action Learners und trägt in gewissem Umfang auch zu seinem Handeln bei, indem sie dafür einen Rahmen innerhalb des eigenen Umfelds schafft. Einfluss auf das Design des Programms nimmt sie dagegen in der Regel nicht.

Der Tutor

Der Tutor stellt Experteninput zur Verfügung

Die Rolle eines Tutors nehmen im Action Learning diejenigen wahr, die dem Action-Learning-Set Experteninput zur Verfügung stellen. Nach der Action-Learning-Formel von Revans bestimmen die Exploration vor Ort und der Fortgang des Projekts, welcher Experteninput benötigt und dann organisiert wird.

Während dies z.B. bei Action Learning in Change-Projekten mit ihrer jeweiligen Einzigartigkeit durchaus ein gangbarer Weg ist, stößt eine solche Flexibilität der Tutoren in Action-Learning-Programmen zur Entwicklung von Führungspotenzial oft an praktische Grenzen. Gerade Programme, die öfter wiederholt werden, benötigen eine gewisse Planungssicherheit. Fachinputs werden dann meist unabhängig vom aktuellen Bedarf in den Sets angeboten.

Generell gilt: Tutoren nehmen keinen Einfluss auf das Design eines Action-Learning-Programms. Ihr Input kann jedoch Lernen bei den Teilnehmern anregen. Je unmittelbarer er zu aktuellen Fragestellungen bzw. Bedürfnissen der Teilnehmer passt, desto nachhaltiger wird das Lernen. In einem gewissen Umfang kann sich dies dann auch auf das Handeln eines Sets auswirken.

Externe Projektteilnehmer

Externe Unterstützer

Häufig gibt es neben den Setmitgliedern weitere Projektmitarbeiter außerhalb des Sets. Diese werden meist einbezogen, um ein bestimmtes Vorhaben schneller umzusetzen, Betroffene an der Implementierung zu beteiligen oder ein Know-how-Defizit des Sets auszugleichen (z.B. Kenntnisse über Programmierung eines bestimmten Prozesses).

Projektmitarbeiter außerhalb des Sets unterstützen die Umsetzung, dies birgt für das Set das Potenzial, auch bei diesen Mitarbeitern Reflexionsprozesse in Gang zu setzen, die nachhaltiges Lernen ermöglichen.

In diesem Abschnitt wurden die wichtigsten Rollen in einem Action-Lear-ning-Prozess thematisiert. Da jedes Action Learning etwas anders verläuft, ist es durchaus denkbar, dass weitere Rollen benötigt werden.

Unabhängig davon differenzieren sich auch innerhalb eines Sets bestimmte Rollen aus. Da dies aber meist ungeplante informelle Rollen sind, brauchen sie bei Designüberlegungen nicht weiter berücksichtigt zu werden.

Struktur der Action-Learning-Workshops und Setmeetings

In diesem Abschnitt wird die wichtige Designfrage thematisiert, wie das strukturelle Gerüst der Workshops und Setmeetings im Action Learning aussieht. Dazu werden zahlreiche Designalternativen für unterschiedliche Zielsetzungen und Situationen beispielhaft vorgestellt. Inhalte und Abläufe von Setmeetings werden hingegen ausführlich im Kapitel *Lernen* behandelt.

Die Abfolge der Meetings stellt einen strukturellen Kernbestandteil im Action Learning dar. Von einem Action-Learning-Prozess kann man erst sprechen, wenn in einem gewissen zeitlichen Abstand regelmäßige Setmeetings (mindestens drei in etwa einem halben Jahr) stattfinden, in denen Probleme, Aufgaben oder Projekte reflektiert und Aktionen beschlossen werden. Die dabei gemachten Erfahrungen werden dann im nächsten Meeting ausgewertet, um neue Aktionen abzuleiten. Nur in solch einem kontinuierlichen Entwicklungsprozess kann sich die Kraft von Action Learning voll entfalten, da Reifeprozesse Zeit benötigen und Erkenntnisgewinne erst in einem fortgesetzten Zyklus von Aktion und Reflexion entstehen.

Action-Learning-Programme bestehen entsprechend dem gewählten Programmdesign also aus einer Abfolge von Workshops und/oder Setmeetings, die über einen längeren Zeitraum hinweg stattfinden. In einem Setmeeting trifft sich ein einzelnes Set, in einem Workshop (Konferenz) hingegen können sich auch mehrere Sets treffen und es besteht die Möglichkeit zur Vernetzung.

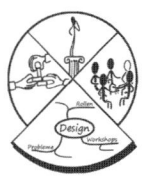

Das Grunddesign

Es gibt im Action Learning ein Grunddesign, das folgendermaßen aussieht:

Workshop 1: **Kick-off**	▶ Bildung der Action-Learning-Sets ▶ Start Exploration und erste Aktionen
Workshop 2: **Zwischenergebnis**	▶ Auswertung und Vernetzung der Erfahrungen ▶ Neue Aktionen
Workshop 3: **Abschluss**	▶ Auswertung und Vernetzung der Erfahrungen ▶ Ggf. Präsentation und weitere Schritte

Abb. 26: Grunddesign im Action Learning mit drei Workshops

Die Abbildung zeigt, dass im Grunddesign drei Workshops stattfinden, nämlich ein Kick-off, ein Zwischenworkshop und ein Abschlussworkshop. *Diese drei Workshops sind das Minimum*, wenn man von einem originären Action-Learning-Prozess sprechen möchte.

> Es empfiehlt sich, eine größere Anzahl von Treffen abzuhalten, um eine intensive Reflexionsarbeit zu leisten und daraus nachhaltige Entwicklungen in Gang zu setzen.

Im angelsächsischen Bereich wird dazu häufig von Setmeetings und Konferenzen gesprochen. *Konferenzen* (Conferences) entsprechen dem, was wir im deutschsprachigen Raum als *Workshops* bezeichnen, bei denen mehrere Action-Learning-Sets, z.B. eines Führungskräfteprogramms oder eines Veränderungsvorhabens, zusammentreffen. Ein *Setmeeting* ist dem gegenüber das Treffen eines einzelnen Sets, um konzentriert an den Fragestellungen des Sets und seiner Teilnehmer zu arbeiten. Im Setmeeting sind die Teilnehmer also ausschließlich auf die Binnenperspektive ihres Sets und der damit verknüpften Herausforderungen fokussiert. Auch in Workshops findet Setarbeit statt.

Setmeetings vs. Workshops

Der Unterschied zum einzelnen Setmeeting liegt in folgenden Punkten:

▶ Im Workshop findet ein Austausch auch zwischen den Sets statt.
▶ Dies ermöglicht ein Benchmarking des eigenen Prozesses mit Prozessen der Kollegen.
▶ Es ermöglicht, das Bild, welches im eigenen Set entstanden ist, anzureichern durch die frische Sicht der Teilnehmer anderer Sets.
▶ Bei bestimmten Fragestellungen können andere Sets eine Außenperspektive einnehmen und als Resonanzboden dienen.
▶ Im Sinne einer kritischen Reflexion kann thematisiert werden, inwieweit die Erfahrungen eines Sets den Erfahrungen anderer Sets entsprechen oder nicht.
▶ Dem einzelnen Set kann dies helfen, die eigene Entwicklung nicht mehr als die einzig mögliche einzuschätzen und damit für andere Lösungen offen zu bleiben.
▶ Wenn mehrere Sets an einem gemeinsamen Rahmenthema arbeiten, kann der Workshop genutzt werden, um Absprachen zu treffen.

Das Design von Setmeetings und Workshops sieht folgendermaßen aus:

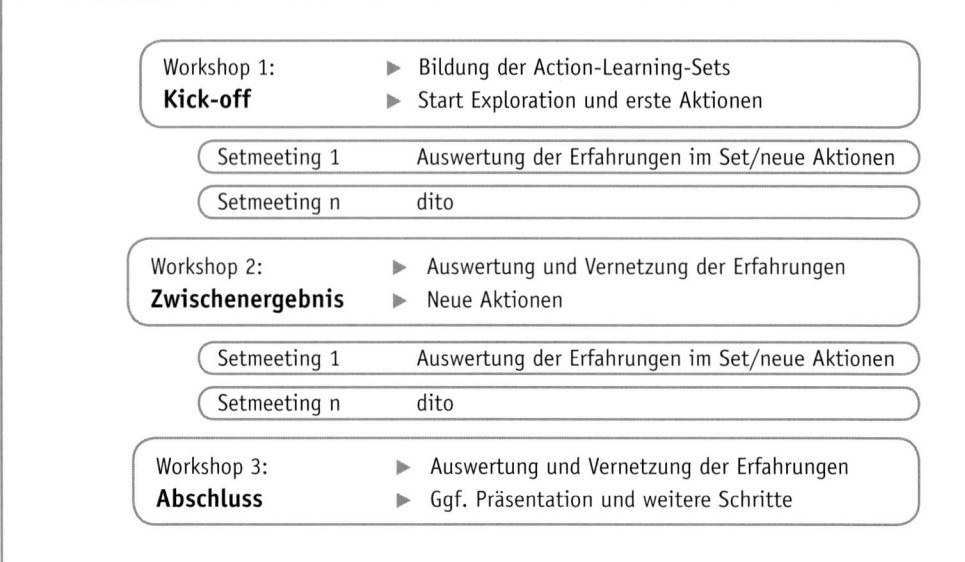

Abb. 27: Workshop und Setmeetings

Aus diesem erweiterten Grunddesign ist ersichtlich, dass ein Action-Learning-Prozess in der Regel aus einer größeren Anzahl an Workshops und Setmeetings besteht. Die genaue Anzahl der Workshops kann dann in Abhängigkeit von der Fragestellung und den Bedingungen vor Ort festgelegt werden. Da Workshops einen hohen Abstimmungsaufwand erfordern, werden sie in aller Regel schon vor Beginn des Action-Learning-Prozesses geplant und festgelegt. Bei Change-Prozessen mit unvorhergesehenen Entwicklungen kann es allerdings manchmal sinnvoll erscheinen, einen oder mehrere zusätzliche Workshops kurzfristig anzusetzen.

Setmeetings sollten spätestens nach Bildung der Sets hinsichtlich Anzahl, Terminen und Örtlichkeit vereinbart werden. Aufgrund der geringeren Personenzahl ist die Flexibilität aber meist größer, sodass bei Bedarf leichter reagiert werden kann, um zusätzliche Meetings anzusetzen oder den zeitlichen Abstand anzupassen.

Im Folgenden werden einige Designvarianten mit unterschiedlicher Zielsetzung gezeigt, um zu verdeutlichen, wie vielseitig das Design variiert werden kann.

Action Learning mit einem Set – die schlankeste Designvariante

Designvarianten

Die Arbeit mit einem einzelnen Set ohne Vernetzung mit anderen Sets ist das schlankeste Design der Arbeit mit Action Learning. Das Set organisiert sich mit einem Kick-off und einer Anzahl Setmeetings. Vorgestellt werden zwei Varianten (s.u. Variante A und B), die sich nur darin unterscheiden, wie viel Zeit während eines Meetings zur Verfügung steht.

Die zeitlich großzügiger dimensionierte *Variante A* ist geeignet für Sets mit vielen oder in Action Learning relativ unerfahrenen Teilnehmern. Daneben kann es aber noch einen wichtigen Grund geben, mehr Zeit zu investieren, nämlich ausreichend Möglichkeiten zu schaffen, um bei komplexen Themen unterschiedliche Ebenen zu reflektieren, wie sie insbesondere im Critical Action Learning betrachtet werden. Eine Visualisierung finden Sie in der Abbildung 28 auf der Folgeseite.

Variante A

	Tage
Kick-off	2
Setmeeting 1	1
Setmeeting 2	1
Setmeeting 3	1
Setmeeting n	1
Summe	**6 + n**

Abb. 28: Action Learning
Design für ein Set –
Variante A

Variante B

Die *Variante B* ist ähnlich strukturiert, aber zeitlich knapper und dadurch sehr flexibel einsetzbar. Außerdem entspricht sie vermutlich eher dem klassischen Vorgehen:

	Tage
Kick-off	0,5
Setmeeting 1	0,5
Setmeeting 2	0,5
Setmeeting 3	0,5
Setmeeting n	0,5
Summe	**2,5 + n**

Abb. 29: Action Learning
Design für ein Set –
Variante B

In der Praxis geht es darum, das richtige Maß zu wählen, um ausreichend Zeit zu haben und gleichzeitig sowohl wirtschaftlich vertretbar als auch aus Sicht des Sets nicht zu lange zu tagen.

> **Beispiel** für den zeitlichen Rahmen eines Setmeetings in einem Unternehmen:
>
> | | |
> |---|---|
> | 12:30 | Snack und Come together |
> | 13:00-20:00 | Arbeit im Set |
> | 20:30 | Ausklang mit gemeinsamem Abendessen |

Abb. 30: Setmeeting – zeitlicher Rahmen

Training mit integriertem Action Learning

In diesem Abschnitt wird am Beispiel von Seminaren für Führungskräfte die Kombination von Training und Action Learning hinsichtlich des Designs besprochen. *Alles, was dabei vorgestellt wird, gilt analog auch für Trainings, die für andere Zielgruppen durchgeführt werden*, wie z.B. für neue Mitarbeiter oder Förderkandidaten. Darüber hinaus gibt es einen Einblick in die vielfältigen Möglichkeiten, wie Action Learning mit dem Design anderer Maßnahmen, z.B. im Change Management oder Projektmanagement, nach den Besonderheiten der jeweiligen Situation verbunden werden kann.

Im Managementtraining unterscheidet man zwischen Konzepten, die

Zwei unterschiedliche Trainingsgattungen

▶ Führungskräfte oder angehende Führungskräfte mit Handwerkszeug ausstatten sollen, wie z.B. strategische Unternehmensführung, betriebswirtschaftliches Denken, Marketing, Compliance und personalrechtlichen Rahmenbedingungen usw.

von solchen, die

▶ das wirksame Verhalten von Führungskräften und die Entwicklung der Führungspersönlichkeit thematisieren und daher stark auf Feedback ausgerichtet sind. Häufig werden solche Trainings auch als „Führungsverhaltenstraining", „Führungskräftetraining" oder einfach „Führungstraining" bezeichnet.

Kombinationen beider Richtungen sind durchaus möglich, auch wenn häufig der Schwerpunkt auf einer Zielsetzung liegt.

Anspruchsvolle Konzepte, die persönlichkeitsorientiertes Verhaltenstraining mit Reflexionsanteilen anbieten, sind heute durchaus Stand der Kunst. Häufig sind sie bereits als Intervalltraining konzipiert, um den Beteiligten statt einer einmaligen Seminarerfahrung mit zweifelhafter Transferwirkung eine längere Lernstrecke zu ermöglichen, die einen Austausch über Umsetzungserfahrungen in der Praxis beinhaltet.

Intervalltrainings   Intervalldesigns sind für eine Kombination mit Action Learning prinzipiell gut geeignet. Beachten muss man dabei aber die folgende Besonderheit: Intervallseminare folgen häufig einer *thematischen Logik*. So kann zum Beispiel das erste Modul das Thema „Kommunikation" beleuchten, das zweite die „Entwicklung leistungsfähiger Teams" und das dritte den „Umgang mit Veränderungen". In einem Trainingsdesign ist es durchaus möglich und sinnvoll mit solchen Schwerpunkten zu arbeiten und vom Design her bestimmte Übungen und Inhalte vorzusehen, um die behandelten Themen pädagogisch sauber zu vertiefen. Alle Teilnehmer durchlaufen so dasselbe Curriculum.

Im Action Learning hingegen geht es um prinzipiell offene Lernprozesse. Das heißt, es lässt sich im Vorfeld nicht sagen, an welcher Stelle z.B. Teamdynamiken auftreten und wie diese ausgeprägt sind.

> Action Learning richtet sich nicht nach den pädagogischen Überlegungen einer Seminarkonzeption, sondern folgt der jeweiligen Dynamik der Realbedingungen vor Ort.

Anforderung: situative Kompetenz und Flexibilität   Der große Vorteil ist aber, dass die auftretenden Umstände real sind und daher oft eine hohe Betroffenheit erzeugen, die direkt und daher höchst wirkungsvoll für das Lernen genutzt werden kann. Von Trainern, die als Facilitators in einem Verhaltenstraining mit Action Learning arbeiten, ist eine hohe situative Kompetenz und Flexibilität gefordert.

Dieser Faktor verschärft sich noch, wenn ein Managementtraining mit fachlichen Inhalten, also Vorträgen und Sachthemen, kombiniert ist. Die Action-Learning-Gleichung besagt ja $L = P + Q$, also *Lernen* ist gleich *Programmed Knowledge* (d.h. vorhandenes Wissen, also z.B. Theorien, Erfahrungswerte etc.) plus *Questioning Insight* (d.h. Erkunden und Hinterfragen des Einzelfalls und seiner Besonderheiten, um zu verstehen, was in der speziellen Situation eine Lösung erschwert).

Action Learning hat die Bedeutung des *Questioning Insight* herausgehoben, das heißt die Betonung des Einzelfalls, weil nur er jeweils über Erfolg und Misserfolg entscheidet. Ganz konkret heißt das, *Questioning Insight* steuert *Programmed Knowledge*, d.h., der Einzelfall und seine Analyse bestimmen,

welche Theorie sinnvoll sein könnte. Für die Inputs im Managementtraining bedeutet das, dass sich nicht genau definieren lässt, *welche* Inhalte *wann* für die Action-Learning-Vorhaben benötigt werden, ja sogar *ob überhaupt*, was bei „Vorratslernen" ja grundsätzlich immer fraglich ist.

> Dem potenziellen Widerspruch zwischen Lehren vordefinierter Inhalte und selbstgesteuertem Lernen im Action Learning muss schon im Design entgegengewirkt werden.

Paradoxe Designs vermeiden

Andernfalls kann es leicht als paradoxe oder widersprüchliche Botschaft bei den Teilnehmern ankommen und die Wirksamkeit von Action Learning behindern. *Der Widerspruch besteht darin*, dass dargebotenes Fachwissen, welches mit der unmittelbaren Praxis der Teilnehmer nur lose verbunden ist und daher keine unmittelbare Handlungsrelevanz hat, die Teilnehmer wie im herkömmlichen Schulunterricht in die Rolle passiver Konsumenten versetzt. Wird das Fachwissen von hervorragenden internen oder externen Fachleuten zielgruppengerecht präsentiert, wie dies besonders in großen Unternehmen meist der Fall ist, führt dies zu einer willkommenen und oft auch unterhaltsamen Abwechslung zum Arbeitsalltag. Eine paradoxe Wirkung kann dann entstehen, wenn Teilnehmer gut aufbereitetes, aber wenig unmittelbar handlungsrelevantes Wissen der umsetzungsorientierten Beschäftigung mit realen Praxisproblemen vorziehen.

> Empfehlung: Eine gute Mischung erzeugen und nicht alle Inhalte festlegen, sondern Sets einen gewissen Freiraum lassen, *welches* Wissen sie für ihre Action-Learning-Projekte *wann* benötigen.

Freiräume lassen

Ob dies im Rahmen des offiziellen Curriculums – z. B. als von den Teilnehmern frei zu gestaltende bzw. zu organisierende Einheiten – oder außerhalb des Curriculums stattfindet, hängt von den Gegebenheiten im Einzelfall ab. In jedem Fall sollten Möglichkeiten eingeräumt werden, selbstverantwortlich zu lernen. Wenn diese Mischung stimmt, können grundlegende Inputs den Horizont erweitern, indem sie Einsichten vermitteln, Bezüge schaffen oder Vokabular an die Hand geben, um drängende Probleme zu benennen.

Verbunden sind damit hohe Anforderungen an die Seminarorganisation in Unternehmen, die mehrere Programme durchführen wollen: An der Stelle maximaler Einheitlichkeit, die die Organisation erleichtert, ist jetzt eine flexiblere Organisation gefordert, die mit den Teilnehmern lernt, wie die „boshaften" Anteile einer Umwelt mit sich rasch verändernden Anforderungen effektiv gehandhabt werden können. In der Designphase muss auch dieser Aspekt berücksichtigt und ggf. verhandelt werden.

Design für ein anspruchsvolles Intervalltraining

Das Design für ein anspruchsvolles Intervalltraining kann etwa folgendermaßen aussehen:

		Tage
Modul 1	Ergebnisorientiert führen	2
Modul 2	Kommunikation	2
Modul 3	Projektmanagement	2
Modul 4	Veränderungsmanagement	2
Modul 5	Zeit- und Selbstmanagement	2
Summe		**10**

Abb. 31:
Managementtraining –
Beispiel mit fünf Modulen
(ohne Action Learning)

In diesem Beispiel finden fünf thematische Module mit jeweils zwei Tagen Dauer im Abstand von jeweils einigen Wochen statt – ein Design, welches eine fundierte Führungskräfte-Qualifizierung ermöglicht.

Ein solches Seminardesign lässt sich mühelos mit Action Learning auf unterschiedliche Weise kombinieren.

Die Mindestanforderung an Action Learning sind drei Treffen, es wäre also möglich, etwa die Module zwei bis vier mit Action Learning zu erweitern. Daraus würde sich folgendes Design ergeben:

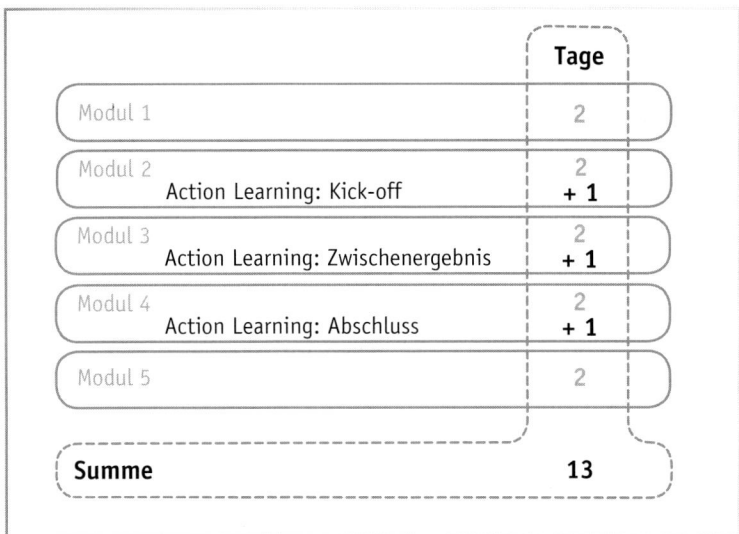

	Tage
Modul 1	2
Modul 2 Action Learning: Kick-off	2 + 1
Modul 3 Action Learning: Zwischenergebnis	2 + 1
Modul 4 Action Learning: Abschluss	2 + 1
Modul 5	2
Summe	**13**

Abb. 32:
Training mit Action
Learning (Grunddesign)

Die Grundanlage des Managementtrainings wird formal nicht verändert, Action Learning stellt eine Ergänzung dar. Tatsächlich verändert sich aber das Gefüge beträchtlich, da mit Action Learning ein Bezugspunkt geschaffen wird, der Intensität, Vertrauen, aber auch Reibung und Widerstand schaffen kann. In jedem Fall entsteht ein Bezugspunkt für eigenständiges Lernen in tatsächlicher Interaktion mit konkreten, drängenden Anliegen auf individueller und organisationaler Ebene.

*Action Learning
verändert das Gefüge*

Für Action Learning kann dies durchaus ein großes Potenzial bergen. Dadurch, dass es vor dem offiziellen Start des Action-Learning-Prozesses bereits ein gemeinsames Seminarmodul der Teilnehmer gibt, startet Action Learning mit der da schon entstandenen ersten Vertrauensbasis zwischen den Teilnehmern. Diese ist meist intensiver bei einem Verhaltenstraining als bei einem fachlich ausgerichteten Managementtraining. Wenn die Grundhaltung des Action Learning auch schon im ersten Modul gelebt wird, ist es besonders hilfreich. Das beginnt mit einem wertschätzenden und vertrauensbildenden Kennenlernen, und setzt sich mit einem angemessenen Contracting für den Umgang miteinander und einer Einführung in explorierendes Verhalten und Feedback fort. Auch die Phase nach dem „formalen" Abschluss des Action Learning in Modul vier bis zum letzten Modul verlängert die Action-Learning-Erfahrung und kann für eine weitere Vertiefung auf der Grundlage des gemeinsam Erlebten und Geschaffenen wirkungsvoll genutzt werden.

*Grundhaltung von
Action Learning auch
im Training leben*

Dieses Grunddesign sollte zur Vertiefung der Lernerfahrung durch Setmeetings ergänzt werden, die zwischen den Modulen oder Workshops stattfinden. Zu diesen Setmeetings treffen sich die Teilnehmer alleine oder mit Facilitator.

*Setmeetings
ergänzen das
Grunddesign*

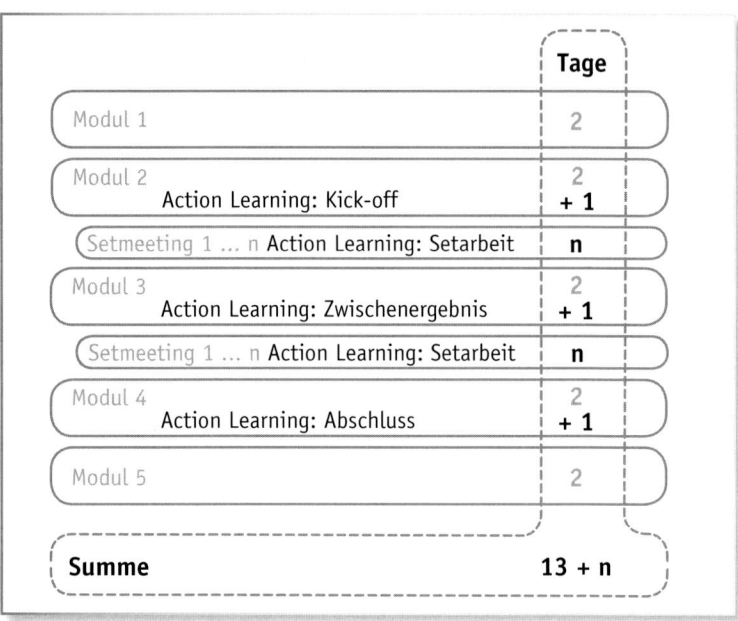

Abb. 33: Training mit
Action Learning und
zusätzlichen Setmeetings

Mit dieser Struktur ist ein intensiver Prozess möglich, der von den Teilnehmern besonders über die Setmeetings sehr individuell gesteuert werden kann.

Eine Alternative oder Ergänzung zu den Setmeetings stellt ein gemeinsamer
Reflexionstag aller Sets dar. An einem solchen Reflexionstag können die
parallel arbeitenden Sets sich auch untereinander austauschen.

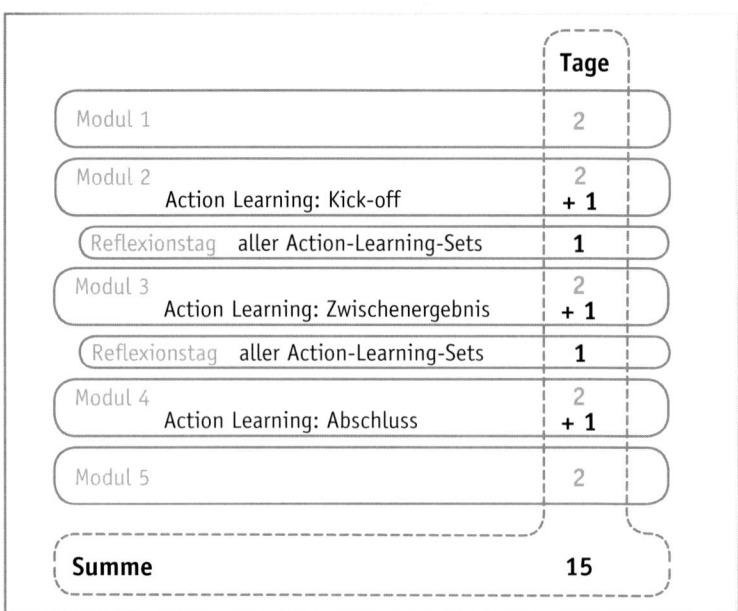

Abb. 34: Training mit
Action Learning plus
gemeinsamen
Reflexionstagen

Das Zusammenwirken von Training und Action Learning kann mit einem Bild veranschaulicht werden. Action Learning wird durch das Seminargeschehen unterstützt und wirkt seinerseits stark auf das Geschehen und die Reflexion im Seminar zurück. Action Learning ist also die Anwendung des Gelernten und Verstandenen in der Praxis. Durch diese Anwendung werden weitere Reflexions- und Lernprozesse ausgelöst, die als Fragen und Erkenntnisse auf die Prozesse in den Seminarmodulen zurückwirken, angedeutet durch die Pfeile, die in beiderlei Richtung zeigen.

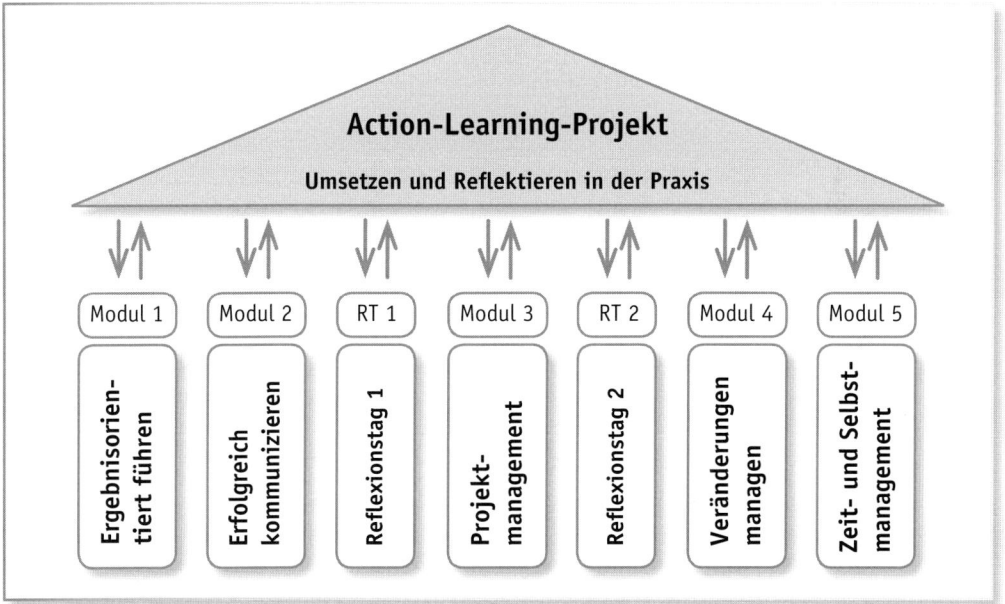

Abb. 35:
Das Zusammenwirken
von Action Learning und
Training

Training mit konsekutivem Action Learning

Eine andere Möglichkeit, Training mit Action Learning zu kombinieren, ist eine *zeitliche Abfolge*. In diesem Fall werden zunächst ein oder mehrere grundlegende Trainingsmodule durchgeführt, um daran anschließend mit einer Anzahl von Setmeetings Action Learning anzuwenden. Das Design für ein solches Programm könnte folgendermaßen aussehen (Abbildung auf der Folgeseite):

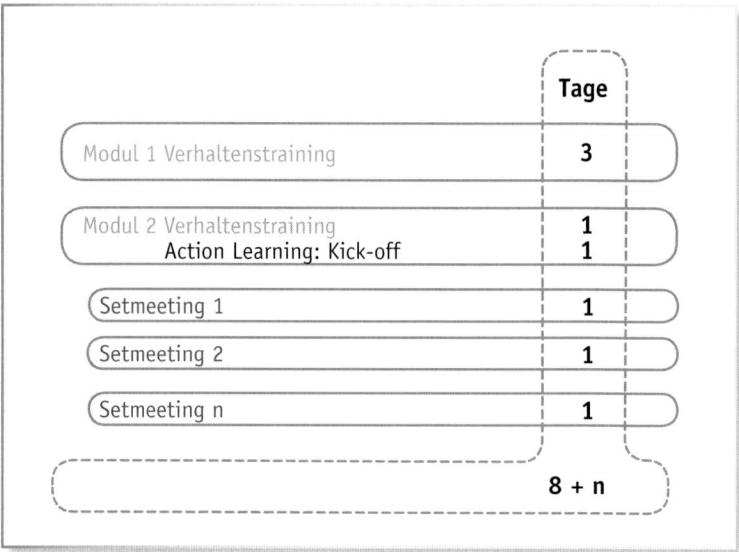

In einem intensiven Basistraining werden neben einem ausgiebigen Kennenlernen und Warming-up wichtige verhaltensorientierte Grundlagen thematisiert und erprobt. Das Training endet mit einem Aktionsplan für jeden Teilnehmer, in dem er für sich festlegt, was er ausprobiert bzw. in Gang setzt. Nach einigen Wochen folgt dann ein Vertiefungsworkshop. Dieser besteht aus zwei Teilen. Am ersten Tag wird ausgewertet, was aus den Aktionen geworden ist. Dies stellt bereits ein Element von Action Learning dar, bzw. kann mit Methoden des Action Learning erfolgen, um eine nachhaltige Lernerfahrung zu ermöglichen.

Am zweiten Tag wird die Gesamtgruppe dann in Sets aufgeteilt, die ab diesem Moment getrennt laufen. Dieser Tag wird als Setarbeit (siehe Kapitel *Lernen*, Setmeeting, S. 143 ff.) durchgeführt und gibt allen Teilnehmern die Möglichkeit, eine eigene Fallsituation zu bearbeiten. Die sich daran anschließenden Setmeetings, mit einer Dauer von einem halben bis zu einem ganzen Tag, ermöglichen dann ein nachhaltiges intensives Praxislernen und Networking in einem vertraulichen Set.

Bildung von Communities

In diesem Führungskräfteentwicklungs-Design kommen die Sets nicht mehr zu einem gemeinsamen Workshop zusammen. Ziel ist, mit Action Learning Communities zu bilden, die nach dem Ende des offiziellen Programms eigenständig weiterarbeiten. Dazu können die Teilnehmer nach einiger Zeit einen selbstgesteuerten Workshop-Tag durchführen. Die gesammelten Erfahrungen werden im nächsten Setmeeting mit Blick darauf ausgewertet, inwieweit das Set schon in der Lage ist, eigenständig Action Learning zu leben. Dieses

Design ist sehr flexibel und lässt sich analog auch z.B. in Veränderungsprojekten anwenden. *Im Change Management ist es meist sinnvoll, in gewissen Zeit-
abständen zusätzlich gemeinsame Workshops der Sets durchzuführen.*

Erfolgsfaktoren

In der nachfolgenden Checkliste sind einige Faktoren aufgeführt, die zum
Erfolg oder Misserfolg der Kombination von Training und Action Learning
beitragen.

Checkliste 12: Action Learning in einem Trainingsprogramm						
Offenes Lerndesign	Bitte ankreuzen					**Traditionelle Weiterbildung**
	++	+	0	–	––	
Action Learning ist ein integraler Bestandteil des Programms.						Action Learning ist eher unverbunden mit dem Programm.
Das Programm wird nach der Logik von Action Learning gestaltet.						Das Programm wird nach den Erfordernissen eines reibungslosen Bildungsbetriebs gestaltet.
Im Action Learning werden echte (ungelöste) Probleme bearbeitet.						Es werden Übungsprobleme bearbeitet, an deren Lösung daher niemand konkretes Interesse hat.
Das Programm bietet den Teilnehmern Mitsprache und aktive Gestaltungsmöglichkeiten.						Die Teilnehmer haben nur geringe Freiheitsgrade im Programm.
Im Programm stehen Eigenverantwortung und selbstgesteuertes Lernen im Vordergrund.						Im Programm steht die Bearbeitung vorgeplanter Aufgaben im Vordergrund.
Ziel des Programms ist Handlungs- und Persönlichkeitskompetenz.						Ziel des Programms ist die Wissensvermittlung.
Der Teilnehmer weiß, warum er vorgeschlagen wurde.						Der Teilnehmer weiß nicht, warum er vorgeschlagen wurde.
Die Entscheidung für die Teilnahme am Programm wird auch vom Teilnehmer getroffen.						Der Teilnehmer hat wenig Einfluss auf seine Teilnahme.
Der Teilnehmer entscheidet über die Anmeldung zum Programm.						Das Unternehmen entscheidet über die Anmeldung zum Programm.
Das Programm soll einen Beitrag zur Entwicklung des Teilnehmers leisten.						Das Programm stellt eine Belohnung für bisherige Verdienste dar.

Die Checkliste ermöglicht es, anhand praktischer Gesichtspunkte einzuschätzen, inwieweit in solchen Programmen Action Learning und Training zusammenwirken und aufeinander bezogen sind. Je weiter sich die Einschätzung eines Programms in der Checkliste auf der Plusseite bewegt, desto größer ist die Wahrscheinlichkeit einer erfolgreichen Kombination. Einschätzungen von „Null" oder „Minus" erfordern hingegen ein Überdenken des Vorgehens.

Action Learning als voll integrierter Bestandteil eines Programms

Als grundlegende Designentscheidung stellt sich die Frage, inwieweit Action Learning ein voll integrierter Bestandteil eines Programms (z.B. eines Managementtrainings) ist, oder eher an ein Programm angedockt wird ohne in einem inneren Bezug dazu zu stehen.

> Dies betrifft nicht nur die Abfolge der Workshops, sondern vor allem die Frage, wie die Verknüpfung von Action Learning und Training gelebt werden soll und ob die Prinzipien und die Philosophie von Action Learning auch für das Gesamtprogramm gelten.

Lose Verknüpfungen meiden

Wenn Action Learning nur als Zusatz und im Kern unabhängig von dem „eigentlichen" Inhalt des Trainings durchgeführt wird und daher keine Rückwirkung auf das Gesamtprogramm hat, verzichtet man auf die Chance für eine wechselseitige Befruchtung von Training und Action Learning. Von solchen nur lose verbundenen Konstellationen ist abzuraten, da sich den Teilnehmern dann der Sinn des Designs nicht erschließt und Action Learning leicht als reine Arbeitsbeschaffungsmaßnahme abgewertet wird.

Wechselseitige Befruchtung von Training und Action Learning

> Stattdessen sollte die Möglichkeit genutzt werden, Philosophie und Vorgehen von Action Learning direkt in das Ablaufdesign der Trainingsmodule einzubauen, um das Lernen zu vertiefen. Ein Beispiel dafür ist die Auswertung des Lerntransfers in jedem Modul eines Intervalltrainings, die meist erheblich an Tiefe und Wirksamkeit gewinnt, wenn sie in Sets mit dem Trainer als Facilitator vorgenommen wird.

Schließlich stellt sich schon in der Designphase die Frage, wie weit ein Teilnehmer selbst Einfluss auf seine Teilnahme hat oder zumindest weiß, warum und von wem er vorgeschlagen wurde. Action Learning funktioniert nur dann, wenn Teilnehmer persönlich eingewilligt haben und sich damit identifizieren. Es kann zwar nachdrücklich empfohlen oder ermöglicht,

aber nicht gegen den Willen eines potenziellen Teilnehmers verordnet werden.

Action Learning mit Trainingselementen

Bei dieser hoch wirksamen Vorgehensweise verschieben sich die Gewichte beträchtlich: Das Programm zur Entwicklung von Führungskräften wird von vorneherein konsequent an der Logik von Action Learning – also offene Lernprozesse und Verantwortung jedes einzelnen Teilnehmers für sein Lernen – ausgerichtet.

Training als Bestandteil von Action Learning

> Nach der Action-Learning-Gleichung $L = P + Q$ (siehe S. 27) bedeutet dies, dass Trainingselemente und sonstige Experteninputs nur in Absprache mit den Teilnehmern und aufgrund der konkreten Bedürfnisse, die sich aus deren Action-Learning-Erfahrung und Rückmeldungen aus dem Umfeld ergeben, in das Programm eingebracht werden.

Dies hat einige grundlegende Konsequenzen für das Design. Schematisch sieht es folgendermaßen aus:

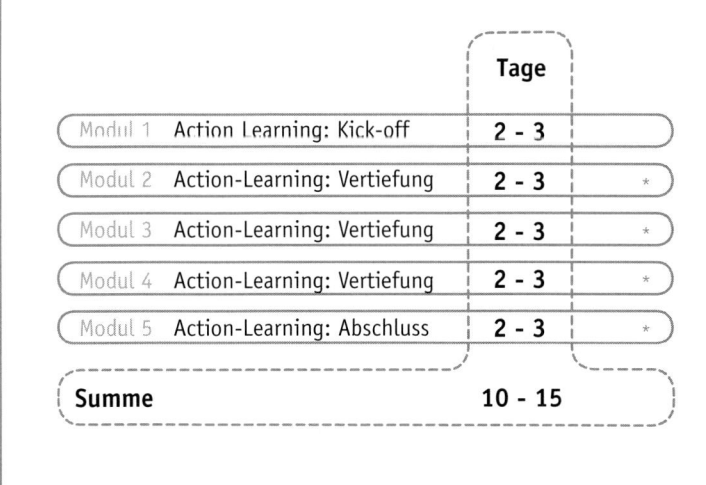

		Tage	
Modul 1	Action Learning: Kick-off	2 - 3	
Modul 2	Action-Learning: Vertiefung	2 - 3	*
Modul 3	Action-Learning: Vertiefung	2 - 3	*
Modul 4	Action-Learning: Vertiefung	2 - 3	*
Modul 5	Action-Learning: Abschluss	2 - 3	*
Summe		10 - 15	

* Trainingselemente und Experteninputs ergeben sich aus dem Verlauf der Action-Learning-Arbeit und den Lernbedürfnissen der Teilnehmer.

Abb. 37: Action-Learning-Programm mit Trainingselementen

Konsequentes Action-Learning-Design

Bei diesem Design startet das Action Learning bereits im ersten Modul mit der Bildung der Sets und der Beschäftigung mit der Aufgabe bzw. dem Problem. Trainingsinhalte werden nicht im Vorhinein festgelegt, sondern ergeben sich aus dem Verlauf der Action-Learning-Projekte und den Lernbedürfnissen der Teilnehmer.

Anforderung an den Facilitator

Vom Facilitator verlangt das hohe Kompetenz und Flexibilität. Es kann jedoch durchaus vorkommen, dass ein Set Expertenwissen benötigt, das der Facilitator nicht sofort oder gar nicht liefern kann. In einem offenen Lerndesign zur Bearbeitung ungelöster Probleme geschieht dies regelmäßig und bietet für das Set eine gute Möglichkeit, die Kompetenz zu entwickeln, fehlendes Fachwissen zu organisieren. Der Facilitator wird daher mit dem Set Absprachen treffen, was getan werden soll und wer es tut.

Einführungsworkshop für Auftraggeber und Führungskräfte

Einige wichtige Rollenträger, wie der Auftraggeber für ein Set oder die Führungskraft eines Teilnehmers, bewegen sich außerhalb des Action-Learning-Programms und nehmen daher nur indirekt und ausschnittsweise am Geschehen teil. Dies kann dazu führen, dass ihr Verständnis für Action Learning begrenzt bleibt.

Daher ist es sinnvoll, zumindest für diese beiden Gruppen, einen Einführungsworkshop anzubieten, in dem ein Überblick über das Vorgehen im Action Learning gegeben wird und das Programm und seine Besonderheiten erklärt werden.

Vernetztes Lernen

Dabei können die Prinzipien von Action Learning exemplarisch angewandt werden und die Workshop-Teilnehmer gemeinsam eine sinnvolle Definition ihrer Rolle erarbeiten. Als Nebeneffekt vernetzen sich parallel zu den Setteilnehmern auch die Führungskräfte und Auftraggeber und arbeiten heraus, wie sie in das Programm eingebunden werden möchten. Auf diese Weise entsteht als Teil einer lernenden Organisation ein Netzwerk, das weit über die Teilnehmer am Programm hinausgeht, mit dem Ziel, Entwicklungen in Gang zu setzen oder zu unterstützen.

Business Driven Action Learning (BDAL)

Ein spezielles Design im Action Learning, welches ebenfalls verschiedene Elemente verbindet, wurde unter der Bezeichnung „Business Driven Action Learning" (BDAL) bekannt. Es kombiniert die amerikanische Tradition des projektbasierten oder „Work Based" Learning mit „klassischem" Action Learning im Sinne von Revans. Yury Boshyk, der Mentor dieses Ansatzes und Autor bzw. Herausgeber zahlreicher Bücher zu diesem Ansatz sieht darin *eine Verknüpfung von geschäftlichen Herausforderungen und persönlichen Lernbedarfen* (Business Challenge und Personal Challenge), die mit unterschiedlichen Designs bearbeitet werden. Für die Personal Challenge (PC) wird mit klassischem Action Learning gearbeitet, während für die Business Challenge (BC) weitere Methoden, wie etwa aus Training und Organisationsentwicklung, zum Einsatz kommen.

Unterschiedliche Designs für geschäftliche Herausforderungen und persönlichen Lernbedarf

Eine Besonderheit des BDAL sind straff organisierte *Outside-In-Dialoge*, bei denen externe Stakeholder, (z.B. Kunden, aber auch Best-Practice-Unternehmen und Experten) die Bearbeitung von Business und Personal Challenges befruchten oder sogar daran mitwirken.

Outside-In-Dialoge

Im Gespräch erläutert Boshyk die Komponenten des BDAL und wie sich das Konzept heute darstellt, sowie die Dimensionen des Lernens, die es verwendet, um abschließend den Bezug zum Konzept von Revans herzustellen. Für die Entwicklung eines Programmdesigns ergeben sich daraus spannende Anregungen, wie z.B. darüber nachzudenken, wie der Unternehmensbezug und die persönliche Entwicklung des einzelnen Teilnehmers im Programm berücksichtigt werden sollen.

BDAL – Ein Gespräch mit Yury Boshyk

Frage: Was unterscheidet BDAL von anderen Formen des Action Learning?

Boshyk: Business Driven Action Learning (BDAL) verbindet die Aspekte der amerikanisierten Version des projektbasierten Lernens von Action Learning, die in den späten 1980er-Jahren im Bereich der Führungskräfteentwicklung auftauchte, mit dem traditionellen Action Learning, das von Reg Revans (1907-2003) schon einige Jahrzehnte zuvor in Großbritannien und auf dem europäischen Kontinent entwickelt worden war.

Im Mittelpunkt eines BDAL-Programms stehen zwei parallel verlaufende Stränge oder Grundbestandteile. Erstens Business Challenges (BCs) oder auch Chancen, die sich einer Organisation bieten; zweitens Personal Challenges (PCs), mit denen einzelne Führungskräfte und Manager konfrontiert werden. Um diese beiden Stränge herum gruppieren sich die sieben Komponenten des BDAL.

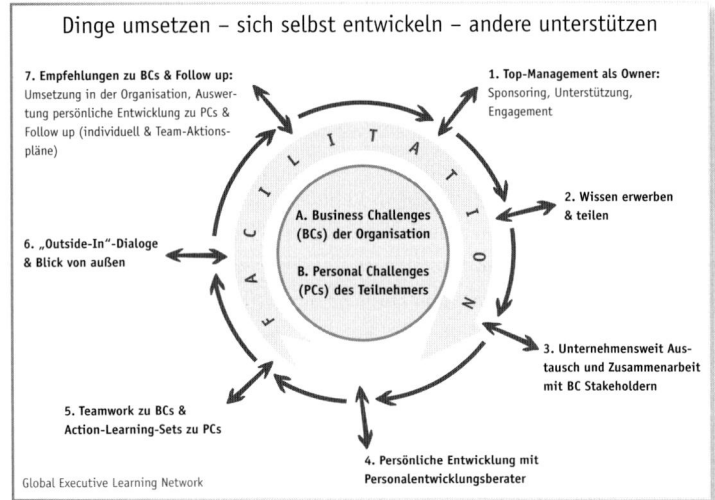

Abb. 38: Die sieben Komponenten von Business Driven Action Learning

Die Business Challenges (BCs) rechts in der folgenden Abbildung werden nach der sogenannten amerikanisierten oder abgewandelten Version des Action Learning bearbeitet. Dieser Aspekt von Action Learning steht im Einklang mit Organisationsentwicklungs-Initiativen und zusätzlichen Komponenten, wie z. B. straff organisierten und disziplinierten *Outside-In*-Dialogen und Meetings mit Lieferanten, Kunden, Best-Practice-Unternehmen und Vordenkern. Sie haben Einfluss auf die Business Challenges oder Action-Learning-Projekte, die von hochrangigen Führungskräften eines Unternehmens oder Konzerns festgelegt werden.

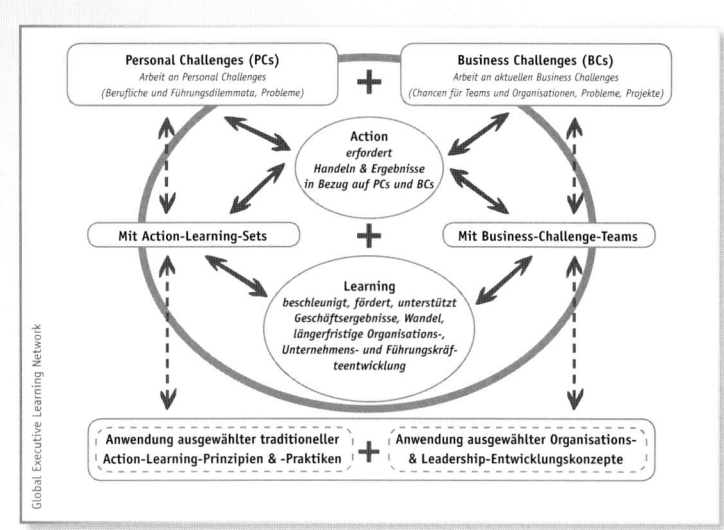

Abb. 39: Was ist Business Driven Action Learning heute?

Der Erwerb und Austausch von Wissen ist deshalb ebenso wichtig für den BDAL-Ansatz wie ein ausgewogenes Verhältnis zwischen dem Lernen auf individueller Team- und Organisations-Ebene – BDAL hat dazu geeignete Werkzeuge und Prozesse entwickelt.

Die Personal Challenges (PCs) sind in Abbildung 38 links darstellt. Persönliche Führungs- und Geschäftssituationen werden in Action-Learning-Sets angesprochen, und zwar über einen systematischen, ganzheitlichen Prozess, wie ihn Reg Revans und andere über Jahre entwickelt haben. Dieser Prozess ist strukturiert und arbeitet mit offenen Fragen, läuft aber weitgehend selbsttätig ab. Die Sets helfen einzelnen Führungskräften bei der Klärung von Fragen und unterstützen sie durch wechselseitige Kooperation im Veränderungsprozess, der mit Verhaltensänderungen bei einer Person einhergeht – ein grundlegender Aspekt des Action Learning.

BDAL macht von beiden Action-Learning-Ansätzen Gebrauch und hat im Lauf der Jahre neue Elemente eingeführt, wie z.B. die „sieben Dimensionen des Lernens", die die Abbildung 40 zeigt.

Es gibt aber noch andere wichtige Ergänzungen oder Abwandlungen der traditionellen Action-Learning-Grundsätze:

▶ *Lernen muss sich schneller vollziehen als der Wandel* in Organisationen, Teams und beim Einzelnen – also nicht „genauso schnell oder schneller", wie von Revans postuliert.
▶ *Ein Lernfahrplan* als Roadmap ist sinnvoll, da er Teilnehmern als Leitfaden dient – so wie es in den Sieben Dimensionen des Lernens zum Ausdruck kommt.

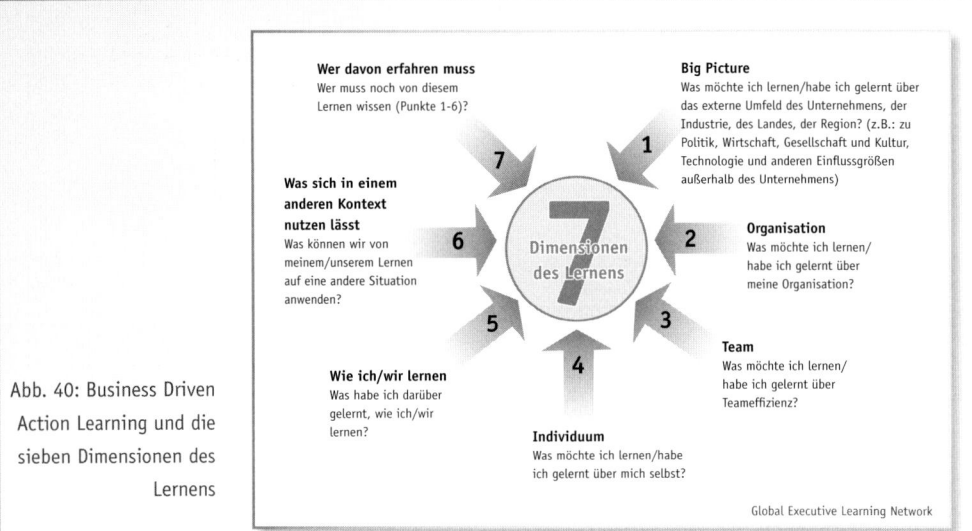

Abb. 40: Business Driven Action Learning und die sieben Dimensionen des Lernens

▶ Ein weiterer wichtiger Baustein des BDAL ist *Outside-In*, d.h. die *Außenperspektive auf die Business und Personal Challenges*: Sie ist wichtig für einen anderen Aspekt von BDAL: den holistischen und systematischen Ansatz zum Lernen in der Organisation. Durch die starke *Outside-In*-Komponente und den holistischen Ansatz haben Stakeholder und andere die Möglichkeit, selbst aktiv an Business Challenges mitzuwirken. Bei BDAL-Programmen und -Lernprozessen sind Vordenker ebenso beteiligt wie Zulieferer und Kunden.

▶ Nicht immer sind alle Teilnehmer freiwillig dabei, da die Unternehmen sie nach eigenem Ermessen nominieren. Aber auch so können sie als *Partners in Adversity* (Partner in der „Not") agieren – wie Revans Manager und andere nannte, die gemeinsam schwierige Probleme und Fragen bewältigen.

Virtual Action Learning

Der Begriff „*Virtual* Action Learning" ist erst vor wenigen Jahren entstanden und gewinnt mit der rasanten Weiterentwicklung der Kommunikationstechnik enorm an Bedeutung. Virtual Action Learning (VAL) bedeutet, dass es im Rahmen eines Action-Learning-Programmes ausschließlich oder teilweise Phasen gibt, in denen sich die Setmitglieder virtuell – z.B. in Webkonferenzen, Online Meetings oder Telefonkonferenzen – begegnen, um ein Setmeeting abzuhalten.

Pionierarbeiten dazu wurden beispielsweise an der Ashridge Business School (Audio Action Learning, Caulat & De Haan, 2006) und unabhängig davon an der Fachhochschule für angewandtes Management in Erding als semi-virtuelles Action Learning, d.h. einer Kombination von virtuellen und persönlichen Setmeetings (Hauser, 2010, Werner in diesem Buch) durchgeführt. Ein Versuch der Systematisierung findet sich bei Goodman & Stewart (2011).

Die Kombination von virtuellen und persönlichen Setmeetings

Kernfragen, die sich dazu stellen, sind:

▶ Kann man Action Learning sinnvoll betreiben, wenn man sich nicht persönlich trifft?
▶ Welche Techniken stehen derzeit zur Verfügung?
▶ Für welche Art Probleme oder Projekte ist VAL geeignet?
▶ Was muss der Facilitator eines virtuellen Setmeetings beachten?
▶ Was ist bei Organisation und Ablauf eines virtuellen Setmeetings zu beachten?

Kann man Action Learning sinnvoll betreiben, wenn man sich nicht persönlich trifft?

Ist es nicht eine faszinierende Vorstellung, in einem Action-Learning-Set mit sechs Personen verbunden zu sein, von denen sich jeder in einem anderen Land über mehrere Kontinente hinweg befindet? Die Verheißung der gegenwärtigen Kommunikationsmedien ist, dass es keine Rolle spielt, wo sich jemand gerade aufhält. Jeder kann von praktisch jedem Platz der Erde aus mit jedem und jederzeit kommunizieren. Aber ist das sinnvoll für Action Learning?

Virtuelle Kommunikation Im Action Learning spielt das Vertrauen, das sich durch Fordern und Fördern ergibt, eine wichtige Rolle. Vertrauen wiederum entsteht besonders durch positiven Kontakt und Beziehung. Ein solcher Kontakt kann durchaus auch im virtuellen Raum entstehen. Die Voraussetzungen dafür sind nur anders als bei persönlichen Begegnungen und man muss sie richtig nutzen (siehe Checkliste 15 VAL 3: *Ablauf eines virtuellen Setmeetings*). Nonverbale Kommunikation und subtile, nicht-sprachliche Signale werden bei einer Reduzierung der Kommunikation auf Sprache oder Schrift zu einem großen Teil ausgeblendet.

Darüber hinaus wird in virtuellen Sitzungen tendenziell weniger kommuniziert als in persönlichen Meetings. Sicher spielt dabei eine Rolle, dass in diesem Rahmen parallele Kommunikation und Seitengespräche kaum möglich sind, weil nur ein Kanal zur Verfügung steht. Schließlich steigt – zumindest in der beruflichen Erfahrungswelt der meisten Menschen – der Anteil der operativen Sachebene an der Kommunikation auf Kosten der Reflexion und Berücksichtigung weicher Faktoren wie interpersoneller Dynamiken, sofern nicht jemand konsequent den Prozess steuert. Das ist im Action Learning vor allem die Aufgabe des Facilitators.

Andererseits ist virtuelle Kommunikation schon längst ein selbstverständlicher Teil unseres Alltags. Durch Social Media und zunehmend nutzerfreundliche technische Möglichkeiten ist es für immer mehr Menschen ganz selbstverständlich, auch Persönliches virtuell zu kommunizieren und den anderen dabei ganzheitlich als Menschen wahrzunehmen, also sozusagen auch „zwischen den Zeilen" zu lesen. Zudem ist die Konzentration bei einem virtuellen Kontakt oft deutlich höher, wenn er richtig eingesetzt wird. Für Action Learning stellt dies eine Perspektive dar, die es ermöglicht, dass sich Teilnehmer ortsunabhängig ohne Reisezeiten und -kosten in einem Set zusammenfinden. Interessant ist dies für alle Netzwerke und Organisationen mit mehreren Standorten bis hin zu weltweit operierenden

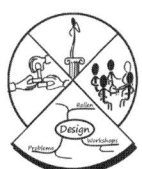

Unternehmen. Daher wurden und werden immer mehr Vorgehensweisen entwickelt, um VAL wirksam zu praktizieren. Wichtig sind dafür allerdings Zuverlässigkeit, Disziplin und klare Regeln ... und schon kann es losgehen!

Christian H. Werner und Florian K. Kainz: Action Learning im Kontext semivirtueller Lehre

An den Hochschulen bieten technologische Innovationen vielfältige Möglichkeiten für neuartige Lehr-Lern-Konzepte. Ein erfolgreicher Ansatz ist das semivirtuelle Konzept der Fachhochschule für angewandtes Management. In diesem Blended-Learning-Format ergänzen sich Präsenzphasen und virtuelle Phasen. In den Präsenzphasen werden vor allem Lernfelder erarbeitet, bei denen eine persönliche Präsenz unverzichtbar ist, wie dies etwa für die Vermittlung von Schlüsselqualifikationen gilt. Darüber hinaus bieten die Präsenzphasen die Möglichkeit, komplexe Themen zu vertiefen und offene Fragen mit den Dozenten zu erörtern.

Zwischen den Präsenzphasen wird das Studium über eine Moodle-basierte Lernplattform online betrieben. Im Gegensatz zum Format des Fernstudiums wird hierbei die Lernplattform nicht nur als Möglichkeit genutzt, um Studienmaterialien bereitzustellen, sondern dient vor allem auch als Kommunikationsplattform zwischen Dozenten und Studierenden. Dadurch findet auch in den virtuellen Phasen eine enge Zusammenarbeit mit anderen Studierenden und eine durchgängige Betreuung durch die Dozenten und durch die Servicemitarbeiter statt. Dieses methodisch-didaktische Konzept steht für eine Lernkultur, die mithilfe neuer Technologien innovative Möglichkeiten des Wissenserwerbs ermöglicht, auf Selbstbestimmung im Lernen basiert und auf konsequente Kompetenzorientierung abzielt. Innovative didaktische Ansätze wie Action Learning können davon in besonderer Weise profitieren.

Action Learning, verstanden als handlungsorientiertes, durch die Erfahrungen im Prozess generiertes Lernen, lebt von der Interaktion der Setmitglieder und den Erkenntnissen, welche die Studierenden aus der Reflexion des Prozesses der Projektbearbeitung sowie der Reflexion der Gruppendynamik, gewinnen. Im semivirtuellen Lehr-Lern-Konzept der FHAM wird diese Herausforderung als Chance verstanden, die durch zunehmende Digitalisierung des beruflichen Umfeldes veränderten Rahmenbedingungen im Lernsetting abzubilden. In Bezug auf Kommunikation und Interaktion mit den Setmitgliedern erleben die Studierenden die Bandbreite der Möglichkeiten von asynchroner Kommunikation über klassischen Präsenzmeetings und virtuellen Konferenzen.

Ein Blick auf die technischen Hilfsmittel

Für virtuelle Kommunikation steht eine Vielzahl technischer Hilfsmittel zur Verfügung, die sich ständig weiterentwickeln. Prinzipiell ist jedes Medium geeignet, welches es gestattet, dass alle Setmitglieder miteinander kommunizieren können – synchron oder auch zeitversetzt. Das betrifft also z.B. Telefon- und Videokonferenzen, Chatrooms, Kommunikationsplattformen, Social Media oder auch einfach Setmeetings per Mail. Virtuelle Kommunikation kann simultan in Echtzeit erfolgen oder zeitversetzt über Dokumente oder elektronische Speicherung. Bei synchroner Kommunikation spielen für VAL die drei Kanäle mündlich, schriftlich und audiovisuell eine Rolle, während zeitversetzte Kommunikation in VAL häufig nur schriftlich stattfindet.

Synchrone oder zeitversetzte Kommunikation

Setkommunikation per Mail

Zeitversetzte Kommunikation bietet für manche Leute zwei wesentliche Vorteile:

▶ Jeder kann dann kommunizieren, wenn er Zeit hat, unabhängig davon, ob auch die anderen Zeit haben und

▶ man kann sich Fragen und Antworten gründlich überlegen und muss nicht unbedingt sofort spontan reagieren.

Dazu als Beispiel ein Ausschnitt aus einer *virtuellen Setkommunikation per Mail*. Franziska, eine Setteilnehmerin, hatte sich als VAL-Projekt auserkoren, junge unerfahrene Nachwuchskräfte ihres Weinguts darin auszubilden, Wein mit Gästen zu verkosten:

Beispiel

Fallbringerin Franziska: *Schon während des ersten Trainings ist uns aufgefallen, dass zwar alle zuhören und auch bei der Sache sind, jedoch kein Interesse am Wein entwickeln. Sie sehen dieses Training eher als Pflicht, wie: „Jetzt muss ich hier auch noch etwas lernen ...!" Meine Frage an das Set: Was könnten wir machen, damit unsere jungen Mitarbeiter eigenes Interesse entwickeln?*

Marion: *Haben Dein Bruder und Du die ganze Zeit geredet, oder kamen auch Eure Mitarbeiter zu Wort?*

Robert: *Habt Ihr Euren Mitarbeitern Fragen gestellt? Wurden sie aktiv in das Training mit eingebunden? Für die zweite Runde würde ich Euch raten, dass Eure Mitarbeiter anfangs kurz einen Winzer der Region vorstellen, dann sind sie von Anfang an mit eingebunden.*

Falco: Was haltet Ihr davon, das Training mit einem sehr guten Glas Wein zu beginnen? Ein junger Wein, der auch Eure jungen Mitarbeiter begeistert, ist vielleicht ein guter Einstieg in das Thema Wein.

Franziska und ihren Bruder brachte das sehr ins Nachdenken und sie griffen einige Anregungen beim nächsten Training auf. Sie konnten dadurch die jungen Kolleginnen tatsächlich aktivieren, aber die sorgfältig ausgesuchten Weine schmeckten einigen Teilnehmerinnen zur Überraschung der beiden nicht besonders. Die nächste Frage an das virtuelle Set war geboren: Was ist zu beachten, wenn Mitarbeiter Wein mit Gästen verkosten, der ihnen selbst nicht schmeckt?

Action Learning kann auf diese Weise begleitend zu einem Projekt oder einer Problembearbeitung sehr systematisch genutzt werden. Ein weiterer Vorteil dieses Vorgehens ist, dass der Verlauf chronologisch geordnet dokumentiert ist und man ihn auch später nochmals nachlesen kann, wie das obige Beispiel demonstriert.

Wesentlich häufiger entscheiden sich Sets allerdings für eine synchrone virtuelle Kommunikation. So bietet z.B. Internettelefonie meist die Möglichkeit, eine Videocam einzuschalten oder gleichzeitig einen Chat durchzuführen. Wenn der Chat nicht gelöscht wird, hat man ähnlich einem Mailverlauf ein sehr gutes Dokument, wie sich die Diskussion entwickelt hat. Auch in Social Media gehen synchrone und zeitversetzte Kommunikation nebeneinander her und es ist auch möglich, größere Dokumente gemeinsam zu bearbeiten und Bilder oder Videoclips einzustellen und zu nutzen.

Internettelefonie

Da sich die technischen Hilfsmittel und mit ihnen die Nutzergewohnheiten ständig und rasant verändern, bedeutet dies, dass die konkrete Durchführung immer auch von den aktuellen Möglichkeiten und Erwartungen der Teilnehmer abhängt.

Für welche Art Probleme oder Projekte ist VAL geeignet?

Virtuell arbeitende Sets machen ganz unterschiedliche Erfahrungen mit ihrem Action-Learning-Prozess. Aus zahlreichen Praxiserfahrungen über die Jahre ergibt sich, dass viele die virtuelle Zusammenarbeit im Set als schwieriger empfinden als persönliche Zusammentreffen. In semivirtuellen Konstellationen, bei denen VAL mit gelegentlichen persönlichen Treffen kombiniert wird, berichten die Teilnehmer regelmäßig, wie hilfreich ein persönliches Treffen war, um sich gut für die nächste virtuelle Phase zu rüsten, die dann meist an Intensität gewann. Dennoch:

> Es gibt viele außerordentlich produktiv und erfolgreich arbeitende virtuelle Sets. Einige Einflussfaktoren sind Persönlichkeitsstruktur, Projekt oder Problem, Technik sowie das Design eines virtuellen Setmeetings und schließlich ein konsequent agierender Facilitator (siehe dazu die Checkliste 15: VAL 3 – *Ablauf eines virtuellen Setmeetings* in diesem Kapitel).

Ortsgebundenes Projekt, bzw. Problem

Solche Projekte zeichnen sich dadurch aus, dass sie an einem bestimmten Ort umgesetzt werden, wie z.B. die Bearbeitung ungelöster Konflikte und mangelnder Produktivität des Servicepersonals eines Hotels. Für die Durchführung hingegen gibt es nur zwei Möglichkeiten: Es nehmen alle den Reiseaufwand auf sich, dann läuft das Projekt ab wie bei anderen Sets, bei denen alle Mitglieder vor Ort sind. Oder nur ein Teil der Setmitglieder übernimmt die Steuerung des Prozesses, während die anderen virtuell im Hintergrund agieren, Vorarbeiten machen und bei Auswertungen unterstützen. Dies kann sehr gut funktionieren, wenn die Setmitglieder im Hintergrund, als eine Art *Reflecting Team* den Prozess aktiv und kritisch begleiten. Nicht selten führt dies allerdings zu einer Spaltung des Sets in diejenigen, die aktiv dabei sind und Erfahrungen sammeln, während die örtlich Entfernten zunehmend den Anschluss verlieren und sich als Folge meist zurückziehen.

Alle Setmitglieder aktiv einbinden

Jede Aktion kann unabhängig vom Standort des Setmitglieds erbracht werden

Unabhängigkeit vom Standort bedeutet, dass über eine gemeinsame Plattform eine Intervention gesetzt wird, also z.B. überall eine Dienstleistung abgerufen werden kann, die ortsunabhängig angeboten wird. In der Regel

wird für solche Projekte im VAL das Internet genutzt. Ein Beispiel für eine solche Dienstleistung war der Aufbau einer internetbasierten Unternehmensberatung als Start-up. Die Setmitglieder, die sich alle an verschiedenen Standorten befanden, bauten eine gemeinsame Website auf, auf der sie Beratungsleistung anboten, die wiederum ausschließlich über das Internet erbracht wurde. Alle Teilnehmer konnten gleichermaßen an allen Projektphasen teilnehmen, die Wirksamkeit ihrer Interventionen testen, gemeinsam Erfahrungen machen und diese in Reflexionen miteinander auswerten, um wieder neue Aktionen zu planen.

Regionale Aufteilung eines Projekts oder Problems

Eine weitere Variante ist ein gemeinsamer Projektrahmen, der an verschiedenen Standorten unabhängig voneinander realisiert wird. Im Set findet dann über Konzeptentwicklung und Reflexion ein gemeinsamer Lernprozess statt. Auch dafür ein Beispiel: Ein Set setzte sich zum Ziel, herauszufinden durch welche Maßnahmen die Spendenbereitschaft in der Weihnachts- und Vorweihnachtszeit erhöht werden kann – eine wichtige Fragestellung für bestimmte karitative Organisationen. Nach einer gründlichen Literaturrecherche erprobten die Setmitglieder in ihren unterschiedlichen Heimatregionen wesentliche Faktoren, um zu verstehen, worauf es wirklich ankommt und zu sehen, ob Unterschiede oder Gemeinsamkeiten der verschiedenen Erfahrungen überwiegen. Im Set wurden die Erfahrungen, Probleme bei der Realisierung etc. thematisiert und aufgrund der individuellen Erfahrungen aller Setmitglieder das konzeptionelle Verständnis vertieft und jeweils mit Aktionen überprüft.

Ein gemeinsamer Projektrahmen

Jeder sein eigenes Projekt/Problem

Dies entspricht der klassischen Alternative zum gemeinsamen Projekt. Jeder hat sein eigenes Problem, an dem er arbeitet und das Set unterstützt die Reflexion und den Aktions- und Lernprozess, muss dazu aber nicht vor Ort sein. In dieser Form stellen Projekt oder Problem selbst keine Behinderung für virtuelle Setarbeit dar.

Fazit: VAL ist nur für diejenigen Projekte bzw. Probleme problematisch, bei denen es im Rahmen eines „gemeinsamen Vorhabens" projektbedingt zu einer Spaltung kommen kann. Einer solchen Spaltung entgegenzuwirken ist dann eine wichtige Lernaufgabe des Sets, bei der der Facilitator in der Reflexion unterstützen kann.

Spaltung des Sets vermeiden

Was muss der Facilitator in einem virtuellen Setmeeting beachten?

Virtuelle und persönliche Setmeetings folgen weitgehend demselben Grundmuster (siehe Kapitel *Lernen* – Setmeetings, S. 143 ff.) genutzt. Nach der Begrüßung, Absprache und Themen-/Problemerfassung finden Durchsprachen in Form von Fragerunden für jeden Einzelnen statt, die dann nach Auswertung der Lernerfahrung in neue Aktionen münden.

Dennoch bringt der veränderte Rahmen auch gewisse Änderungen im Ablauf mit sich. In einem virtuellen Setmeeting ist die strukturierende Tätigkeit des Facilitators noch einmal bedeutend wichtiger als bei persönlichen Treffen. Zunächst benötigt es eine umsichtig formulierte Einladung, in der Medium, Zeitpunkt und Dauer sowie Inhalt und Ablauf kommuniziert werden. Sie kann etwa so aussehen:

Die umsichtig formulierte Einladung

Sehr geehrte Setmitglieder,

das nächste Setmeeting findet wie besprochen als Telefonkonferenz statt. Nachfolgend finden Sie den genauen Zeitpunkt und die Verbindungsinformationen:

Der Ablauf der Konferenz ist folgender:
▶ Begrüßung und Warm-up
▶ Der Stand Ihres Projekts/Problems
▶ Anliegen der einzelnen Setmitglieder
▶ Exploration Ihrer Anliegen/Probleme in Form von Fragerunden
▶ Formulierung weiterer Aktionen
▶ Bei Bedarf weitere Fragen von Ihrer Seite

Virtuelle Konferenzen erfordern eine höhere Disziplin als ein persönliches Treffen, da die Verständnisqualität erheblich leidet, wenn alle gleichzeitig sprechen. Bitte organisieren Sie sich am besten wieder einen ungestörten Raum für unser Treffen, damit Konzentration und Vertraulichkeit gewährleistet sind, wie in den Grundregeln vereinbart.
Für die Dauer der Konferenz planen Sie bitte zwei Stunden ein.

Abb. 41: Einladung zu einem virtuellen Setmeeting (Beispiel)

Der Facilitator steht in der Verantwortung, den Prozess in einem virtuellen Setmeeting gezielt zu steuern, um Entscheidungen über den Ablauf herbeizuführen und sicherzustellen, dass jedes einzelne Setmitglied zu Wort kommt. Bei virtuellen Konferenzen gibt es manchmal die Tendenz, dass vorwiegend über Sachthemen gesprochen wird. Es ist dann hilfreich, dies als Facilitator zu spiegeln und das persönliche Erleben sowie subjektive Einschätzungen zu hinterfragen. Da die Kommunikationskanäle – zumindest bei einer Telefonkonferenz (ohne Video) – auf das Verbale beschränkt und daher sehr stark reduziert sind, ist es wichtig, als Facilitator auch diejenigen im Aufmerksamkeitsfokus zu behalten, die sich aktuell nicht beteiligen.

Persönliches Erleben hinterfragen

Alle beachten

Herausforderungen/Interventionen bei VAL	
Beobachtung	**Mögliche Facilitator-Interventionen**
Die Teilnehmer fangen sofort ein unstrukturiertes Gespräch an.	Lassen Sie uns jetzt gemeinsam den Ablauf festlegen.
Es wird nur auf der sachlichen Ebene kommuniziert.	Wie haben Sie das persönlich erlebt?
Es ist nicht erkennbar, wer gerade mit seinem Problem dran ist (Airtime).	Lassen Sie uns bei der vereinbarten Person bleiben.
Persönliche Anliegen werden nicht thematisiert.	Was ist Ihnen daran wichtig? Warum ist es Ihnen wichtig?
„Wir" statt „ich".	Was ist Ihr persönlicher Anteil?
Einige kommen nicht zu Wort.	Wie können wir sicherstellen, dass jeder gehört wird und annähernd gleich viel Raum bekommt?

Abb. 42: Herausforderungen und Interventionen bei VAL

Organisation und Ablauf von virtuellen Setmeetings

Die Arbeit in virtuellen Sets benötigt vor allem Übung, damit sie produktiv und nützlich wird. Die folgenden Hinweise zu Organisation und Ablauf solcher Meetings sollen Sets dabei unterstützen, den Weg zu Virtual Action Learning erfolgreich zu beschreiten.

Für die Durchführung virtueller Setmeetings benötigt man ...

▶ eine **gute Organisation** im Vorfeld,

▶ **klare Spielregeln** und

▶ einen **strukturierten Ablauf**, der eine inhaltliche Orientierung gibt und durch den der Facilitator die Teilnehmer führt.

Die drei folgenden Checklisten geben dafür Hilfestellung.

1. Abstimmung und Organisation im Vorfeld

(Download-Link in der Umschlagklappe)

Eine vorausschauende Planung und Organisation zu Zeit, Ort und Ablauf bereitet im Vorfeld die Grundlage für einen störungsfreien Ablauf.

Checkliste 13: VAL 1 – Abstimmung und Organisation im Vorfeld	✓
Verbindliche zeitliche Vereinbarung ▶ Wann? – Termine abstimmen ▶ Wie lange? – Empfehlung: 90-180 Minuten ggf. mit 10 Minuten Pause dazwischen	
Medium festlegen	
Ggf. Verbindungskosten klären	
Wer lädt ein?	
Nur bei virtueller Self Facilitation Facilitator festlegen: ▶ Reihum oder eine Person fest ▶ Ggf. Reihenfolge (alphabetisch) festlegen Aufgaben des Facilitators vereinbaren/kommunizieren: ▶ Time Keeper ▶ Prozess steuern ▶ Auswertung des Setmeetings ▶ Wie und was wird dokumentiert? Siehe auch: Checkliste 16: *Self Facilitation* (im nächsten Kapitel)	

Verbindliche Terminvereinbarung

Voraussetzung sind *verbindliche Terminvereinbarungen*, zu denen nach Möglichkeit alle Setmitglieder zur Verfügung stehen. Wenn sich die Teilnehmer z.B. in unterschiedlichen Zeitzonen befinden, empfiehlt sich, die Zeiten so ausgewogen einzuteilen, dass jeder in den Genuss für ihn günstiger Zeiten

kommt und in gleichem Maße jeder auch ungünstigere Zeiten in Kauf nehmen muss.

Die für ein Setmeeting benötigte *Zeitdauer* hängt von mehreren Faktoren ab. Gemäß der Aussage von Reg Revans „Aktion im Projekt – Reflexion im Set" ist dies die Zeit, die für die Reflexionsarbeit benötigt wird. Projektabsprachen, die ggf. getroffen werden sollen, sind im hier dargestellten virtuellen Setmeeting nicht berücksichtigt. Bei längeren Sitzungen ist es sinnvoll, etwa nach der Hälfte, eine Pause einzulegen.

Bei der *Festlegung des Mediums* spielen Verfügbarkeit und Kosten eine Rolle. Falls ein Medium genutzt wird, mit dem Teilnehmer noch keine Erfahrung haben, bietet es sich an, mit diesen zunächst einen Probelauf zu starten, damit das eigentliche Setmeeting für alle störungsfrei ablaufen kann. Schließlich hat man es meist mit zeitlich eng getakteten Setmitgliedern zu tun.

Medium festlegen

Bei manchen Medien ist es erforderlich, dass eine Person die Funktion des Einladenden übernimmt, damit die anderen sich zuschalten können. Es ist außerdem durchaus sinnvoll, dass ein oder zwei Tage vor dem Setmeeting eine Erinnerungsmail an alle Teilnehmer verschickt wird. Diese Aufgabe übernimmt meist der Facilitator, oder der Einladende (falls die Einladung jemand anderer verschickt).

Wer lädt ein?

Sofern kein externer Facilitator (mehr) zur Verfügung steht oder das Set Self Facilitation ansteuert, muss bereits im Vorfeld entschieden werden, ob eine Person aus dem Set die Rolle allein übernimmt, oder ob abgewechselt wird. Ebenso wichtig ist, zu vereinbaren, welche Aufgaben in solch einem Fall der setinterne Facilitator wahrnehmen soll, *bzw. aufgrund seiner Erfahrung wahrnehmen kann*. Grundsätzlich sollte er zumindest auf die Zeit achten, darüber hinaus ist es aber meist auch hilfreich, wenn er soweit möglich die Prozesssteuerung unterstützt und z.B. darauf achtet, ob die Spielregeln eingehalten werden oder Fragen gestellt werden.

Facilitator festlegen

Zu den grundlegenden Aufgaben des Facilitators gehört auch, darauf zu achten, dass jeder Teilnehmer konkrete Aktionen festlegt und kommuniziert, sowie die Auswertung des Setmeetings, die rein verbal oder anhand eines individuell ausgefüllten Formulars mit anschließender Durchsprache erfolgt.

Aktionen festlegen

Schließlich muss festgelegt werden, ob und in welcher Form eine Dokumentation der Ergebnisse und Vereinbarungen erfolgt und wie jeder Einzelne Zugang dazu erhält.

2. Vereinbarungen und Spielregeln

Wirksames Action Learning benötigt gute, von allen Teilnehmern mitge-tragene *Vereinbarungen oder Spielregeln*. Im VAL kommt diesen sogar noch größere Bedeutung zu, um einen produktiven Ablauf sicherzustellen.

Regeln   Die in der Checkliste aufgeführten Regeln sind Vorschläge, die auf Erfah-rungen aus zahlreichen virtuellen Setmeetings basieren. In Ergänzung zu den generellen Regeln im Action Learning sollten sie daher im Set disku-tiert und individuell angepasst oder ergänzt werden.

Checkliste 14: VAL 2 – Spezielle Spielregeln/Vereinbarungen für VAL	
Virtuelle Meetings sind genauso verbindlich wie persönliche Setmeetings. Evtl. Verhin-derungen aus wichtigem Grund werden vorab kommuniziert.	
Jeder ist absolut pünktlich zum Start.	
Jeder lässt sich voll auf das virtuelle Meeting ein, dazu gehört: ▸ Keinerlei Nebenbeschäftigung während des virtuellen Setmeetings. ▸ Jeder bringt sich ein und berichtet von sich (Aufgabenerledigung, Probleme, Er-folge, Fragen, Aktionen etc.). ▸ Jeder hört aufmerksam zu. ▸ Es muss nicht immer geredet werden – auch Stille kann produktiv sein. ▸ Jeder ist hilfreich und fördernd für die anderen. ▸ Alle erhalten gleich viel Raum (Zeit) – Abweichungen davon bedürfen einer Abspra-che.	

(Download-Link in der Umschlagklappe)

Die Einhaltung der meisten Regeln kann im Set direkt überprüft werden. Eine Ausnahme bilden nur die Regeln „Keine Nebenbeschäftigung während des virtuellen Setmeetings" und „Jeder hört aufmerksam zu". Diese Regeln appellieren daher besonders an die Selbstverantwortung jedes Einzelnen, da sie gleichzeitig einen besonders hohen Einfluss auf die Produktivität eines Setmeetings haben.

Eine Besonderheit stellt die Regel dar, dass nicht immer geredet werden muss. Für manche Menschen ist das zunächst ungewohnt, wenn etwa in einer Telefonkonferenz Stille einkehrt. Andererseits wirken manche Äußerungen nur, wenn sie Nachdenken auslösen können und nicht sofort das Thema gewechselt wird. Bei dieser Regel geht es um eine Öffnung für neue Erfah-rungen und natürlich auch um eine Gratwanderung, um das richtige Maß zu finden.

3. Strukturierter Ablauf mit inhaltlichen Orientierungsschritten

Die dritte Checkliste gibt einen schematischen Überblick über den Ablauf eines virtuellen Setmeetings. Die verschiedenen Abschnitte geben eine gute Orientierung über die einzelnen Schritte.

Checkliste 15: VAL 3 – Ablauf eines virtuellen Setmeetings	Min.
1. Ankommen	0
Jeder nennt beim Eintreffen seinen Namen.	
Der Facilitator stellt fest, ob alle da sind oder jemand fehlt.	
Kurze Erinnerung an die virtuellen Spielregeln, insbesondere ... ▶ jeder bringt sich ein, ▶ jeder hat gleich viel Raum (Zeit), ▶ jeder konzentriert sich auf das Gespräch, keine Nebenbeschäftigung.	
2. Persönliches Abholen	5
▶ Wo bin ich gerade (tatsächlich und/oder innerlich)? ▶ Wo komme ich her? ▶ Ein Gegenstand, der mir gerade ins Auge fällt ... Jeder 1-2 Sätze (ohne viel Diskussion, rasch, zwanglos).	
3. Was brauche ich heute?	10
▶ Was erwarte ich von der heutigen Sitzung? ▶ Welches Anliegen/Thema/Problem will ich einbringen? ▶ Meine persönlichen Ziele. 1-2 Minuten stille Konzentration.	
4. Aktueller Stand und Bedarf	12
▶ Jeder nennt sein Anliegen/Thema/Problem.	
5. Ablauf und Reihenfolge	20
▶ Wie viel Zeit für jeden Einzelnen (Airtime), ca. 15-30 Minuten. ▶ *(Nur bei gemeinsamem Projekt:)* Welche generellen Projektthemen müssen wann, wie und mit welchem Zeitbedarf geklärt werden?	
6. Problembearbeitung für jedes Setmitglied	25
▶ Darstellung ▶ Hinterfragen (z.B. mit SAGA) ▶ Aktion	
7. Auswertung des Setmeetings	110
▶ Was haben wir über jeden gelernt? ▶ Wie entwickelt sich das Set?	
Nächster Termin? / Ende	120

1. Ankommen

Ablauf

Bei einem persönlichen Treffen begeben wir uns zum gemeinsamen Treff-punkt, der dann den äußeren Rahmen für die Begegnung bildet. Bei einem

Der gemeinsame virtuelle Raum entsteht durch Handlungen und Rituale

virtuellen Treffen hingegen sind wir zwar mental in einem gemeinsamen virtuellen Raum, tatsächlich aber physisch in verschiedenen Räumen. *Der gemeinsame äußere Rahmen ist daher in einem viel geringeren Ausmaß von selbst gegeben und muss erst durch bestimmte Handlungen oder Rituale erzeugt werden.* Dazu gehören Namen und kurze Begrüßung jedes Neuankömmlings und Information, wer schon im Raum ist. Der Facilitator stellt dann fest, ob alle da sind oder jemand entschuldigt oder unentschuldigt fehlt.

Eine kurze Wiederholung der wichtigsten virtuellen Spielregeln, die vom Set vereinbart wurden, ist ein weiteres wichtiges Ritual, um mental anzu-kommen. Sie hilft jedem Setmitglied, sich wieder zu erinnern und sich auf die Situation einzustellen.

2. Persönliches Abholen

Anschlussfähig werden

Dieser Schritt macht das Meeting zu einem Raum, in dem die Teilnehmer sich als Personen begegnen und einen unmittelbaren Zugang zum Erleben bekommen. Jeder berichtet ganz konkret etwas aus seinem Lebensbereich /seiner realen Umgebung, z.B. wo er sich gerade räumlich befindet oder wo er herkommt, was er gerade sieht oder auch, wo er sich innerlich befindet. Dieser Schritt hilft den Setmitgliedern, an das Erleben und die aktuelle Realität des Einzelnen anschlussfähig zu werden und sich aufeinander zu beziehen. Es ist eine Voraussetzung dafür, dass die Reflexion, die in einem späteren Schritt stattfindet, die Situation des anderen ganzheitlich be-rücksichtigt. In der Durchführung kommt es darauf an, dass jeder etwas von sich beiträgt, niemand zu weit ausholt und keine ausschweifenden Diskussionen entstehen.

3. Was brauche ich heute?

Bedürfnisse austauschen

Nachdem der Kontakt und das Einstimmen auf die anderen erfolgt ist, ist es gut, innezuhalten und sich auf die eigenen Bedürfnisse zu konzentrie-ren. Eine kurze Zeit der gemeinsamen Stille ist dafür hilfreich.

4. Aktueller Stand und Bedarf

Jeder nennt sein Thema bzw. Problem. Bei einem gemeinsamen Projekt brin-gen die Teilnehmer sich dadurch auch wechselseitig auf den neuesten Stand. Neben einer kurzen Information zum Hintergrund wird das Anliegen am be-sten als Frage an das Set gerichtet, z.B. in der Form „Wie kann ich …?".

5. Ablauf und Reihenfolge

Wenn alle Themen/Probleme genannt sind, wird die Reihenfolge der Bearbeitung gemeinsam festgelegt, eventuelle Besonderheiten können dabei berücksichtigt werden. Die Dauer für jeden Einzelnen kann unterschiedlich *Airtime* sein, 15-30 Minuten ist aber eine gute Faustregel. Der Facilitator unterstützt, dass die Abstimmung rasch erfolgt.

Wenn ein Set ein gemeinsames Projekt bearbeitet, ergeben sich daraus auch Themen, die generell besprochen und geklärt werden müssen. Diese notwendigen Sachklärungen der Projektarbeit benötigen einen Raum außerhalb des eigentlichen Setmeetings und ersetzen nicht die persönliche Durchsprache und Reflexion für jeden Einzelnen.

6. Problembearbeitung für jedes Setmitglied

Diese wird wie in Sets, die sich persönlich treffen, durchgeführt (siehe *SAGA* Kapitel *Lernen*). Im Vordergrund steht das Stellen hilfreicher (unterstützender und fördernder) Fragen, z.B. nach dem SAGA-Modell. Der Facilitator achtet darauf, dass zum Abschluss thematisiert wird, welche Aktion das betreffende Setmitglied als nächstes in Gang setzen möchte.

7. Auswertung des Setmeetings

Zum Abschluss erfolgt die Auswertung des virtuellen Setmeetings. Für den Facilitator ist dies eine Gelegenheit, das Augenmerk von der einzelnen Person auf das gesamte Set zu lenken. Fragen sind zum Beispiel: „Was zeichnet uns aus?", „Welche Fortschritte haben wir heute gemacht?", „Worauf müssen wir beim nächsten Mal stärker achten?"

Self Facilitation

Selbstgesteuerte
Lernprozesse Eine der wesentlichen Absichten von Action Learning ist es, offene selbst-gesteuerte Lernprozesse in Gang zu setzen. *Self Facilitation hat daher einen hohen Stellenwert, allerdings müssen die Gegebenheiten im Einzelfall sorgsam abgewogen werden.* Letztlich ist es ein Ziel von Action Learning, Sets auch darin zu unterstützen, ihren Lernprozess selbst begleiten und steuern zu können. Für den Ablauf des Action Learning gilt daher alles analog, was für Sets mit einem externen Facilitator ausgeführt wurde (siehe Kapitel *Lernen*). Der einzige Unterschied besteht darin, dass diese Aufgaben jetzt von Setmitgliedern selbst wahrgenommen werden.

> Dadurch, dass die Rolle des Facilitators ins Set hineingenommen wird, bieten sich weitere sehr intensive Lernmöglichkeiten für die einzelnen Setmitglieder, aber auch für das gesamte Set. *Demgegenüber muss der Gefahr entgegengewirkt werden, dass der Action-Learning-Prozess abflacht oder nie richtig an Fahrt gewinnt.*

Einige Fragen sind in diesem Zusammenhang von Bedeutung:

▶ Welche verschiedenen Formen von Self Facilitation gibt es?
▶ Wie kann ein Set auf dem Weg zur Self Facilitation unterstützt werden?
▶ Wie effektiv ist Self Facilitation im Vergleich zu einem Set mit externem Facilitator?

Welche verschiedenen Formen von Self Facilitation gibt es?

Self Facilitation ist in ganz unterschiedlichen Varianten möglich. Sets sollten daher die verschiedenen Alternativen absprechen und vielleicht auch experimentieren, um die für den jeweiligen Fall geeignete Form zu finden. Dabei muss besprochen werden, wie die wichtigsten Aufgaben des Facilitators im Set verteilt werden.

Checkliste 16: Self Facilitation	
Aufgabe	**Wer? (z.B. alle abwechselnd oder Name)**
Wer ist Time Keeper?	
Wer hält Vereinbarungen fest?	
Wer sorgt für die Einhaltung der Spielregeln?	
Wer steuert die Befragung („Q")?	
Wer leitet die Rückmeldung an den Facilitator?	
Wer hält den Kontakt zum Auftraggeber/zur Organisation?	
Wer wertet den Setprozess aus?	
Wer lädt ein?	
Wer erstellt und verschickt die Dokumentation?	
Wer startet als Facilitator beim nächsten Setmeeting?	

Alle übernehmen abwechselnd die Rolle des Facilitators

Die am meisten verwendete Grundform von *Self Facilitated Action Learning* ist, dass die Rolle des Facilitators abwechselnd von den einzelnen Setmitgliedern wahrgenommen wird. In diesem Fall ist es sinnvoll, dem Facilitator nach jeder Facilitation eine kurze Rückmeldung aus dem Set und vom Problembringer zu geben, um die Besonderheiten auszuwerten und dadurch Lernen über Facilitation zu fördern. Außerdem stellt dies ein Ritual der Würdigung dar, das denjenigen anerkennt, der für das Set diese Aufgabe übernommen hat.

Die Rolle des Facilitators wird abwechselnd wahrgenommen

Der Facilitator hat in diesem Fall mindestens die Rolle des Time Keepers, das heißt, er behält im Auge, dass der Zeitrahmen für den Problembringer eingehalten wird. Günstig ist, wenn er auch auf den Prozess achtet und sicherstellt, dass die Fallbearbeitung mit der Frage nach nächsten Schritten bzw. Aktionen endet. Gerade für wenig erfahrene Sets ist es außerdem wichtig, dass der Facilitator eingreift, wenn z.B. statt Fragen zu stellen, Tipps gegeben werden oder allgemeine Debatten einsetzen, die zu viel Raum einnehmen.

Time Keeper

Ein Setteilnehmer übernimmt fest die Rolle des Facilitators

Dieser Weg ist dann manchmal sinnvoll, wenn ein Setmitglied schon über sehr viel mehr Erfahrung mit Action Learning und Facilitation verfügt als die anderen. Die Rolle entspricht dann der des externen Facilitators. Allerdings stellt sich dann die Frage: Wer steuert, wenn dieses Setmitglied selbst einen Fall einbringt?

Kein Facilitator, d.h. alle sind Facilitator und achten auf den Prozess

Dieses Vorgehen ist nur bei sehr erfahrenen und gut eingespielten Sets empfehlenswert, da sonst leicht die Qualität der Durchführung leiden kann. Und auch in diesen Fällen ist es sinnvoll, wenn einer zumindest auf die Zeit achtet.

Wie kann ein Set auf dem Weg zur Self Facilitation unterstützt werden?

Elemente von Self Facilitation einbauen

In vielen Fällen ist es sinnvoll oder schon aus Kapazitätsgründen ganz unvermeidbar, von Anfang an auch Elemente von Self Facilitation in ein Action-Learning-Design einzubauen. In anderen Fällen kann ein allmählicher Umstieg von externer Facilitation auf Self Facilitation in die Wege geleitet werden. Im Folgenden einige praktische Erfahrungen und Anregungen, wie Self Facilitation unterstützt werden kann.

Phasen von Self Facilitation als Teil des Designs

Im Design eines Action-Learning-Programms kann Self Facilitation von vornherein als ein Bestandteil berücksichtigt werden. Dies kann ein Weg sein, wenn zwischen Plenumsveranstaltungen mit mehreren Sets und individuellen Setmeetings dazwischen unterschieden wird. Plenumsveranstaltungen (manchmal auch als Action-Learning-Workshops bezeichnet) dienen der Einführung und Vertiefung von Action Learning mit der Unterstützung erfahrener Facilitators. Individuelle Setmeetings der einzelnen Sets hingegen können von den Teilnehmern selbst facilitiert werden. In nachfolgenden Workshops gibt es dann die Möglichkeit, die Erfahrungen mit Self Facilitation auszuwerten, um das eigene Lernen zu vertiefen und das eigene Repertoire zu erweitern.

Strukturelle Hilfen

Hinweise zur Facilitation eines Setmeetings und Checklisten, wie sie sich in den verschiedenen Kapiteln dieses Buches befinden, können als Unterstützung für die Gestaltung und Auswertung der Rolle des teilnehmenden Facilitators verwendet werden.

Externer Facilitator unterstützt die Auswertung

Ein guter Weg zur Self Facilitation eines Sets ist es, dies zunächst unter Supervision eines erfahrenen Facilitators zu praktizieren. Sobald ein Action-Learning-Set eingerichtet und mit der Arbeitsweise vertraut ist – sodass grundsätzlich Sicherheit im Umgang mit dem Ablauf besteht – kann dies ein sinnvolles Vorgehen sein. Die Teilnehmer übernehmen dann selbst abwechselnd die Rolle des Facilitators. Nach jeder Problembearbeitung wird auch die Arbeit des Setmitglieds ausgewertet, welches die Rolle des Facilitators übernommen hat. Der externe Facilitator beteiligt sich an dieser Auswertung und unterstützt, wenn Fragen zur praktischen Gestaltung der Rolle auftauchen.

Ein erfahrener Facilitator als Supervisor

Externer Facilitator wird bei Bedarf hinzugezogen

Wenn Sets über längere Zeit zusammenarbeiten, entwickeln sie ihren eigenen Stil. Dieser bildet sich aus den speziellen Eigenarten und Erfahrungen des Sets heraus. Irgendwann kann dies dazu führen, dass das Bedürfnis entsteht zu überprüfen, wie stark das Vorgehen der Intention von Action Learning noch entspricht. Besonders wenn dieses Bedürfnis von einer vielleicht vagen Einschätzung begleitet wird wie „Früher waren wir irgendwie effektiver", ist es ein guter Weg, einen erfahrenen Facilitator für ein Setmeeting hinzuzuziehen, um die eingespielte Arbeitsweise zu reflektieren und bei Bedarf weiterzuentwickeln.

In einem Set, das im Anschluss an ein Leadership Programm bereits mehrere Jahre regelmäßig mit Self Facilitation gearbeitet hatte, kam die Frage auf, ob es eigentlich noch stimmig sei, wie sie ihre Setmeetings abhielten. Sie vereinbarten mit dem Facilitator ihres damaligen Leadership-Programms, dass er beim nächsten Setmeeting dabei wäre, um die ursprünglichen Methoden aufzufrischen und geeignete Vorgehensweisen für die Zukunft abzusprechen.

Praxisbeispiel Self Facilitation

Dabei stellten sich mehrere Dinge heraus:

▶ *Das Set hatte über die Jahre ein außerordentlich hohes Maß an Offenheit und wechselseitiger Unterstützung entwickelt und war für alle eine sehr wichtige Einrichtung geworden.*

▶ *Gleichzeitig hatte das Set einen eigenen Stil entwickelt, der gleichermaßen für Networking und Problembearbeitung geeignet war. Die Treffen fanden abwechselnd an den Wohn- bzw. Arbeitsorten der einzelnen Teilnehmer statt. Neben einer verbindlichen Arbeitszeit wurden manchmal auch beruflich interessante Besichtigungen eingeplant oder gemeinsame Aktivitäten, wie ein Ausflug oder eine Bootsfahrt, um Spaß und Gemeinschaft zu fördern.*

Entwicklung des Sets

▶ *Vom methodischen Vorgehen her war insbesondere die systematische Befragung eines Fallbringers verloren gegangen. Stattdessen wurden nach Bedarf und relativ unstrukturiert Nachfragen, Kommentare und Tipps gegeben, die manchmal eher zu Rechtfertigungen führten als zu Reflexion. Erhalten geblieben war hingegen eine Aktivitätsorientierung, sodass jeder aufgefordert wurde zu überlegen, was er als Nächstes unternehmen werde.*

▶ *Dem Facilitator fiel auch auf, dass die präsentierten Probleme noch deutlich persönlicher und tiefer gingen als dies Jahre zuvor im Leadership-Programm der Fall gewesen war.*

Methodische Auffrischung zur Unterstützung von Self Facilitation

Die Setmitglieder hatten den Eindruck, dass die externe Auffrischung und Reflexion sehr sinnvoll war und die Effektivität der Arbeit erhöhte. Um dies zu vertiefen beschlossen sie, wieder einige Setmeetings mit Facilitator durchzuführen, um insbesondere ihr Repertoire zur Befragung, dem Questioning Insight als wesentlichem Aspekt im Action Learning zu vertiefen und erst dann wieder auf Self Facilitation umzusteigen.

Wie effektiv ist Self Facilitation im Vergleich zu einem Set mit externem Facilitator?

Die Verantwortung für das Lernen wird vollständig an das Set übertragen

Der Vorteil von Self Facilitation ist, dass die Verantwortung für das Lernen im vollen Umfang an das Set übertragen wird und dadurch ein umfassendes Lernen entstehen kann, das die Setmitglieder zudem befähigt, es jederzeit in andere Sets einzubringen. Wenn es sorgsam und umsichtig aufgebaut und betrieben wird, kann ein Punkt erreicht werden, an dem Self Facilitation genauso effektiv und manchmal sogar effektiver ist als ein Set mit einem externen Facilitator. *Spätestens, wenn dieser Punkt erreicht ist, ist es sinnvoll, dass der externe Facilitator sich ausblendet.*

Sicherer Rahmen

Auf der anderen Seite besteht die Gefahr, dass ein Set weit unter seinen Möglichkeiten bleibt, wenn der Prozess nicht gut aufgesetzt wird und es keine ausreichende Unterstützung für die Reflexion gibt. *Im direkten Vergleich sind Sets, die eine systematische Unterstützung durch einen gut qualifizierten Facilitator erhalten, wesentlich effektiver und nachhaltiger in der Entfaltung ihrer Wirkung als Sets, bei denen dies nicht der Fall ist.* Gleichwohl machen auch Sets, die von Anfang und über weite Strecken Self Facilitation betreiben, dann oft relativ gute Fortschritte, wenn es einen Rahmen gibt, der Orientierung und Sicherheit vermittelt. Eine von uns kürzlich durchgeführte Untersuchung zeigt, dass anspruchsvolles Critical Action Learning mit Self Facilitation allerdings nur funktioniert, wenn ein entsprechendes Methodenwissen im Set vorhanden ist.

Ressourcen für Action Learning – Marktsituation, Qualifizierung, Netzwerke

Schnellfinder

Action Learning im deutschsprachigen Raum

International ist Action Learning weit verbreitet und gilt als eine der nachhaltigsten Formen für persönliche und organisatorische Entwicklung, die in den letzten Jahrzehnten entstanden ist. Es verbindet Problemlösen mit Lernen, um Veränderungen bei Individuen, Teams, Organisationen und Systemen zu bewirken. Die immer höhere Veränderungsrate und Komplexität erfordern ein verändertes Führungsverständnis und Führungsverhalten. Action Learning stellt eine Möglichkeit dar, dies konsequent zu praktizieren.

Action Learning im deutschsprachigen Raum

In einer Untersuchung zur Verbreitung von Action Learning, die wir bei den im DAX gelisteten Unternehmen durchgeführt haben, ergab sich, dass fast 90% der sich äußernden Unternehmen über Erfahrung mit Action Learning verfügen, allerdings in einem ganz unterschiedlichen Ausmaß. Während in einigen Unternehmen internationale, unternehmensweite Programme mit Action-Learning-Elementen bis ins Top-Management hinein existieren, wurde der Ansatz in anderen Organisationen für begrenzte Zielgruppen oder Anlässe durchgeführt, etwa wenn es um eine tiefgreifende Veränderung ging. Der erste Kontakt zu Action Learning entstand häufig durch internationale Berater.

Die regelmäßigen Rankings der Zeitschrift managerSeminare zeigen aber auch eine steigende Popularität von Action Learning bei Trainern und Beratern im deutschsprachigen Raum in den letzten Jahren, wo es nach Coaching und Simulationen bereits auf den obersten Plätzen rangiert.

Allerdings darf man davon ausgehen, dass nicht alle dasselbe unter Action Learning verstehen und die Bezeichnung auch für vieles verwendet wird, was mit Action Learning, wie es sich seit den Anfängen von Reg Revans entwickelt hat und in diesem Buch dargestellt ist, wenig zu tun hat. So wird Action Learning von manchen mit Outdoor-Training in Verbindung gebracht und von anderen mit Planspielen oder sonstigen aktivierenden Übungen. Beides geht am Kern von Action Learning deutlich vorbei.

In diesem Buch sind bereits mehrere erfahrene Personalentwickler zu Wort gekommen, die die nachhaltige Wirkung von Action Learning aus eigener Erfahrung bestätigen und gleichzeitig betonen, wie wichtig gerade die Qualifikation des Action-Learning-Facilitators ist. Im nachfolgenden Gespräch erläutert nun Stefan Kanther, Personalentwickler in einem Technologieunternehmen, der auch langjährige Erfahrung als freiberuflicher Berater und Trainer hat, welche Herausforderungen die Umstellung von klassischem Training zu Action Learning mit sich bringt und wie schwierig es ist, einen qualifizierten Action-Learning-Facilitator zu finden.

Stefan Kanther im Gespräch über die Einführung von Action Learning im Unternehmen und die Schwierigkeit, dafür qualifizierte Facilitators zu finden

Stefan Kanther, Leiter Personalentwicklung, Maschinenfabrik Reinhausen GmbH

Frage: Zur Weiterentwicklung eines bestehenden Personalentwicklungsprogramms für Förderkandidaten haben Sie beschlossen, Action Learning einzusetzen. Was haben Sie sich davon versprochen?

Kanther: Hauptziel war es, die Wirkung von Trainingsmaßnahmen für den Arbeitsalltag zu erhöhen. Zuvor hatten wir ein Förderprogramm, das insgesamt sehr gut war. Nur habe ich bei den Teilnehmern im Nachhinein die konkrete Anwendung des Gelernten nicht befriedigend feststellen können. Was nutzt es, wenn unsere Förderprogrammkandidaten zwar wissen, wie sie sich eigentlich optimal verhalten sollten, dann in der Realität aber in die „alten", gewohnten Verhaltensweisen verfallen. Beim Action Learning hatte ich die Hoffnung, dass sich auf weniger, aber dafür wesentlichere Inhalte konzentriert wird und die Anwendung im Arbeitsalltag, also das veränderte Verhalten auch in Stress-Situationen, einen starken Fokus einnimmt.

Frage: Sie haben gezielt nach einem Action-Learning-Facilitator gesucht – was waren eigentlich Ihre Anforderungen und Auswahlkriterien?

Kanther: Als ich einen Action-Learning-Facilitator suchte, haben die meisten Trainer angegeben, dass sie mit dem Ansatz des Action Learning arbeiten. Bei genauerem Hinsehen stellte sich aber heraus, dass sie Action Learning als fundierten und eigenständigen Ansatz nicht kannten. Action

Learning wurde von ihnen einfach als aktionsorientiertes Lernen verstanden – sprich gleichgesetzt mit der Anwendung von Praxisübungen, Arbeiten an Fallstudien und der Vereinbarung von Transferprojekten. Den originären Ansatz des Action Learning kannte so gut wie niemand.

Aus eigener Erfahrung weiß ich, dass man sich den Ansatz des Action Learning nicht einfach als weiteres Methodenelement anlesen kann, geschweige denn, dass ein guter Trainer diesen auch ohne Weiteres umsetzen kann.

Ich brauchte also einen Trainer, der sich den Ansatz zu eigen gemacht und schon umfassende Erfahrung damit hatte. Zudem musste der Trainer natürlich zu uns als Organisation passen und „allgemein" ein guter Trainer sein.

Frage: War es leicht, jemanden zu finden, der das kann? Welche Erfahrungen haben Sie da auf dem Trainer- und Beratermarkt gemacht?

Kanther: Auf dem Trainer- und Beratermarkt ist es nicht einfach, die „Spreu vom Weizen" zu trennen. Vielen Unternehmen reicht es aus, Veranstaltungen anhand der Teilnehmerzufriedenheit direkt nach dem Training zu evaluieren. Die Wirkung für das Unternehmen wird häufig gar nicht explizit betrachtet. Damit ist der Trainer- und Beratermarkt gespickt mit etlichen Ansätzen, die zwar „nett" und „interessant" sind, aber wenig Wirkung entfalten.

Die Selektion durchzuführen und wirkungsvolle Trainer zu finden, ist schon nicht einfach. Aber dann noch herauszufinden, welcher dieser Trainer wirklich Action-Learning-Programme beherrscht, war extrem schwierig, weil fast alle Trainer angaben, dass sie Action Learning beherrschen.

Frage: Im Unternehmen war der Action-Learning-Ansatz vermutlich nicht bekannt. War es schwierig, die Verantwortlichen im Unternehmen zu überzeugen? Welche Argumente haben dabei geholfen?

Kanther: Nicht nur bei uns, sondern auch in anderen Unternehmen habe ich die Erfahrung gemacht, dass die Nutzenargumente für Action Learning bei Entscheidern und Teilnehmern gut ankommen. Das größte Argument für Action Learning ist sicherlich gewesen, dass die Wirkung, also das, was im Arbeitsalltag umgesetzt wird, besonders hoch ist, da das Programm eng mit dem Arbeitsalltag verknüpft ist. Es ist auch jedem klar, dass selbst bei guten klassischen Trainings nur mittelmäßige Wirkung erzielt wird, da die Lösungen aus den bearbeiteten Fallstudien häufig wesentlich einfacher aussehen, als sie sich in der Realität gestalten.

Allein die Geschichte vom Untergang der Titanic überzeugt schon viele Entscheider aus Unternehmen: Dass nämlich ein Großteil der Ingenieure „wusste", dass dieses Schiff sinken kann, dieses Wissen aber nicht in die Konstruktion des Schiffs mit eingebracht wurde.

Neben den Argumenten war aber auch entscheidend, dass mir bei uns im Unternehmen großes Vertrauen für das „neue" Design unseres Förderprogramms entgegengebracht wurde. Die Evaluation des „alten" Programms seitens der Teilnehmer hat dabei noch gute zusätzliche Argumente geliefert. Damit musste ich nicht jedes Detail genau erklären, sondern brauchte nur grob das Prinzip des Action Learnings erläutern. Hätten Entscheidungsträger aber wirklich gewusst, welche Konsequenzen der Action-Learning-Ansatz beinhaltet – nämlich sehr prozessorientiert vorzugehen und die Teilnehmer das Programm selbst gestalten zu lassen –, dann wären zumindest viele Diskussionen aufgekommen. Verantwortungsübergabe zu trainieren, indem man Verantwortung übergibt, hört sich einfach an. Es ist aber eine große Herausforderung für viele Entscheider, dies wirklich zu praktizieren.

Frage: Welche Schwierigkeiten treten auf, wenn man von einem klassischen Seminar auf Action Learning umsteigt?

Kanther: Wir hatten zuvor ein Trainingsprogramm, das auch schon mit Praxisprojekten gearbeitet hat. Dort war das Ziel, Konzepte zu erarbeiten – nicht aber wie im Action Learning diese auch umzusetzen. Für unser Management war es schwer vorstellbar, dass eine Förderprogramm-Gruppe auch Themen gleich umsetzt – sprich Verantwortung und „Entscheidungsmacht" übertragen bekommt. Es war schwierig, dafür passende Projektvorschläge aus der Organisation zu bekommen. Ansonsten traten keine Schwierigkeiten auf, solange man den Nutzen des Programms in den Vordergrund stellte und nicht versuchte, die Methode zu erklären – diese muss man erleben und dann überzeugt sie!

Frage: Wie reagieren die Teilnehmer auf Action Learning und die damit verbundenen höheren Gestaltungsfreiräume, aber auch die höhere Verantwortung für das eigene Lernen?

Kanther: Die Teilnehmer reagieren durchweg sehr positiv. Das war aber auch bei unserem „alten" Programm so. Es gibt aber vermehrt die Rückmeldung wie „Das konnte ich direkt umsetzen" oder „Ich habe das Gelernte direkt in anderen Projekten angewandt, und es hat funktioniert". Bei uns müssen die Teilnehmer selbst 1/3 Freizeit mit in die Action-Learning-Trainings einbringen. Für mich ist hier ein guter Indikator, dass es hierzu nie eine Diskussion gab. Das bestätigt den Mehrwert des Programms. Die Teilnehmer sind durchweg sehr engagiert und lernen zu einem Großteil selbstgesteuert.

Am schönsten ist es, wenn wir von den Vorgesetzten hören, dass die Teilnehmer sich besonders gut entwickeln.

Frage: Inzwischen geht schon Ihr zweites Action-Learning-Programm zu Ende. Inwieweit hat Action Learning die Erwartungen erfüllt, die Sie damit verknüpft haben?

Kanther: Ich würde sagen, dass wir auf einem guten Weg sind. Bei uns hat sich das Action Learning von Programm zu Programm weiter entwickelt und wir haben noch einen Weg vor uns, um das

Potenzial von Action Learning ganz auszuschöpfen. Action Learning ist ja zu einem großen Teil eine Kultur der Entwicklung. Diese aufzubauen dauert mehrere Jahre und muss von innen aus der Organisation heraus getrieben werden – ein Action-Learning-Programm ist aus meiner Sicht nur ein Baustein.

Ich bin überzeugt, dass Action Learning ein äußerst wirkungsvoller Ansatz ist. Er besteht aber nicht (allein) daraus, ein Action-Learning-Programm durchzuführen. Ich muss in meiner Organisation sehr bewusst mit (neuem) Wissen umgehen. Es bedarf einer klaren Entscheidung, ob neue Erkenntnisse umgesetzt werden sollen oder nicht. Dabei muss die Führungsmannschaft klar die Verantwortung für die Umsetzung von neuem Wissen übernehmen. Anstatt eine Grundhaltung an den Tag zu legen wie: „Es gibt ein Problem, also setze ich ein Training zur Lösung des Problems ein – und gut ist", sollten sich Führungskräfte für das gelöste Problem verantwortlich fühlen – ggf. wird dabei ein Training unterstützend mit eingesetzt. Häufig haben wir in Organisationen aber schon das Wissen zur Lösung. Es bedarf also keines Trainings, sondern einer Umsetzungsinitiative in der Organisation. Dementsprechend bedarf es neben Action-Learning-Programmen einer Action-Learning-Organisationskultur – nur so kann Action Learning seine Kraft zum Nutzen unserer Organisationen voll entfalten.

Nützliche deutschsprachige Adressen für Action Learning

bhcg.impact.network, München
Prof. Dr. Bernhard Hauser
Design und Begleitung von Action-Learning-Programmen und -Initiativen.
Qualifizierung zum Action-Learning-Facilitator – Einführende Workshops
und Zertifikatsprogramme.
www.bhcg.biz/blog

Fachhochschule für angewandtes Management, Erding
Action Learning in allen Studiengängen. Veranstalter der ersten *Action
Learning Conference* im deutschsprachigen Raum mit international führenden Experten.
www.fham.de

GAIA Action Learning Akademie, Steyerberg
Ökologisch orientierte Einrichtung.
www.gaiauniversity.de

Internationale Ressourcen für Action Learning

International gibt es eine unübersehbare Anzahl von Action-Learning-Anbietern unterschiedlicher Richtungen. Hier einige ausgewählte Ressourcen, die international von vielen Action Learnern genutzt werden, weil sie Zugang zu den Quellen aber auch aktuellen Entwicklungen, Fragestellungen und Netzwerken bieten.

International Foundation for Action Learning (IFAL)

Jan Hall im Gespräch über die International Foundation for Action Learning

Frage: IFAL – die internationale Stiftung für Action Learning – wie ist diese Stiftung entstanden, welches sind ihre Ziele?

Hall: Seit 1977, als die International Foundation for Action Learning (IFAL) unter der Bezeichnung „Action Learning Trust" gegründet wurde, hat sie sich als wichtiges Informations- und Kommunikations-Medium für all jene etabliert, die Action Learning praktizieren oder einfach mehr darüber erfahren wollen. IFAL möchte das Verständnis und die Anwendung von Action Learning in allen seinen Aspekten fördern.

Frage: Welche Leistungen und Aktivitäten bietet die Stiftung an?

Hall: IFAL bietet Mitgliedern und Nicht-Mitgliedern ein breites Spektrum an Leistungen:

1. Informationen – Bearbeitung von Anfragen und Einbringen von Diskussions-Beiträgen per Telefon, E-Mail, Brief und über die IFAL-Gruppe bei LinkedIn www.linkedin.com
2. Die Bibliothek – IFAL hat mehr als 1.000 Schriftstücke über Action Learning, von denen viele nirgendwo sonst erhältlich sind.
3. Action Learning News – Der vierteljährlich erscheinende E-Letter von IFAL bietet Mitgliedern die Möglichkeit zum Gedanken- und Erfahrungsaustausch; hier können sie sich auch über Neuigkeiten zu Action Learning und seiner Entwicklung austauschen. Der Newsletter

veröffentlicht Artikel, Berichte von Konferenzen und Workshops, Übersichten von AL-Veranstaltungen und Leistungen sowie Rezensionen.

4. Veranstaltungen, Konferenzen und Workshops – In Großbritannien finden regelmäßig Konferenzen und Workshops statt, in anderen Ländern gelegentlich. Zudem halten IFAL-Mitglieder Vorträge bei AL-Konferenzen in Großbritannien und in anderen Ländern. IFAL-Veranstaltungen sind immer partizipativ angelegt – in Übereinstimmung mit dem Action-Learning-Grundsatz, dass man am besten mit und von anderen Menschen lernt, die auch lernen.

IFAL – International Foundation for Action Learning
www.ifal.org.uk

Action Learning: Research and Practice – das internationale Fachjournal

Ein Gespräch über das Journal mit Kiran Trehan, Mitherausgeberin des Journals

Frage: Was ist die Intention des Journals?

Trehan: Unser Ziel ist es, das Wissen über die Theorie und Praxis von Action Learning zu vertiefen, um zu einem besseren Verständnis von individuellem und organisatorischem Lernen zu gelangen. Wir leisten dadurch einen Beitrag zur Wirksamkeit von Action-Learning-Prozessen in der Praxis. Wir sind an Konzepten interessiert, die aufgrund von empirischer Beobachtung, Daten und Erfahrung ein besseres Verständnis von Action Learning in professionellen und organisatorischen Settings ermöglichen. Da Action Learning die kreative Verbindung von Denken und Handeln, Theorie und Praxis, Akademikern und Praktikern fördert, sind alle Mitwirkenden aufgerufen, diese oft unterschiedlichen Perspektiven zusammenzuführen.

Frage: Wird das Journal vorwiegend von Akademikern geschrieben und gelesen, oder machen auch Anwender regen Gebrauch davon?

Trehan: Action Learning wird inzwischen überall auf der Welt, in ganz unterschiedlichen Kontexten und für eine Vielzahl von Anwendungen intensiv genutzt, wie z.B. Führungskräfteentwicklung und Professionalisierung, Lösung organisatorischer Probleme, Strategieentwicklung, Serviceverbesserungen, Innovation, kultureller Wandel, abteilungsübergreifendes Arbeiten, Umgang mit sozialen

Problemen, politisches Lernen, Forschung – und sicher noch einiges mehr. Geschrieben und gelesen wird das Journal von Akademikern genauso wie von Praktikern. Wir haben ein breites Spektrum an Lesern, denen das Journal gefällt. Wir sprechen Akademiker an, die sich für konzeptionelle Entwicklungen im Action Learning und ihren Bezug zur Praxis interessieren. Wir wenden uns an Anwender, die in ihrem Bereich Erfahrungen mit Action Learning gesammelt haben und nun einen Artikel mit Überlegungen zur Praxis schreiben könnten. Die Einzigartigkeit solcher Praxisschilderungen ergibt sich aus der Geschichte des Verfassers – und ihrer authentischen Umsetzung in die Praxis. Unabhängig davon, ob es sich um wissenschaftliche Artikel handelt oder um Praxisberichte, kommt es uns darauf an, dass sie klar im Denken sind, zu den untersuchten Ideen oder Kritiken deutlich Stellung nehmen – und dass die Annahmen und Thesen des Autors im Einklang mit vorhandenem Wissen und belegbaren Fakten stehen, die seine Argumentation stützen.

Frage: Das Journal heißt „Action Learning – Research and Practice" – welchen Nutzen hat ein Praktiker davon?

Trehan: Praktiker können ...

▶ dort Anregungen für ihre Arbeit gewinnen, die ihre Wirksamkeit und ihren Nutzen für ihre Klienten und das weitere Umfeld erhöhen.

▶ aktuelle Denkansätze im Action Learning hinsichtlich Werkzeugen, Techniken und Interventionen kennenlernen.

▶ lebendiger Teil einer *Action Learning Community* sein.

▶ eigene Praxis-Erfahrungen austauschen und weitergeben, z.B.: Welche Action-Learning-Ideen wurden verwendet, und wie sind Sie darauf gekommen? Aus welcher Quelle stammen diese Ideen?

Action Learning – Research and Practice
Herausgeber: Mike Pedler und Kiran Trehan
Erscheinungsweise dreimal jährlich, Verlag: Taylor and Francis/Routledge
www.tandfonline.com

In Zusammenarbeit mit dem Journal findet alle zwei Jahre eine internationale *Action Learning Conference* in Großbritannien statt, auf der Vertreter aller aktuellen Strömungen im Action Learning eingeladen sind und sich der Diskussion stellen.

Zum Schluss

Schnellfinder

Danke

Ein Buch wie dieses braucht für seine Entstehung die Unterstützung und den Rat von vielen, denen ich an dieser Stelle danken möchte. Mein Dank gilt den zahlreichen Gesprächspartnern, die als Kollegen und Fachexperten ihre Erkenntnisse beigesteuert und dadurch ermöglicht haben, dass dieses Buch weit mehr als nur das Verständnis des Autors widerspiegelt. An erster Stelle möchte ich Prof. Mike Pedler (Henley Business School) nennen, der über die ganze Entstehungszeit hinweg mit seinem Rat zur Verfügung stand und großzügig die Verwendung von Materialien gestattete. Weitere wichtige Impulse haben in Interviews Dr. Yury Boshyk, Prof. David Coghlan, Dr. Otmar Donnenberg, Jan Hall, Prof. Joe Raelin, Prof. Kiran Trehan und Prof. Rudolf Wimmer gegeben.

Danken möchte ich aber auch denjenigen, die als Entscheider, Mittler und Anwender den erfolgreichen Einsatz von Action Learning in ihren Organisationen erst ermöglichten. Ihre Praxiserfahrungen und Einschätzungen bei der Durchführung mit Action Learning aus unterschiedlichen Perspektiven und Rollen haben in den Gesprächen in diesem Buch Andreas Bug, Wolfgang Hoffmann, Prof. Florian Kainz, Stefan Kanther, Carmen Meinhold, Lutz Platte, Dr. Helmut Schäfer, Klaus Seiler, Prof. Christian Werner und Manfred Westermeier beschrieben.

Mein ganz besonderer Dank gilt Helga Lanz für ihren unermüdlichen Einsatz, der ganz wesentlich zum Gelingen dieses Buches beigetragen hat. Sie hat sich mit dem gesamten Text intensiv und kritisch auseinandergesetzt, wertvolle Impulse gegeben und besonders auch die Übersetzungen aus dem Englischen auf sprachliche Feinheiten geprüft und zum Teil grundlegend überarbeitet. Mit ihrem tiefen fachlichen Verständnis für Action Learning war sie sowohl sprachlich als auch inhaltlich eine überaus wertvolle Partnerin. Sie hat es mir ermöglicht, die Texte im Dialog zu schärfen, oft in einem gemeinsamen Ringen um die „knackigste" Formulierung. In manchen Abschnitten, wie etwa der Problembefragung, hat sie aufgrund ihres Hintergrundwissens meine stichwortartigen Konzepte selbst facettenreich und dadurch erst in ihrer Fülle nachvollziehbar ausformuliert. Darüber hinaus hat sie fast alle verwendeten Folien graphisch gestaltet.

Ich danke aber auch den Verantwortlichen und zahlreichen Teilnehmern in vielen Unternehmen und Institutionen, die mir durch ihre Dialogbereitschaft und ihr Engagement über viele Jahre hinweg ein intensives Lernen ermöglicht haben. Namentlich erwähnen möchte ich Goda Myrrhe als langjährige Betreuerin von Action-Learning-Programmen, Silke Sycha, die als Teilnehmerin eines Firmenprogramms die Verknüpfung von Action Learning und Verhaltenstraining graphisch auf den Punkt gebracht hat und Janaa Schmidt, die gestattet hat, ihre Reflexion im Rahmen eines universitären Action-Learning-Programms in diesem Buch zu verwenden. Außerdem möchte ich den Teilnehmerinnen und Teilnehmern der zahlreichen Kurse und Programme danken, die zugestimmt haben, in ihren Sets erarbeitete Ergebnisse, Darstellungen und Reflexionen zu verwenden.

Für das langjährige gemeinsame Lernen über die Facilitation von Action Learning und die Arbeit mit Führungskräften danke ich meinen Kollegen im bhcg.impact.network, sowie den Mitgliedern der Action Learning Community an der Fachhochschule für angewandtes Management. Hilfreiche Hinweise gaben inhaltlich und aufgrund der Durchsicht von Manuskripten Anja Wagner, Wolfgang Rußland, Herbert Bichlmeier und Sabine Wegner-Kirchhoff.

Für die Entwicklung und Erstellung der Piktogramme und die Bereitschaft, von der ersten Idee bis zur endgültigen Realisierung intensiv an der Gestaltung zu feilen danke ich ganz herzlich Florian Kellner.

Ralf Muskatewitz und seinen Kollegen Jürgen Graf und Michael Busch vom Verlag managerseminare danke ich für die Bereitschaft und das Engagement, die Entstehung dieses Buches mit Rat und Tat zu unterstützen und für das großzügige zeitliche Entgegenkommen bei der Umsetzung.

Meine Frau und meine Söhne mussten an vielen Tagen noch ein bisschen mehr als sonst auf mich verzichten, auch dafür herzlichen Dank. An meinen Söhnen kann ich fast täglich beobachten, welche schöpferische Kraft eigene Lernmotivation im Unterschied zur reinen Rezeption „vorgekauter" Lehrinhalte bewirkt.

Bei all der Unterstützung und Hilfe, die ich erfahren habe, möchte ich aber darauf hinweisen, dass die Verantwortung für das Buchkonzept und die Texte bei mir allein liegt, sofern nicht andere direkt als Autoren oder Gesprächspartner genannt sind.

Gesprächspartner in diesem Buch

Zahlreiche Gesprächspartner haben ihre Einschätzungen, ihr Hintergrundwissen und ihre Erfahrungen mit Action Learning in dieses Buch eingebracht. In Form kurzer Gespräche ergänzen sie die Einschätzungen des Autors um ihre Sicht und ihre Erkenntnisse und geben dadurch dem Autor vielfältige Impulse. Dies entspricht nicht zuletzt auch der Idee von Action Learning, weil es immer auch um Perspektivenvielfalt geht, um Lernen anzuregen.

Fachexperten für Action Learning und Führung

Dr. Yury Boshyk, Berater, Weiterbildner und Autor ist Mitbegründer und Vorstand eines weltweiten Netzwerks für das Lernen von Führungskräften („Global Executive Learning Network" – www.gel-net.com) sowie des Weltforums für Führungskräfteentwicklung und Business Driven Action Learning (www.globalforumactionlearning.com), einer non-profit Community of Practice, die 1996 gestartet wurde und der man nur auf Einladung beitreten kann. Zu seinen Büchern über Action Learning gehören „Action Learning and its Applications", „History and Evolution of Action Learning" (beide gemeinsam mit Robert L. Dilworth herausgegeben), „Action Learning Worldwide" und „Business Driven Action Learning: Global Best Practices". Er zeigt im Gespräch die europäischen und amerikanischen Wurzeln von Business Driven Action Learning auf, das „Personal Challenges" mit klassischem Action Learning und „Business Challenges" mit projektbasiertem Lernen gezielt in einem Design verknüpft.

Dr. David Coghlan ist Professor für Organisations-Entwicklung am Trinity College in Dublin und hat zum Thema Action Learning zahlreiche Arbeiten veröffentlicht. Sein neuestes Buch (zusammen mit P. Coughlan) heißt „Collaborative Strategic Improvement through Network Action Learning" (Elgar, 2011). Eine genauere Untersuchung der dort vorgestellten Ideen findet sich in seinem Kapitel „Practical knowing: the philosophy and methodology of action learning research" in Pedler (2011). Im Gespräch führt er aus, wie eine angewandte Forschung mit Action Learning aussehen kann, in der Manager ihr Erfahrungswissen und ihre Organisation selbst systematisch explorieren.

Dr. Otmar Donnenberg hat als selbstständiger Organisationsberater seit 1987 Action-Learning-Programme mit Klienten aus Gesundheitswesen, Industrie und Business Schools konzipiert und in den Niederlanden, Deutschland und Österreich durchgeführt. Auf Grund seiner Projekterfahrungen und gemeinsamer Reflexionen in der von ihm mitbegründeten niederländischen Action-Learning-Vereinigung veröffentlichte er 1999 das Buch „Action Learning – Ein Handbuch". 2010 erschien ein Beitrag von ihm in „Anders. Band I: Komplementärwährungen – Lernen für Bürgergeld und Regionalentwicklung" über seine Beobachtungen und Empfehlungen für das Lernen in Bürgerinitiativen. Er gibt im Gespräch Hinweise über den Nutzen und die Anwendung von Action Learning in Projekten des bürgerlichen Engagements.

Jan Hall leitete Bürgerberatungsstellen in London bevor sie sich selbstständig machte. Ihre Erfahrung umfasst Führungskräftecoaching in Großbritannien, Irland und Singapore und Trainer/Facilitator im Projekt „Action Learning für Manager" im Dienstleistungssektor. Sie hat zahlreiche Interventionen mit Action Learning designt und umgesetzt. Sie ist Mitglied im Vorstand der International Foundation for Action Learning in Großbritannien, deren Ziele und Leistungen für Interessierte sie im Gespräch erläutert.

Dr. Mike Pedler arbeitet, forscht und schreibt über Führung, Action Learning, und Organisieren in Netzwerken. Zu seinen wichtigsten Büchern gehören „Action Learning for Managers" (Gower, 2. Aufl.2008), „Action Learning in Practice" (Gower, 4. Aufl. 2011), „A Managers Guide to Leadership" (Mc Graw-Hill, 2. Aufl. 2010) und „A Manager's Guide to Self-development" (Mc Graw-Hill, 5. Aufl. 2007). Er ist emeritierter Professor der Henley Business School und Mitherausgeber des Journals „Action Learning: Research and Practice". Mike Pedler hat viele Jahre mit Reg Revans, dem Begründer von Action Learning, eng zusammen gearbeitet. Er ist daher wie kaum ein Zweiter in der Lage, in der heutigen Zeit Revans ursprüngliches Denken authentisch zu formulieren. Gleichzeitig nimmt er die Offenheit des Ansatzes sehr ernst und hat in hohem Maße zur Weiterentwicklung und Verbreitung von Action Learning beigetragen. Mit dem *Journal for Action Learning* und einer alle zwei Jahre stattfindenden *Action Learning Conference* hat er Begegnungs- und Diskussionsforen für alle Richtungen von Action Learning geschaffen. Im Vorwort dieses Buches spannt Mike Pedler den Rahmen auf, der zur Entwicklung von Action Learning und seinem nachhaltigen Erfolg geführt hat und macht gleichzeitig deutlich, warum es nicht ausreicht, Action Learning „nur" als eine Methode zu begreifen. Außerdem hat er gestattet, einige der von ihm entwickelten Action-Learning-Tools in diesem Buch zu veröffentlichen.

Dr. Joe Raelin ist eine internationale Autorität in Bezug auf „Work-based Learning" und „Collaborative Leadership". Er ist Inhaber des Knowles-Lehrstuhls für Praxisorientierte Bildung an der Northeastern University, zuvor war er Professor für Management am Boston College. Im Mittelpunkt seiner Forschungsarbeit steht die Entwicklung von Humanressourcen und er konzentriert sich insbesondere auf die Ausbildung von Führungskräften durch die Anwendung von Action Learning. Er ist erfolgreich als Autor, aber auch als Managementberater mit langjähriger Erfahrung, in denen er mit einer großen Bandbreite an Organisationen gearbeitet hat. Zu seinen wichtigsten Büchern gehören „The Leaderful Fieldbook: Strategies and Activities for Developing Leadership in Everyone" (Davies-Black, 2010). „Work-Based Learning: Bridging Knowledge and Action in the Workplace" (Jossey-Bass, 2008). „Creating Leaderful Organizations: How to Bring Out Leadership in Everyone" (Berrett-Koehler, 2003). Im Gespräch zeigt er auf, dass Action Learning und das Paradigma der Führung für das 21. Jahrhundert, welches er als „Leaderful Practice" bezeichnet, auf denselben Prinzipien beruhen.

Dr. Kiran Trehan ist Professor für Führung und Unternehmensentwicklung an der Universität Birmingham und eine Hauptvertreterin in der Debatte zu Critical Action Learning und wie es in unterschiedlichen Kontexten angewandt werden kann. Sie hat zahlreiche Artikel, Bücher und Buchkapitel zu diesem Bereich veröffentlicht, unter anderem „Critical Action Learning, Policy Learning and Small Firms" (Management Learning, Vol. 41, 4) und „Enacting Critical Action Learning in Small Business Context" (Journal of Action Learning: Research and Practice, Vol 6, 3). Als Mitherausgeberin des Journal „Action Learning: Research and Practice" gibt sie nützliche Hinweise für Interessenten. Im Gespräch führt sie die Bedeutung und die Besonderheiten von Critical Action Learning als einer grundlegenden Erweiterung der klassischen Perspektive des Action Learning aus, in der auch politische und emotionale Prozesse und deren unterstützende oder verhindernde Wirkung auf Lernprozesse systematisch betrachtet werden.

Dr. Rudolf Wimmer ist als Trainer und Berater für Organisationsentwicklung tätig, seit 1988 Firmengründer, Gesellschafter und Organisationsberater bei OSB Gesellschaft für systemische Organisationsberatung, seit 1998 Inhaber des Lehrstuhls für Führung und Organisation am Wittener Institut für Familienunternehmen, Universität Witten/Herdecke, seit 2004 apl. Prof. an diesem Institut, zahlreiche Publikationen mit Schwerpunkten in den Themenfeldern Organisation. Führung, Beratung, Familienunternehmen. Er diagnostiziert im Gespräch ein „prinzipielles Reflexionsdefizit" unter den heute vorherrschenden Verhältnissen in Organisationen und erläutert, warum einer kritischen Reflexion für die Führung in Zeiten tiefgreifenden Wandels eine entscheidende Rolle zukommt.

Entscheider und Anwender von Action Learning

Andreas Bug ist Geschäftsführer der Biothan GmbH, Fulda. Er war Teilnehmer eines Action-Learning-Programms und später auch Auftraggeber für mehrere Action-Learning-Projekte. Er berichtet im Gespräch, worauf es nach seiner Erfahrung in der Rolle des Auftraggebers ankommt.

Wolfgang Hoffmann, Leiter Kompetenz-Center Qualifikation und Personal-entwicklung, E.ON Bayern AG. Als erfahrener Veränderungsberater hat er den Kontakt zum externen Facilitator hergestellt und intern die fachliche Rückendeckung für den Action-Learning-Ansatz gegeben. Im Gespräch ge-meinsam mit Klaus Seiler beschreiben beide die Gründe für die Wahl von Action Learning und die Rolle der Personalentwicklung als Mittler zwischen dem Fachbereich und dem externen Facilitator in einem umfassenden Change-Projekt mit Action Learning.

Dr. Florian Kainz ist Vizepräsident und Dekan der Fakultät für Sportma-nagement der Fachhochschule für angewandtes Management in Erding. Seine Schwerpunkte in Lehre und Forschung liegen in den Bereichen Kompetenz-management und Bildungsforschung, Sport-Eventmanagement sowie Web 2.0 in der Spitzensportvermarktung. In dem Beitrag gemeinsam mit Christian Werner unterstreichen die Autoren die Bedeutung von Virtual Action Lear-ning, bei welchem aktuelle Kommunikationstechnologien für ein innovatives semi-virtuelles Hochschulkonzept eingesetzt werden.

Stefan Kanther ist Manager HR Development bei der Maschinenfabrik Rein-hausen. Sein Fokus: Gestaltungen einer auf den Mittelstand zugeschnittenen Personalentwicklung nach dem Prinzip „pragmatisch, praktisch, gut und wirkungsvoll". Als erfahrener Trainer und Berater beschreibt er seine Erfah-rungen mit der internen Vermarktung von Action Learning und die überra-schenden Herausforderungen, einen geeigneten Facilitator zu finden.

Helga Lanz ist Organisatorin von Leadership- und Action-Learning-Program-men im bhcg.impact.network. Als Teilnehmerin des Zertifikatprogramms *Action Learning Facilitation* brachte sie in das Buch frische Perspektiven und zahlreiche Impulse durch ihr Interesse an der theoretischen Fundierung und praktischen Ausgestaltung von Action Learning ein.

Carmen Meinhold ist Pressesprecherin der Thüga Aktiengesellschaft.
Sie berichtet im Gespräch über ihre Erfahrungen und ihr Lernen als Teilneh-merin in einem Action-Learning-Projekt im Rahmen eines Programms für angehende und junge Führungskräfte.

Lutz Platte, Jurist, ist Leiter Führungskräfte/Personalentwicklung der Thüga Aktiengesellschaft. Aufgrund seiner langjährigen Erfahrungen als Verantwortlicher für Führungskräfteprogramme mit Action Learning erläutert er im Gespräch Herausforderungen und Nutzen von Action Learning und Anforderungen an den Facilitator aus Sicht der Personalentwicklung.

Dr. Helmut Schäfer ist Consultant, Coach und Trainer in Unternehmen und Organisationen. Schwerpunkte in den Bereichen Projekt-, Prozess- und Wissensmanagement. Partner der Unternehmensberatung „Beaucamp und Partner". Engagiert in der Gesellschaft für Projektmanagement (GPM) und im Vorstand des Landesverbands Baden-Württemberg des Vereins Deutscher Ingenieure (VDI). Im Gespräch macht er deutlich, warum Action Learning für anspruchsvolle Projekte sehr geeignet ist.

Klaus Seiler ist Referent Personalentwicklung, Koordinator Ausbildung E.ON Bayern AG. Als Mitglied des Prozessteams und interner Facilitator war er in das umfassende Veränderungsvorhaben mit Action Learning eingebunden. Im Gespräch gemeinsam mit Wolfgang Hoffmann beschreiben beide die Gründe für die Wahl von Action Learning und die Rolle der Personalentwicklung als Mittler zwischen dem Fachbereich und dem externen Facilitator in einem umfassenden Change-Projekt mit Action Learning.

Dr. Dr. Christian Werner ist als Gründer und Präsident mehrerer Hochschulen seit vielen Jahren im Wissenschaftsmanagement tätig und leitet heute u.a. die IUN (International University Network) als internationale Hochschulvereinigung. In seinem Beitrag arbeitet er heraus, dass Action Learning wegen des selbstgesteuerten Lernens und der damit verknüpften Reflexionsleistung für eine kompetenzorientierte Hochschule besonders geeignet ist. In einem weiteren Beitrag gemeinsam mit Florian Kainz unterstreichen die Autoren aber auch die Bedeutung von Virtual Action Learning, bei welchem aktuelle Kommunikationstechnologien eingesetzt werden, für ein innovatives semivirtuelles Hochschulkonzept.

Manfred Westermeier ist Leiter des Technischen Netzservice, E.ON Bayern AG. Als verantwortlicher Bereichsleiter für einen tiefgreifenden Veränderungsprozess legt er im Gespräch die Gründe dafür dar, warum er sich auf Action Learning eingelassen hat und welche Erfahrungen in seinem Verantwortungsbereich damit gesammelt wurden. In seinem Fazit erläutert er, warum Action Learning aus Sicht der Leitung für Veränderungsprozesse besonders geeignet ist.

Glossar

Action Learner siehe *Setmitglied (Setteilnehmer)*.

Action-Learning-Workshops stellen eine Möglichkeit dar, mehrere Sets miteinander und mit der Organisation oder dem weiteren Umfeld zu vernetzen. Sie werden häufig zu Beginn eines Action-Learning-Programms, aber auch am Ende und an vorgeplanten oder besonders wichtigen Stellen während des Programms durchgeführt (siehe auch Setmeetings).

Auftraggeber *(Client)* ist jemand, der an der Lösung des ausgewählten Problems/Projekts interessiert ist und den Einfluss hat, an der Situation etwas zu ändern. Mit ihm werden Absprachen bezüglich der Problemlösung und der ggf. dazu erforderlichen Ressourcen getroffen. „Er ist die erste Anlaufstelle für Erkenntnisse und Ergebnisse." (Pedler & Abbott, 2008).

Boshafte Probleme *(Wicked Problems)* zeichnen sich dadurch aus, dass sie mit guten Prozessen und Planung alleine nicht zähmbar sind. Sie erfordern intensive Zusammenarbeit und Lernen.

Business Driven Action Learning (BDAL) kombiniert klassisches Action Learning nach Revans mit der amerikanischen Tradition des projektbasierten Lernens. Je nach Situation werden zur Bearbeitung persönlicher und geschäftlicher Fragestellungen unterschiedliche Methoden eingesetzt.

Client siehe *Auftraggeber*.

Critical Action Learning (CAL) stellt eine wesentliche Erweiterung des „klassischen" Action Learning dar, weil es die Teilnehmer ermutigt, nicht nur über die offensichtlichen Probleme und ihre Charakteristika zu lernen, sondern sich auch „mit den Spannungen, Widersprüchen, Emotionen und Machtdynamiken auseinanderzusetzen, die in Gruppen und im Leben einzelner Manager unausweichlich auftauchen" (Trehan in diesem Buch).

Designteams *(Prozessteams)* sind eine wichtige Einrichtung in großen Action-Learning-Programmen, die das Gesamtsystem repräsentieren, beispielsweise verschiedene Bereiche oder Standorte, aber auch Sponsoren, Auftraggeber und andere Stakeholder. Solche Teams designen und steuern das Programm und werten dazu den aktuellen Stand und erzielte Fortschritte aus. Sie kümmern sich außerdem um die Kommunikation, aber auch die Logistik und geeignete Facilitators.

Erfahrungslernen ist eine besonders stark verbreitete Richtung im Action Learning. Diese Richtung nutzt systematisch den Lernzyklus von Kolb (1984) als Grundlage. Das Erfahrungslernen beschreibt, wie Erfahrungen aufgrund des eigenen Handelns im Set so ausgewertet werden können, dass die zugrunde liegenden Annahmen weiterentwickelt werden und zu verbesserten Aktionen führen können. Erfahrungslernen ist ein Lernprozess, der im Set immer wieder durchlaufen wird.

Facilitator ist eine Rolle, die das Set und die Organisation darin unterstützt, produktive Lernprozesse zuzulassen. Der Facilitator geht geschmeidig mit unterschiedlichen Kräften um und sieht seine Rolle als wohlwollender Unterstützer und Förderer, der Sicherheit vermittelt. Vor diesem Hintergrund ist er aber auch bereit, zu intervenieren und zu konfrontieren, um Reflexionsprozesse anzustoßen. Während Revans diese Rolle eng begrenzen wollte, wird dies inzwischen von den meisten Fachvertretern anders gesehen, da mit der Weiterentwicklung von Action Learning immer deutlicher wurde, wie bedeutsam diese Rolle für die Unterstützung von Lernprozessen ist.

Leaderful Practice stellt die Leistungsfähigkeit des hierarchischen Führungsmodells in Frage. Ausgehend von der Praxis leistungsfähiger Teams, in denen alles „reibungslos und fast wie aus einem Guss" funktioniert, entwickelt Raelin das Konzept einer gemeinsamen und wechselseitigen Führung als Paradigma für das 21. Jahrhundert. *Action Learning* ist hilfreich für das Entstehen einer *Leaderful Practice*, weil es das gemeinsame Lernen und die Kultur des vorurteilsfreien Hinterfragens fördert.

Organisationslernen: Action Learning geht es nicht nur um individuelle Problemlösungen, sondern auch um die Entwicklung der Organisation. Revans hat die Gleichung „$L \geq C$" aufgestellt: Lernen muss mindestens so groß sein wie oder größer sein als die Veränderungsrate. Action Learning gilt als der wichtigste Ansatz zur Realisierung einer „Lernenden Organisation".

Problembringer oder *Fallbringer* ist derjenige, der eine zu bearbeitende Fragestellung im Set eingebracht hat.

Probleme sind im Action Learning Herausforderungen, Fragestellungen, Gelegenheiten und Chancen, für die es noch keine eindeutigen Lösungen gibt. Sie sind der Auslöser für Action Learning und werden bearbeitet durch Hinterfragen und kritische Reflexion (siehe *Questioning Insight*).

Programmed Knowledge oder „P" ist das bereits vorhandene Wissen, welches sich z.B. in Büchern und Wissensdatenbanken befindet, also etwa Theorien, Modelle, Prozessbeschreibungen, aber auch Erfahrungswissen in den Köpfen von Experten. Nach Revans ist „P" der Inhalt traditioneller Lehrpläne. Es kann hilfreich sein, deckt aber oft die besonderen Bedingungen des Einzelfalls nicht ab und sollte daher erst nach einer sorgfältigen Abwägung, *welches* Wissen *wann* gebraucht wird, hinzugezogen werden.

Prozessteams siehe *Designteams*.

Puzzle wird im Action Learning eine Fragestellung genannt, für die es im Unterschied zu einem Problem bereits einen eindeutigen oder besten Lösungsweg gibt. Ein Puzzle ist für Action Learning eher nicht geeignet.

Questioning Insight oder „Q". werden von Revans Erkenntnisse und Einsichten genannt, die durch das Hinterfragen und die kritische Reflexion eines konkreten Problems im Set entstehen und dadurch (neue) Handlungsoptionen eröffnen.

Reflexion: Auswertung von Soll-Ist-Differenzen auf der Grundlage von Beobachtungen, um Lernprozesse in Gang zu setzen. In der Reflexion können sowohl offensichtliche Probleme hinterfragt werden als auch individuelle und kollektive Denk- und Handlungsmuster. Kritische Reflexion hat im Action Learning als systematisches Hinterfragen (siehe *Questioning Insight*) einen sehr hohen Stellenwert, um Probleme zu lösen.

SAGA ist ein Akronym, welches für wichtige Dimensionen der Befragung im klassischen Action Learning aber auch im Critical Action Learning steht. Die Abkürzung steht für *S* = Sachverhalt, *A* = Annahmen, *G* = Gefühle, Eindrücke und *A* = Aktion.

Self Facilitation: Die Setmitglieder übernehmen die Verantwortung für die Facilitation selbst und teilen sich die Aufgaben des Facilitators im Set.

Semi-Virtual Action Learning siehe *Virtual Action Learning*.

Set ist die Bezeichnung für die Gruppe von vier bis sechs, manchmal auch bis acht Teilnehmern, die sich regelmäßig über Monate oder Jahre treffen, um sich wechselseitig zu unterstützen und herauszufordern. Das Ziel ist, Aktionen in Gang zu setzen, um etwas zu verändern und daraus zu lernen (Pedler, 2008). Das Set ist im Action Learning gleichermaßen Werkstatt und Quelle für Kraft und Inspiration.

Setmeetings sind der Ort im Action Learning, um Lernprozesse in Gang zu setzen und aufrechtzuerhalten, Erfahrungen auszuwerten und Aktionen zu beschließen. Die Setmeetings folgen dazu einem festgelegten Ablauf (den das einzelne Set nach seinen Bedürfnissen variieren kann) und bieten jedem Setmitglied Raum zur Bearbeitung seiner Fragestellungen (siehe *Probleme*).

Setmitglieder oder *Setteilnehmer* sind diejenigen Personen, die gemeinsam ein Set bilden. Eine andere Bezeichnung für ein Setmitglied ist *Action Learner*.

Shared Leadership (auch *Distributive Leadership* und *Collective Leadership*) bezeichnet den Einbezug prinzipiell aller Organisationsmitglieder in die Führungsverantwortung. Führung ist dann mehr ein kollektiver Prozess mit wechselseitiger Beeinflussung und Steuerung als das Werk einzelner herausgehobener Personen. In komplexer und unübersichtlicher werdenden Umwelten stellt Shared Leadership verknüpft mit (kritischer) Reflexion einen Weg dar, *„boshafte" Probleme* (Wicked Problems) durch gemeinsame Lernprozesse zu bewältigen. Action Learning bietet den Rahmen, um Shared Leadership zu lernen und zu praktizieren.

Sponsor beschreibt denjenigen, der die Macht und den Willen in der Organisation hat, Action Learning auf der politischen Ebene Rückendeckung zu geben. In der Regel hat die Unternehmensleitung die Rolle des Sponsors inne, in großen Unternehmen kann auch die Leitung eines wichtigen Bereichs, einer Niederlassung oder sonst wie eigenständigen Einheit diese Rolle übernehmen.

Virtual Action Learning (VAL) bedeutet, dass es im Rahmen eines Action-Learning-Programms ausschließlich oder teilweise Phasen gibt, in denen sich die Setmitglieder virtuell – z.B. in Webkonferenzen, Online Meetings oder Telefonkonferenzen – begegnen, um ein Setmeeting abzuhalten. Wenn virtuelle Phasen mit persönlichen Begegnungen (Face-to-Face) kombiniert werden spricht man auch von „Semi-Virtual Action Learning".

Übersicht der Checklisten

Literatur

Andersen, T. (Hrsg.) (1996). *Das reflektierende Team - Dialoge und Dialoge über die Dialoge*. Dortmund: Verlag Modernes Lernen.

Aubusson, P., Ewing, R. & Hoban, G. (2009). *Action learning in schools – Reframing teachers' professional learning and development*. London: Routledge.

Baecker, D. (1994). *Postheroisches Management - Ein Vademecum*. Berlin: Merve.

Baecker, D. (2009). *Die Sache mit der Führung*. Wien: Picus.

Boshyk, Y. (Hrsg.) (2000). *Business driven action learning - Global best practices*. London: Macmillan Press.

Boshyk, Y. & Dilworth, R. L. (Hrsg.) (2010): *Action learning – History and evolution*. Basingstoke: Palgrave Macmillan.

Burgoyne, J. (2011). Evaluating action learning - A perspective informed by critical realism, network & complex adaptive systems theory. In: Pedler, M. (Hrsg.), *Action learning in practice*. (S. 427-438), 4. Aufl. Aldershot: Gower.

Casey, D. (2011). The role of the set adviser. In: Pedler, Mike (Hrsg.), *Action Learning in Practice* (S. 55-64). 4. Aufl. Aldershot: Gower.

Caulat, G. & de Haan, E. (2006). Virtual Peer Consultation - How Virtual Leaders Learn. *Organisations & People*, 13, 4, S. 24-32.

Chivers, M. & Pedler, M. (o.J.). *D.I.Y. handbook for action learners*. Mersey Care NHS Trust.

Coghlan, D. & Pedler, M. (2006): Action learning dissertations - Structure, supervision and examination. *Action learning: Research and Practice* 3, 2, S. 127-139.

Dilworth, R. L. & Boshyk, Y (Hrsg.) (2010): *Action learning and its applications*. Basingstoke: Palgrave Macmillan.

Doppler, D. & Lauterburg, C. (2008): *Change Management - Den Unternehmenswandel gestalten*. 12. Aufl. Frankfurt: Campus.

Fauser, P., Prenzel, M. & Schratz, M. (2010): Von den Besten lernen? Was exzellente Schulen für ihre Entwicklung tun. *Zeitschrift für Organisationsentwicklung*. 1/2010, S. 13-20.

Glasersfeld, E.v. (1997). *Radikaler Konstruktivismus – Ideen, Ergebnisse, Probleme*. Frankfurt: Suhrkamp.

Goodman, M. & Stewart, J.-A. (2011): Virtual Action Learning. In: Pedler (Hrsg.), *Action Learning in Practice*. 4. Aufl. (S. 153-161). Aldershot: Gower.

Grint, K. (2008). *Leadership, Management & Command – Rethinking D-Day*. Basingstoke: Palgrave.

Gudjons, H. (2008). *Handlungsorientiert lehren und lernen*. Bad Heilbrunn: Klinkhardt.

Hauser, B. (2008). *Action Learning im Management Development - Eine vergleichende Analyse von Action-Learning-Programmen zur Entwicklung von Führungskräften in drei verschiedenen Unternehmen*. 2. Aufl. Mering: Hampp.

Hauser, B. (2010). Practising virtual action learning at university. *Action Learning: Research and practice* 7, 2, S. 227-233.

Hauser, B. (2012a). Navigation in unbekannten Welten – Dekonstruktion als zukünftige Führungsaufgabe. In: Grote, S. (Hrsg.), *Die Zukunft der Führung*. Heidelberg: Springer.

Hauser, B. (2012b). Wo ist die Führungs-KRAFT? Management, Leadership, Shared Leadership und die Evolution der Führungsrolle. In: Landes, M. & Steiner, E. (Hrsg.), *Psychologie der Wirtschaft – Psychologie für die berufliche Praxis*. Heidelberg: Springer.

Hirschhorn, L. (1988). *The workplace within – Psychodynamics of organizational life*. Cambridge: MIT Press.

Janis, I. L. (1982). *Groupthink*. 2. Aufl. Boston: Houghton Mifflin.

Kantor, D. & Lehr, W. (2003). *Inside the family*. Neuauflage Cambridge: Meredith Winter.

Kantor, D. & Lonstein, N. H. (1996). Die Neurahmung von Teambeziehungen – Wie die Grundsätze der ,strukturellen Dynamik' einem Team dabei helfen können, mit seiner ,dunklen Seite' umzugehen. In: Senge, P. et al. (Hrsg.), *Das Fieldbook zur Fünften Disziplin*. (S. 472-483). Stuttgart: Klett.

Kolb, D. (1984). *Experiential learning – Experience as the source of learning and development*. Englewood Cliffs: Prentice Hall.

Kotter, J., Rathgeber, H. & Stadler, H. (2011). *Das Pinguinprinzip – Wie Veränderung zum Erfolg führt*. München: Knaur.

Lawlor, A. (1983). The components of action learning. In: Pedler, M. (Hrsg.), *Action learning in practice*. 4. Aufl. (S. 191-203). Aldershot: Gower.

Luhmann, N. (1987). *Soziale Systeme – Grundriss einer allgemeinen Theorie*. Frankfurt: Suhrkamp.

Macy, J. & Brown, M. Y. (2007): *Die Reise ins lebendige Leben. Strategien zum Aufbau einer zukunftsfähigen Welt – ein Handbuch*. Paderborn: Junfermann.

Marquardt, M. J. (1999). A*ction learning in action – Transforming problems and people for world-class organizational learning*. Palo Alto: Davies-Black.

Marsick, V. J. & O`Neil, J. (1999): The many faces of action learning. *Management Learning*, 30, 2, S. 159-176.

Nagel, R. & Wimmer, R. (2009): *Systemische Strategieentwicklung*. 5. verbesserte Auflage, Stuttgart: Schäffer-Poeschel.

O'Neil, J. & Marsick, V. J. (2007). *Understanding action learning - Theory into practice*. New York: Amacom.

Pedler, M. (1999). Eine Begegnung mit Reginald Revans. In: Donnenberg, O. (Hrsg.), *Action Learning – Ein Handbuch* (S. 16-27). Stuttgart: Klett-Cotta.

Pedler, M. (2008): *Action learning for managers*. 2. Aufl. Aldershot: Gower.

Pedler M. & Abbott C. (2008). Am I doing it right? Facilitating action learning for service improvement. *Leadership in Health Services*, 21, 3, S. 185-199.

Pedler, M., Burgoyne, J. & Boydell, T. (2010): *A manager's guide to leadership – an action learning approach*. 2. Aufl. Maidenhead: McGraw-Hill.

Pedler, M. (Hrsg.) (2011): *Action learning in practice*. 4. Aufl. Aldershot: Gower.

Pedler, M. (2012): All in a knot of one another's labours: self-determination, network organising and learning. Action learning: *Research and Practice* 9, 1, S. 5-28.

Phillips, J. & Schirmer, F. (2008): *Return on Investment in der Personalentwicklung – Der 5-Stufen-Evaluationsprozess*. 2. Aufl. Heidelberg: Springer.

Pons (2003). *Schülerwörterbuch Latein-Deutsch – Deutsch-Latein*. Stuttgart: Klett.

Pörksen, B. (Hrsg.) (2011). *Schlüsselwerke des Konstruktivismus*. Wiesbaden: Springer.

Raelin, J.A. (2003). *Creating leaderful organizations*. San Francisco: Berrett-Koehler.

Raelin, J.A. (2010). *The leaderful fieldbook*. Boston: Davies-Black.

Revans, R. W. (1979): The nature of action learning. *Management Education and Development*, 10, S. 3-23.

Revans, R. W. (2011): *ABC of Action learning*. Neuausgabe Aldershot: Gower.

Rieckmann, H. A. (2007). *Managen und Führen am Rande des 3. Jahrtausends*. 4. Aufl. Frankfurt: Peter Lang.

Rigg, C. & Trehan, K. (2004). Reflections on working with critical action learning. *Action Learning: Research and Practice*, 1, 2, S. 149-165.

Rosenstiel, L. v. (2007). *Grundlagen der Organisationspsychologie*. 6. Aufl. Stuttgart: Schäffer-Poeschel.

Rothwell, W. J. (1999). T*he action learning guidebook – A real-time strategy for problem solving, training design, and employee development*. San Francisco: Josey-Bass Pfeiffer.

Schaffer, R. H. (1988). *The breakthrough strategy – Using short-term successes to build the high performance organization*. New York: Harper Business.

Schön, D. A. (1983). *The reflective practitioner – How professionals think in action*. USA: Basic Books.

Schwandt, M. (2010). *Kritische Theorie – Eine Einführung*. 2., durchges. Aufl. Stuttgart: Schmetterling.

Senge, P. M. (1996). *Die fünfte Disziplin – Kunst und Praxis der lernenden Organisation*. 2. Aufl. Stuttgart: Klett-Cotta.

Simon, F. B. (2009). *Einführung die die systemische Organisationstheorie*. 2. Aufl. Heidelberg: Carl-Auer-Systeme.

Trehan, K. & Pedler, M. (2010). Critical action learning. In: Gold, J., Thorpe, R. & Mumford, A. (Hrsg.), *Gower handbook of leadership and management development*. (S. 405-422). 5. Aufl. Farnham: Ashgate.

Trehan, K. & Pedler, M. (2009). Animating critical action learning: process-based leadership and management development. *Action Learning: Research and Practice* 6, 1, S. 35-49.

Trehan, K. (2011). Critical action learning. In: Mike Pedler (Hrsg.), *Action Learning in Practice*. (S. 163-172). 4. Aufl. Aldershot: Gower.

Vince, R. (2008). Learning-in-action and learning inaction: Advancing the theory and practice of critical action learning. *Action Learning: Research and Practice* 5, 2, S. 93–104.

Vonderau, K. (2011). Action Learning – Wirkungsweise und Voraussetzungen. *Mitteilungen des Wirtschaftsphilologenverbands Bayern e.V.* Nr. 195 2-2011, S. 28-20.

Weinstein, K. (1995): *Action learning – A journey in discovery and development*. London: HarperCollins.

Willmott, H. (1997): Critical Management Learning. In: *Management Learning, Integrating Perspectives in Theory and Practice* (S. 161-176). London: Sage.

Wimmer, R. (2011). Die Steuerung des Unsteuerbaren – Konstruktivismus in der Organisationsberatung und im Management. In: Pörksen, B. (Hrsg.), *Schlüsselwerke des Konstruktivismus*. (S. 520-547). Wiesbaden: Springer.

Wimmer, R. (2009). Führung und Organisation – zwei Seiten ein und derselben Medaille. *Revue für postheroisches Management*. 4, S. 20-33.

Stichwortverzeichnis